알기 쉬운
건축설계도 보는 법

| 편집부 엮음 |

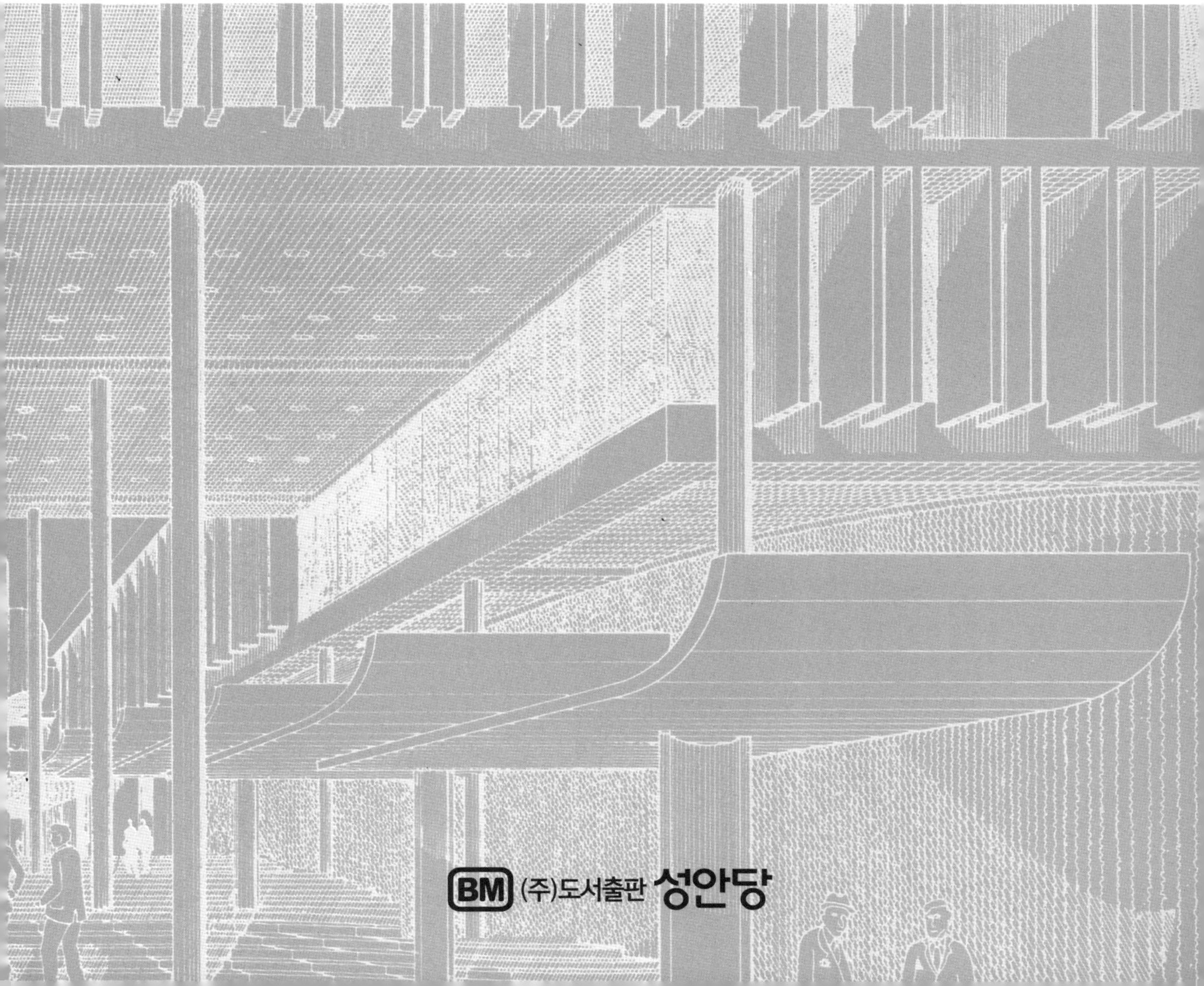

BM (주)도서출판 성안당

머리말

　건축물은 주택 같은 작은 규모로부터 철근 콘크리트조의 사무소, 맨션이나 철골조의 체육관 또는 고층의 대규모 건물에 이르기까지 구조·용도에 따라 다종다양하다. 이들 건축물은 설계자가 요구하는 의도를 충분히 이해하고 작성된 설계도를 근거로 하여 시공자가 공사하는 것이다.

　이때 규모가 작은 주택 같은 것은 몇 장의 도면으로도 충분하나 규모가 큰 건물에 있어서는 도면이 많을 뿐만 아니라 종류가 다른 여러 도면이 필요하게 되며 이들 여러 도면에 의해서 건축공사를 비롯하여 건축설비, 전기 등의 기술자와 각층의 기능자가 각각의 공사를 분담함으로써 완성되는 것이다. 이때 중요한 것은 우선 설계도면을 정확히 보고 이해하여 설계자가 의도하는 바를 명확히 알아내는 동시에 사용할 재료, 구조법, 공법 또는 적산(積算) 등에 착오가 없도록 해야 한다.

　건축물은 입체적인 구조물이지만 설계도면에서는 평면도, 입면도(立面圖) 또는 단면도, 상세도를 비롯하여 각종 도면이 평면적인 기법에 의하여 표현되고 있으므로 상호 관련된 도면을 입체적으로 이해하는 일, 평면도와 상세도 또는 구조도 등의 관계를 유기적으로 이해하는 일이 중요하다. 또 도면의 척도도 축척 1/100 또는 1/20, 1/5 등 여러 가지가 있으므로 그 표현 방법이 다소 다르다. 이렇게 다양한 도면과 축척을 염두에 두고 건축물의 전체적인 구조는 물론 각부의 상세한 구조, 마무리 방법 등을 이해하지 않으면 안 된다.

　본서는 건축공사에 종사하는 초보자를 비롯하여 특히 위생설비, 공조설비 또는 전기설비 등에 종사하는 설비·설계 담당자나 현장에서 설비공사를 담당하는 기술자를 위하여 건축도면의 기본적인 지식과 관계가 깊은 구조도를 비롯하여 구조상세도를 올바르게 보고 이해하는 데 필요한 사항을 누구나 알기 쉽게 설명한 책이다.

　건축공사를 진행시키는 가운데 건축공사와 설비공사 간에 분쟁이 생기는 것을 흔히 볼 수 있다. 이것은 다름 아닌 건축설계도면을 올바르게 보고 명확히 이해하지 못한데서 일어나는 현상이라고 생각된다. 이런 의미에서도 도면을 정확히 이해할 줄 알아야 할 것이다. 각종 설계도면의 설계는 물론 시방서, 공정표 등에 의하여 사용 재료의 특성, 시공 시기, 순서 등을 충분히 검토하여 설계자가 의도하는 대로 정확(正確)하게 시공할 수 있을 뿐만 아니라 공사를 순조로이 진행시키는 데도 큰 도움이 된다.

이 책의 특성

1. 각종 설계도를 정확히 볼 수 있는 표시기호를 체계적, 입체적으로 도시하여 수록하였음.
2. 국제적으로 기술 활약할 수 있도록 표준 약어를 수록하였음.
3. 설계자는 물론이고 현장기사와 기능사에게는 필수적으로 읽어 보아야 할 지침서가 되게 편집하였음.

끝으로 신언호 교수와 이 책을 발간하게 하여 주신 성안당 이종춘 회장님께 감사를 드린다.

연제진

신동혜

차 례

1 장 건축물에는 어떤 구조형식(構造形式)이 있는가

2 장 설계도를 보고 익히기 위한 기초지식

3 장 건축설계도에는 어떤 종류가 있는가

4 장 철근콘크리트구조도의 보고 익히는 법

1_장

건축물 (建築物)에는 어떤 구조형식 (構造形式)이 있는가

건축설계도중에서 構造도면을 바로보고 바로 읽기 위해서는 구조도의 내용과 함께 건축물이 어떤 구조형식으로 건축되어 있는가? 구조재료에는 어떤것이 사용되고 있는가? 등을 이해하고 그 구조방식·재료등의 특성(特性) 및 구조부의 명칭(名稱) 등을 정확하게 파악해 두는 것이 중요하다.

건축물은 주요구조부(보, 기둥, 바닥, 벽 등)에 쓰여지는 재료에 따라서 철근콘크리트구조, 철골구조 목구조 등으로 분류되고 이밖에 사용하는 용도에 따라서 주택(住宅)·점포(店鋪)·사무소 (事務所)·학교(学校) 등으로 분류하기도 한다. 여기서는 전자의 구조별 분류에 따라서 그 구조방식의 요점을 설명한다.

1-1 철근콘크리트구조

철근콘크리트구조는 내진(耐震) 내화(耐火) 내풍(耐風) 내구성(耐久性)에 뛰어나고 부재의 단면이나 형상이 자유로이 되는 특징(特微)이 있기 때문에 이 구조에 의한 건축물은 주택을 위시해서 점포, 사무소, 백화점(百貨店) 병원(病院) 극장(劇場)등의 각종 용도에 쓰이는 건축물에 채택되어 있다.

이 구조의 이론은 주재료의 철근은 인장력(引張力)에는 강(強) 하나 압축력(圧縮力)에는 휘기쉽고, 열(熱)에 약(弱)하고, 녹슬기 쉬운 단점(短點)이 있다. 여기에 대해서 콘크리트는 압축력에 강하고 내화성이 좋고 인장력에 약한 단점을 가지고 있다. 이 두 재료의 장점(長点)과 단점(短点)을 서로 보완하도록 역학상(力学上)의 이론에 따라서 응력(応力)의 분포상태(分布状能)에 맞추어 철근을 배치(配置)하고 철근의 내화(耐火) 방청(防青)에 필요한 두께로 콘크리트 피복(被覆)을 만들어서 각각 그 장점을 서로 발휘(発揮) 할 수 있게 합쳐서 구성된 것으로 ★1 Reinforced ★2 Concrete Structure의 첫글자를 따서 RC 조(造)라 약칭(略稱)한다.

또한 철근 콘크리트구조에는 구조이론과 골조(骨組)의 구성법, 시공공정 과정에 있어서 거푸집 만드는 방법의 차이에서 다음의 구조형식이 있다. 더욱 이 구조체로는 보충 기둥, 보, 바닥등의 거푸집을 만들고 그안에 철근을 배치하여 콘크리트를 부어서 만든 것인데 일체적(一体的)으로 만들기 때문에 일체식구조라고 부르기도 한다.

1-1·1 라멘구조

라멘 구조는 **圖1·1**과 같이 기둥, 보를 강접합(剛接合)하여 여기에 벽이나 바닥을 기둥과 보의 골조가 一体로 구성된 구조형식이며 기둥상호의 간격(間隔)은 5 ～ 7m, 층수는 5 ～ 6 층 정도로 하여 점포, 맨숀이나 사무소 건축에 많이 이용되고 있다. 지진이 많은 지역에서는 내진성(耐震性) 건물이어야 하기 때문에 구조설계에서부터 기둥, 보등은 수직하중(垂直荷重)이나 지진에 대해서 안전(安全)하도록 필요한 단면(断面)과 철근량을 계산하여 구해서 설계되고 있으나 건물을 견고하게 구성하기 위하여 벽에도 지진력이나 수직하중의 일부를 부담시킨다. 이벽을 내진벽이라 부른다. 내진벽을 유효하게 배치하는 일은 건축물의 설계상(설비설계 포함) 극히 중요한 것이다. 이밖에 벽에는 단순히 실(室)의 공간(空間)을 막는 목적만으로 만드는, 하중을 받지 않는 장막벽(帳幕壁), 카―텐월(Curtain wall)이 있고 근래의 사무소 건축에는 이 방식으로 된것이 많이 있다.

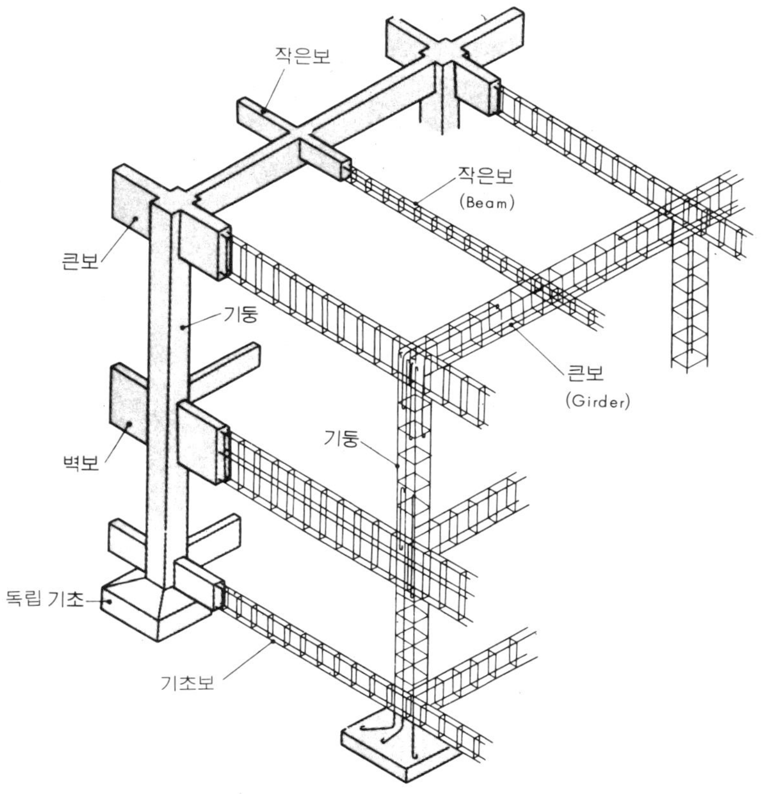

圖1 · 1　라멘식 철근콘크리트 구조

1-1·2　벽식구조(壁式構造)

　　벽식철근콘크리트구조라고 불리는것으로서 일반적으로 벽식구조라 부르고 있다. 이 구조방식은 앞에 쓴 라멘 구조와 같이 기둥, 보를 쓰는 일이 없고 판상(板狀)의 벽체를 바닥과 일체식으로 조합(組合)하여 구성된 구조방식이고 실내(室內)에 보나 기둥이 돌출(突出)되지 않기때문에 시공(施工)이 쉽고 공사비(工事費)가 절약(節約)될 뿐아니라 실내공간이 크게 이용되는 장점도 있다. 설계함에 있어서 하중을 부담하는 벽을 내력벽(耐力壁)이라 부르고 이 내력벽에는 여러가지의 구조규준의 제한이 있어서 개구부(開口部)를 필요이상(必要以上) 크게 하지 않을것과 내력벽을 효과(效果)있게 배치하는 적절한 벽의 양(量)이 규정되어 있다 (圖1·2)

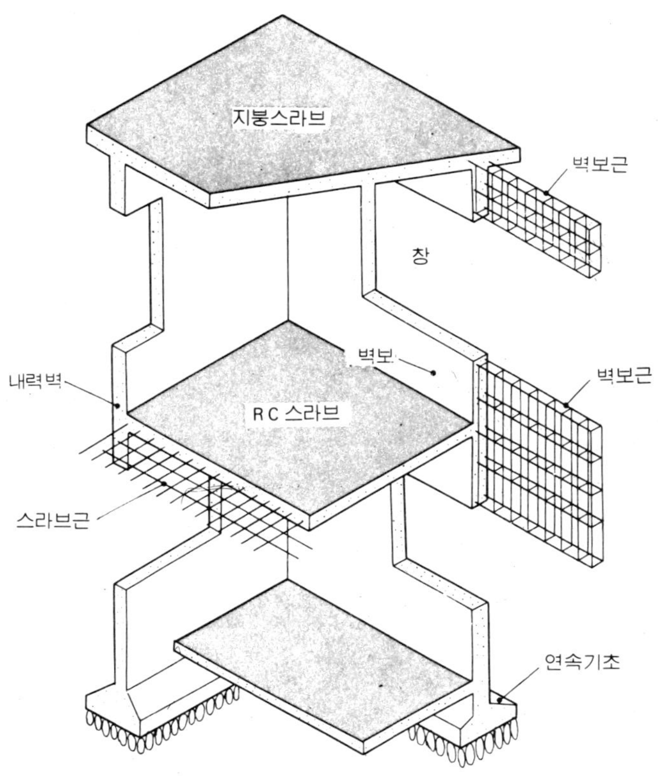

圖 1 · 2   벽식철근콘크리트구조 (壁式構造)

1-1·3 평스라브구조(Flat slab Construction)

이 구조 방식은 圖1·3과 같이 보가 없는 철근콘크리트 바닥이 보를 겸하는 방식이다.   보가   천정밑으로 튀어나오지 않기 때문에 천정이 낮은 경우에도 보에 의한 압박감(圧迫感)이 없고 실내공간 이용에도 좋고 창고(倉庫) 공장(工場)등에 많이 이용되고 있다.

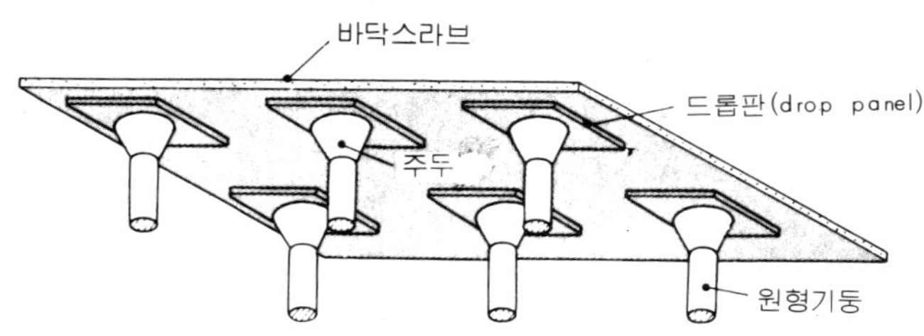

圖 1 · 3   평스라브구조

1-1·4 쉘구조 (Shell)

이 쉘구조는 구조이론상 근래 새로 연구 개발된 방식으로서 **圖1·4**와 같이 쉘(曲面板)을 사용한 것이다. 이 곡면판은 역학적(力学的) 특성(特性)에   의해서 엷은 판상(板状)의 바닥으로 큰 스판의 구조물을 구성할 수 있고 두께 10cm정도의 철근 콘크리트 곡면판으로 하고 체육관(体育館) 극장(劇場)과 같이 큰 공간이 필요한 건축물에 많이 쓰인다.

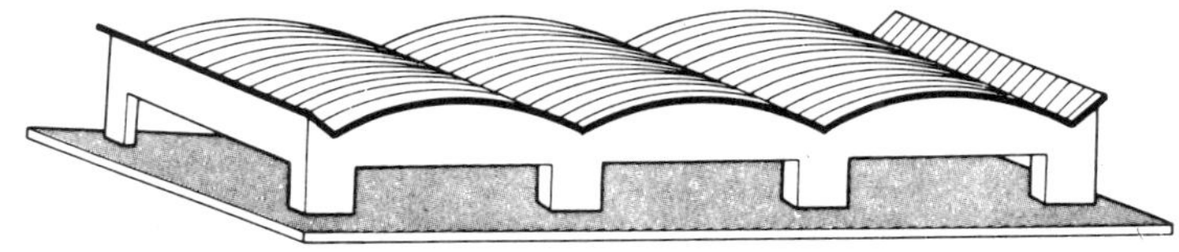

圖1 · 4 쉘구조 (SHEELL)

1-2 철골 철근 콘크리트구조

이 구조는 일반적으로 6 층이상의 고층건축에 쓰이며 사무소, 백화점, 고층아파트에 많이 이용된다. 원칙적(原則的)으로 철근콘크리트구조와 마찬가지이나 골조에 철근과 철골을 함께 써서 철재가 가지고 있는 장점을 채용한 방식이며 기둥보 등의 단면이 R C 에 비하여 적게 할 수 있고   기둥과 기둥간의 간격도 크게 할 수 있다. 더욱이 내진성에는 유리(有利)한 구조이다(圖1·5).

철근 콘크리트구조와 같이 일반적으로 SRC 로 (S 는 철강 Steel 의 첫글자) 라고 약칭한다.

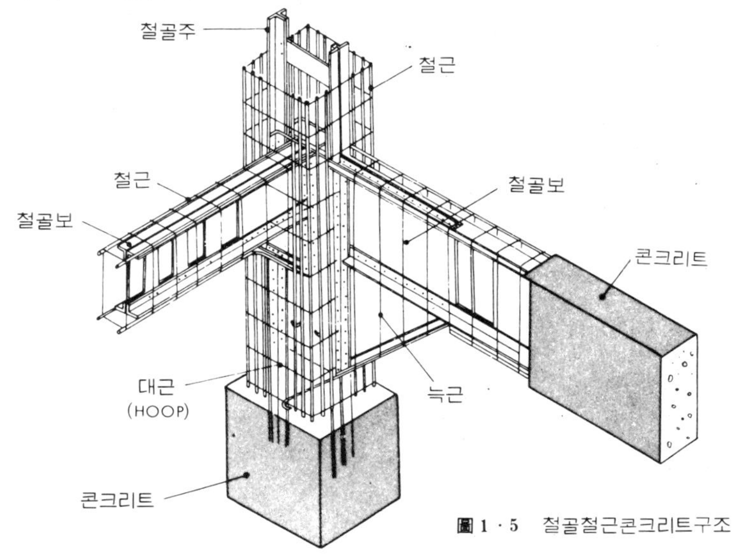

圖 1 · 5 철골철근콘크리트구조

1-3 철골구조

철골구조의 강재 가공기술의 진보(進步) 및 최근 우리나라의 철강 생산의 질(質), 양(量), 양면(兩面)에서의 비약적 발전, 더욱 건축생산의 공업화(工業化)에 가장 적합하다는 점등에 비추어 현대건축의 가장 중요한 구조로서 급속(急速)히 보급(普及)되었다.

철재의 특징은 다른 구조재에 비하여 강도(強度)가 크고 탄성(彈性)이 좋고 질긴 재료이기 때문에 가는(細) 부재로 큰 공간을 지지(支持)할 수 있어서 내진성에는 더없이 좋은 구조물의 설계가 가능한 것이다. 그 반면(反面)에 철재는 녹슬기 쉽고, 열(熱)에 對하여 약한 결점을 가지고 있기 때문에 표면(表面)을 내화성(内火性)이 강한 재료로 피복(被覆)을 만드는등의 대책을 강구(講究)하고 있다.

철골구조의 구조방식은 **圖1·6**과 같은 고층라멘 방식. **圖1·7**과 같이 저층인 산형(山形)라멘 방식, 산형강등을 써서 조립한 트라스 방식등이 있다. 라멘방식은 부재(部材)를 강접합(剛接合)하고 각부재가 접합점(接合点)에서 일체화 하도록 구성된 구조로서 최근에는 수요(需要)가 대단히 커서 대도시(大都市)에 보이는 초고층(招高層)건축물을 비롯하여 중소규모의 사무소,점포건축에 이용되고 있다. 또한 트러스구조는 부재를 삼각형(三角形)으로 조립하여 가는(細) 재료로 큰 공간을 만들수 있기 때문에 공장, 창고, 체육관, 격납고(格納庫)등의 건축물에 널리 쓰이고 있다.

이 밖에 철재의 두께를 4 mm이하로 엷게하여 건축물의 경량화(輕量化)및 저렴화(低廉化)를 이룩한것이 경량철골구조(輕量銑骨構造)이고 프리훼브식의 주택, 학교(學校)등의 건축물에 쓰이고 있다.

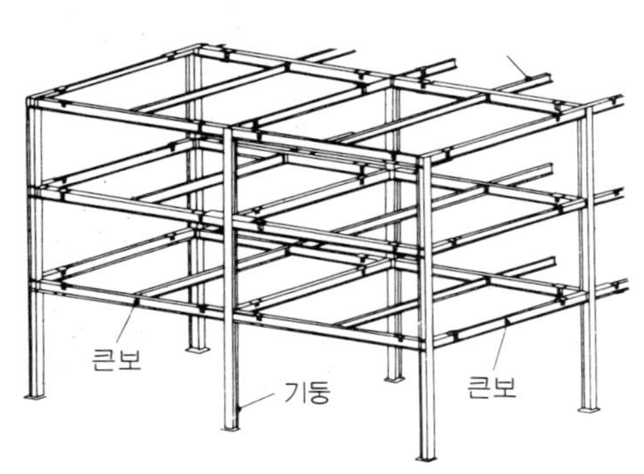

図1·6   라멘형식의 철근구조

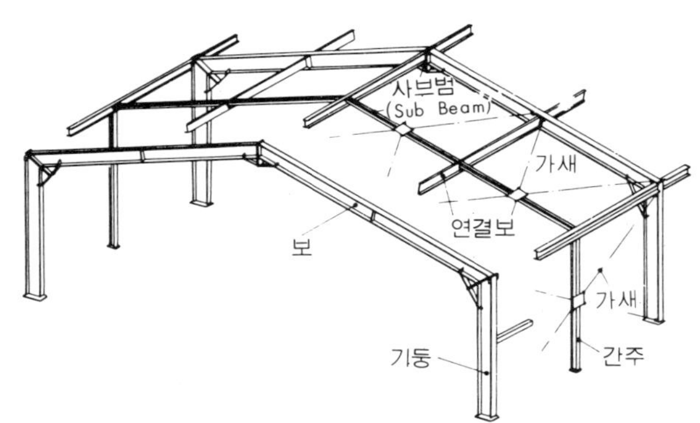

図1·7   산형라멘형식의 철골구조

1-4 목구조

목구조는 내화 내구성에 있어서는 뒤떨어지나 보강재(彈强材)나 보강금속을 쓰면 어느정도 내진성도 가지게 되고, 비교적으로 경제적인 까닭에 널리 쓰이고 있다. 골조의 구성법에 따라 심벽식(心壁式 P.145참조)과 평벽식 (平壁式) 건축(P.145참조) 으로 대별(大別)된다.

심벽식은 골조재인 기둥이 실내에 나타나는 구조법이고 재래의 한식가옥과 같이 전통적인 것이 쓰인다. 또 평벽식은 기둥표면을 벽으로 감싸서 마감하는 구조법으로 방에서는 기둥이 보이지 않고 주택, 사무소, 점포건축을 비롯하여 일반에 널리 쓰이고 있다.

이 심벽식과 평벽식의 차이는 다만 실내의 벽체마감방법이 다를 뿐만아니라 골조의 구성법이 근본적(根本的)으로 다르게 되어 있고 구조도의   작성이나 보고 읽는 경우 특히 주의하여야 한다.

이 목구조나 철골구조와 같이 세장(細長)한 구조재료를 조합하여   골조를 만드는 구조법을 가구식(架構式)이라 하며 **철근**   등의 사재(斜材)를   써서 보강하여 내진 내풍성(內風性)을 강화할 필요가 있다.

1-5 콘크리트 블록조

이것은 콘크리트블록을 쌓아서 만든 건축물로서 그 구조방식에 따라 보강 콘크리트블록조, 장막벽(帳幕壁) 콘크리트 블록조로 대별한다. 보강 콘크리트 블록조는 **圖**1·8과 같이 콘크리트블록을 쌓아 만든 벽체를 종횡방향(縱橫方向)

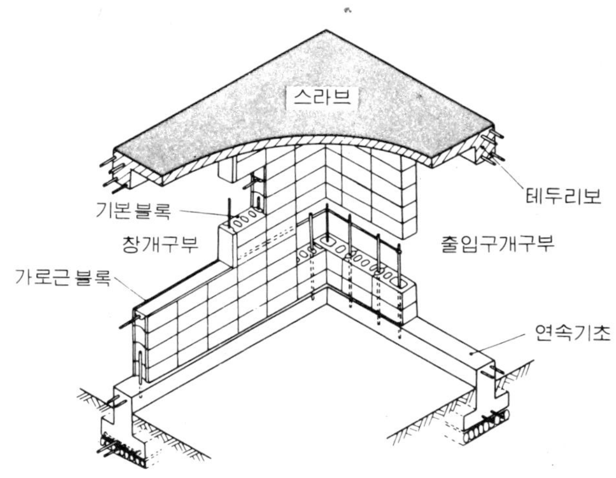

図 1 · 8   보강콘크리트블록조

으로 철근을 보강하여 내진성을 부여한 구조법이고 비교적 쉽게 내화성으로 할수가 있다.

이 **콘크리트블록**의 벽체(내력벽)로 수직하중이나 지진력을 받치는 구조방식이지만 구조상 몇가지의 제한된 규정이 있다.

따라서 주택, 아파트, 적은 병원과 같이 바닥면적에 비하여 벽체가 많은 건축물에 이용되고 있다.

장막벽**콘크리트블록조**는 **圖1·9**와 같이 철근 **콘크리트** 구조나 철골 철근콘크리트 구조의 라멘 부재 사이를 막는 벽으로서 **블록**을 쌓아서 만드는 구조법이고 이와같은 벽을 장막벽(curiain wall)이라 한다.

블록조나 **벽돌조**(壁乭造), 석조(石造)와 같이 재료를 몰탈등으로 접착(接着)하여 쌓아서 만드는 구조법을 조적조(組積造)부른다.

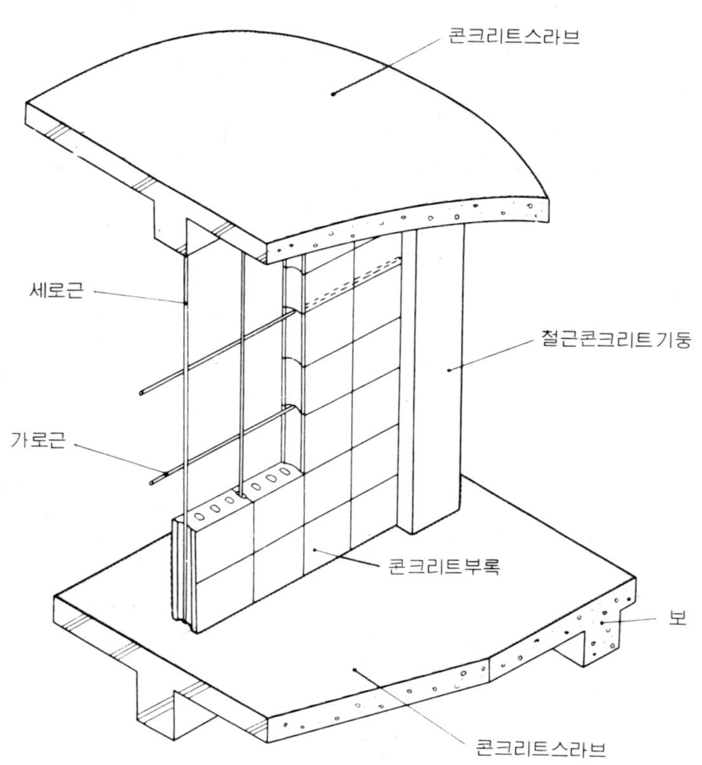

圖 1 · 9   장막벽콘크리트 블록조

1-6 시공법상 새로운 구조방식

여기까지는 건축물의 구조방식을 구조재료에 따라서 분류(分類)하여 왔지만 건설기계의 급속한 발달, 사회적요청에 의한 건축생산의 합리화(合理化) 공기(工期)의 단축(短縮) 새로운 기술개발에 따라 재료의 이용이 고도화(高度化)하여 건축물의 구조방식에도 급속한 진전을 가져오고 있다. 따라서 여기에 새로 개발된 시공법과 생산방식에 따른 건축물의 구조방법에 대하여 설명하기로 한다.

1-6·1 조립식철근 콘크리트 구조

지금까지의 철근콘크리트조는 현장에서 철근 배근하여 거푸집을 만들고 콘크리트를 타설(打設)하는 말하자면 현장타(現場打)의 공법이었지만 이 공법으로는 공기가 길고 또 기후(気候)에 의한 영향(影響)등에 커서 공사비가 크게 드는등의 결점이 있어서 전술(前述)한 바와 같이 생산의 규격화(規格化) 프리훼브화의 방향(方向)으로 발전하여 왔다. 이 구조공법은 철근 콘크리트조의 구조부재를 공장 또는 현장(現場)의 가설공장에서 제작하여 이 부재를 현장에서 조립하여 구조체를 만드는것으로서 품질의 향상 공기의 단축등에의 장점이 있다. 반면 접합부의 공법이 바르지 못하면 일체성의 확보가 어려운 점, 구조부재가 무겁기 때문에 수송(輸送)이 쉽지 않은 점등의 결점도 있다. 이 공법은 양산(量産)을 지향(指向)하는 공동주택등에 널리 쓰이고 있고 실단위(室單位)의 벽,바닥,지붕의 대형 프리캐스트 콘크리트판을 공장 또는 현장의 가설공장에서 제작하여 크레인으로 들어올려서 조립하는 방식으로 벽식 P C

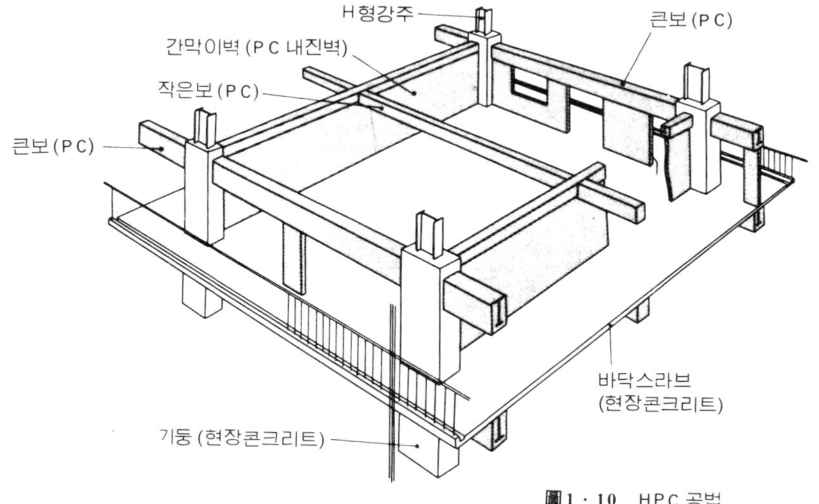

圖 1 · 10 HPC 공법

공법(일반적으로 PC공법)이라 부른다 (PC 는 프리캐스트의 뜻).

벽식 법으로는 5 층까지의   공동주택에 응용 (応用)되고 있고 더욱더 고층
화하기 위하여 철골 구조와 병용한 방식으로 H 형강에 의한 골조에 PC 관
을 맞추는 HPC 공법이 쓰이고 있다 (圖1·10).

1-6·2 프리훼브 구조

이 공법은 철근 콘크리트계 (系) 말고도 목질(木質)계, 철근계통의 것이 있다.
목질계통에는 골조재에 일반 목재말고 집성목재 (集成木材)를 써서 이것을 합
판 (合板)등으로 안팎에 붙인 파넬을 조립하는것으로서 어느것이나 규격화된
것을 사용한다.

철골계통도 목질계통과 거의 같은 구조방식이고 후렘식(Frame) 유닛트식(Unit)
파넬식 (Panel)의 3 가지로 대별된다. 이 가운데에서 파넬식은 골조등의 구조에
경량 형강을 사용하여 벽, 바닥, 지붕등의 파넬을 공장에서 제작하여 현장에서
조립하는 방법이 많이 쓰이고 있다.이 공법은 기둥, 보와 같이 단재 (單材)를 쓰
지 않고 외벽파넬이나 지붕파넬등을 조립하여 외곽 (外廓)을 형성 (形成)한다.
내벽, 외벽에는 석면 (石綿) 스레트, 석고보드류 (類)를 쓴다.

외벽에는 암면 (岩綿), 그라스울등의
단열재 (断熱材)를 삽입 (揷入)한다. 또
외벽에는 불연재 (不燃材)를 사용하여
간이 (簡易) 내화조로
할수도 있다 (圖1·11).

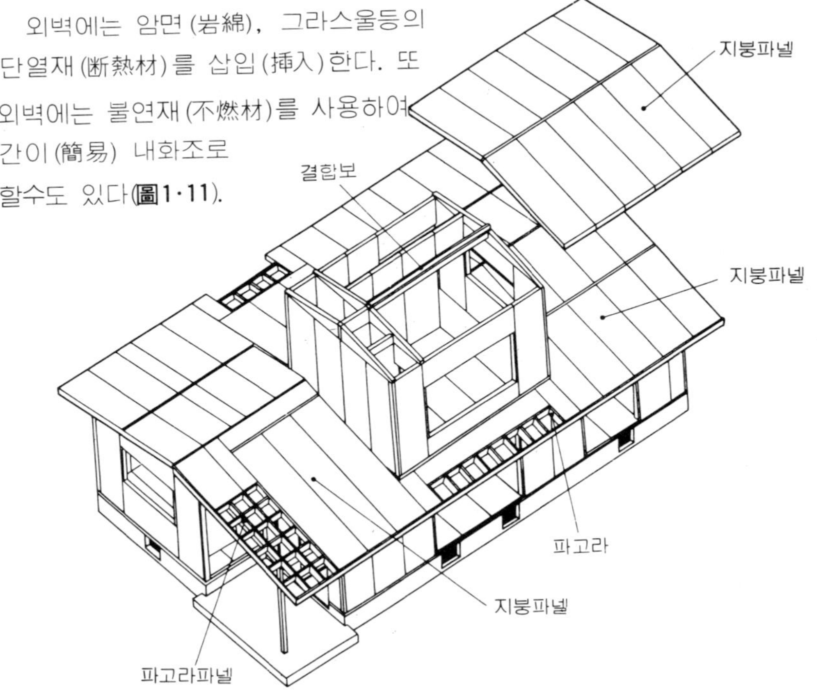

圖1 · 11   프리훼브건축 (木質系)

1-7 건축구조와 건축법 및 각종 법규

건축물은 지금까지 이야기한 구조법에 의해서 건축되지만 건축법에 따라 건축물의 구조, 설비, 용도, 면적, 높이 등의 필요한 최저기준(最低基準)을 만들어 놓고 규제하고 있다.

건축법은 국민의 생명, 건강, 재산을 보호하고 공공(公共)의 복리증진에 목표를 두고 있고 설계, 시공에 있어서는 법에 규정된 각종의 규칙을 지키지 않으면 않된다.

또 건축물의 구조, 시공을 규정하는 것으로는 **대한건축학회**에서 만든 각종의 규정(예를들면 **철근콘크리트계산규준**)이나 건축공사표준시방서등이 있고 구조 또는 설비에 관한 각종의 기술규정을 만들어 놓고 있다.

이 밖에 건축물에 사용하는 주요구조재료는 **KS**(한국공업규격)에 합격한것을 사용하도록 규정하고 있다.

이 상태와 건축재료에 대해서는 관계있는 각장(各章)에서 설명하겠지만 이와 같은 규칙이나 규격에 대해서 이해력(理解力)을 기르려면 구조를 올바로 이해하고 구조도를 바로 보고 읽기위해서는 반드시 필요한 사항들인 것이다.

건축물의 구조 재료 및 시공법등의 규정에 관한 중요한 것을 다음에 적는다.

○건축법, 건축법시행령, 시행규칙
○대한건축학회
　　　철근콘크리트 구조계산규준
　　　강구조 계산규준
　　　건축공사표준 시방서
○한국공업규격 (KS)

2장

설계도를 보고 익히기 위한 기초지식

설계도를 보고 읽을때 설계자의 의도 (意圖)가 정확히 파악되지 않아서는 안된다.

그래서 공통 (共通)된 약속 (約束)이 정 (定)해져 있지 않으면 안된다. 이 약속을 표준화 한것이 제도규약 (製圖規約)이고 각 공업분야 공통인 제도통칙 (KSA0005)과 건축제도통칙 (KSF1501)의 병용에 의해서 제도되고 있다. 또한 설비관계의 도면에 사용되는 표시법 기호 (圖示)는 배관도시기호 (配管圖示 記号 KSB0051) 옥내배선용도기호 (屋内配線用図記号・KSC0301) 또는 공기조화 (空気調和) 및 급수장치 (給水裝置)의 표시기준 등이 제정되어 있다.

2-1   제도규약

2-1·1   도면

도면은 **圖2·1**과 같이 긴방향 (方向)을 좌우로 놓은것을 정위치 正位置) 로 하고 일반적으로 윤곽선 (輪郭線)이 붙여진다. 도면의 크기는 마감치수로 AO 판 (判) (841×1189mm) A 1 판 (594×841mm) A 2 판 (420×594mm) A 3 판 (297× 420mm)가 있다.

건축설계도용으로는 A 2 판이 널리 이용되고 있다. 도면을 철 (綴)하는 경우에는 왼쪽을 철하며 왼쪽에 철하는 여백 (余白)을 남긴다. 도면의 우하 (右下)구석에는 **圖2·2**에 표시한 바와 같이 표제란 (表題欄)을 만들어서 공사명 ·도면명칭·도면번호·척도 (尺度)·책임자와 설계자의 서명 (署名) ·도면작성년월일·기타사항이 기입된다. 도면번호는 도면을 관리·정리하는 경우거나 관련 도면을 보기쉽게 하기 위해서 단순하게 도면의 작성순으로 붙이는 일련 번호 (一連番号)로 하지 않고 건축물의 종류, 일반도, 구조도, 설비도, 조립도 등을 취급하기 좋게하는 구분 (区分)을 포함한 종합번호 (綜合番号)를 하는 경우가 많다. 또한 건축사법에 의한 경우에는 설계도면에 반드시 건축사 등록번호를 기재 (記載)하고 기명날인 (記名捺印) 하도록 되어 있다.

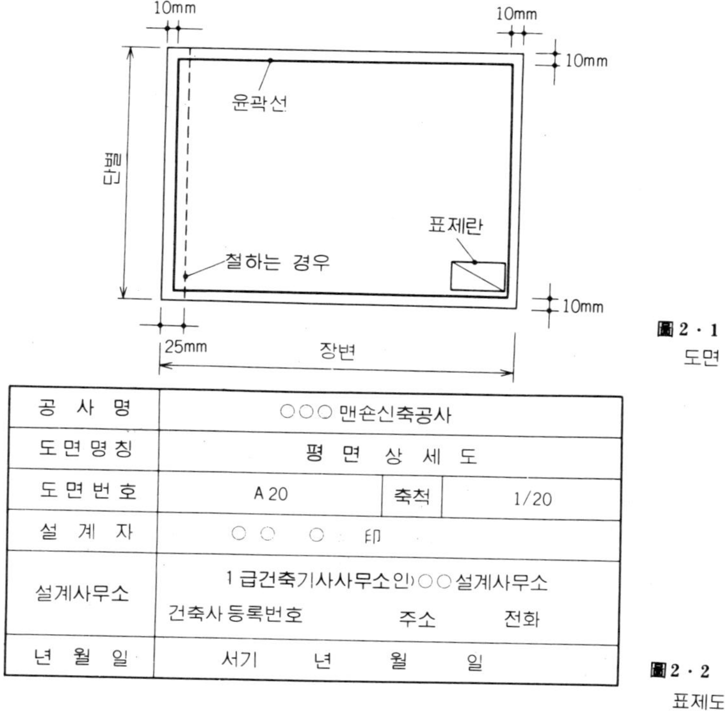

圖 2 · 1
도면

공 사 명	○○○ 맨숀신축공사		
도 면 명 칭	평 면 상 세 도		
도 면 번 호	A 20	축척	1/20
설 계 자	○ ○ ○ 印		
설계사무소	1 급건축기사사무소인○○설계사무소 건축사 등록번호 주소 전화		
년 월 일	서기 년 월 일		

圖 2 · 2
표제도

2-1·2 도면의 배치

평면도나 배치도는 방위와 밀접한 관계가 있기 때문에 원칙적 (原則的)으로 북 (北)쪽이 도면의 위에 오도록 제도하고 방위도 반드시 기입한다 (**圖 2·3**). 또한 입면도, 단면도 혹은 구조관계의 상세도등은 지반면 (地盤面)에서 상하의 관계가 확실하게 되어 있기때문에 원칙적으로 상하방향을 도면의 상하와 맞추어서 하게 되어 있다. 그러나 단면도나 상세도에서 건물의 규모나 그 축척 (縮尺)에 따라 건물의 상하방향을 맞추기가 극히 어려운 경우에는 예외적으로 상부를 도면의 좌측으로, 하부를 도면의 우측으로 되도록 배치할 수도 있다.

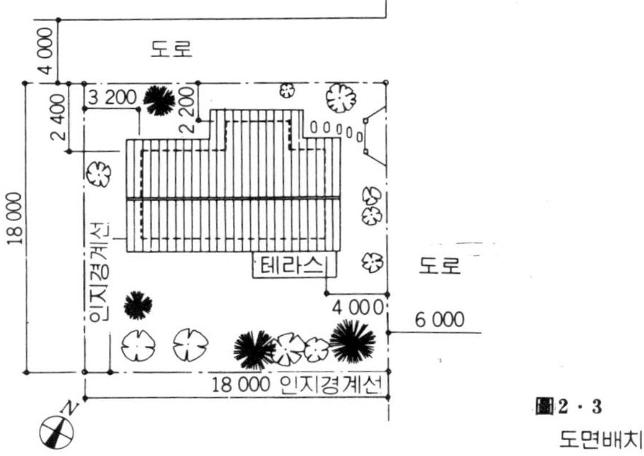

圖 2·3
도면배치

2-1·3 척도

설계도는 실물 (実物)에 대하여 여러가지 크기로 쓰여져 있지만 실물에 대한 도면 크기의 비 (比)를 척도라고 하고, KS 에 의해서 규정된 척도에는 **表2·1**에 표시한 것이 있다. 실물과 같은 크기의 것을 **현촌 (現寸)**이라 하며 특히 접합부나 마감도의 상세도에 쓰인다.

척도의 표시는 ⅟₁₀, ⅟₁₀ 또는 1 : 10 (축척⅟₁₀을 표시)로 표시하고 도면의 표제란에 명시 (明示)한다. 동일도면안에 척도가 다른도면을 두개 이상 넣는 경우에는 도면마다 그 척도를 기입하고 표제란에 기입한다.

표2 · 1 도면의 척도 (24종)

척	⅟₁ · ½ ⅓ ¼	마감도의 접합부, 상세도 등에 쓰인다
	⅕ ⅟₁₀ ⅟₂₀ ⅟₂₅ (⅟₃₀)	부분상세도, 주단면도 등에 쓰인다
도	⅟₄₀ ⅟₅₀ ⅟₁₀₀ ⅟₂₀₀ ⅟₂₅₀ (⅟₃₀₀)	평면도 입면도 등의 일반도, 기초복도 등의 구조도 설비도 등
	⅟₅₀₀ ⅟₁₂₅₀ ⅟₁₀₀₀ ⅟₂₅₀₀ ⅟₂₀₀₀ ⅟₃₀₀₀ ⅟₅₀₀₀ ⅟₆₀₀ (⅟₆₀₀₀)	대지 (敷地)의 측량도, 배치도 큰 규모의 건물 평면도 등에 쓰인다

(   )는 관습적으로 쓰이는 것.

2-1·4 선, 글자

설계도를 보기 쉽고 또 이해하기 쉽게 하기 위해서 선의 표시방법은 **圖2·4** 와 같이 4종류로 구분되어 있으나 선의 굵기는 도면의 크기, 도면의 내용 에 따라서 굵은선, 가는선을 구분하여 사용한다. 관습상으로는 **표2·2**와 같이 하는 것이 일반적이다.

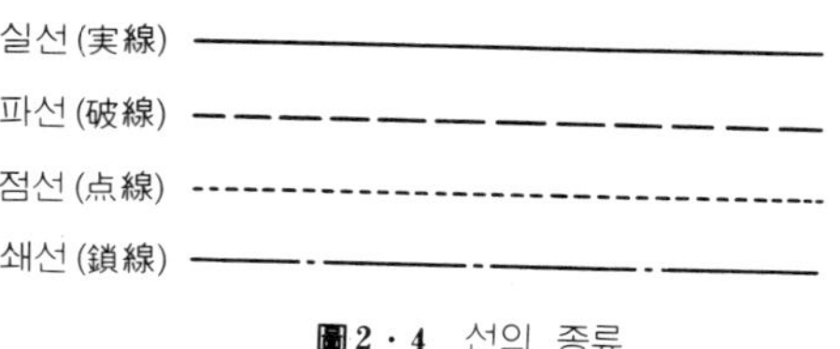

실선(実線) ————————————
파선(破線) — — — — — — — —
점선(点線) ‑‑‑‑‑‑‑‑‑‑‑‑‑‑‑‑‑
쇄선(鎖線) — · — — · — — · —

圖2·4 선의 종류

표2·2 선의 사용구분

선의 종류	선의 굵기	사 용 구 분
실 선	태·중·세 (太)(中)(細)	윤곽선, 외형선, 파단선, 단면선
	중·세	치수선, 치수보조선, 인출선, 햇칭
파 선	중·세	보이지 않는 선 (숨은선)
점 선	중·세	운동의 길을 표시하는 선
쇄 선	태·중	기준선, 절단선, 상상선
	세	중심선

태선 ————————————
중선 ————————————
세선 ————————————

〔1〕 단면선

단면선은 **圖2·5**에 표시하는바와 같이 단면의 윤곽을 표시하는 선으로 외 형을 굵은실선(太線)으로 긋는 선이다. 건축물의 단면도나 재료 등의 단면을 표시하는 경우에 쓰일 때가 많다.

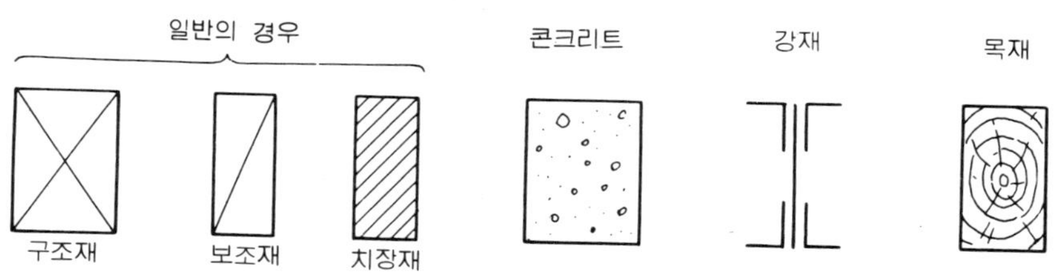

단면을 표시하는 경우는 태선으로 긋고 재료 종류를 표시하는 경우도 있다.

圖·2·5 단면선의 사용예

〔2〕 햇칭

圖2·6과 같이 가는 사선(斜線)을 같은 간격으로 긋고 단면의 표시등에 쓰인다.

〔3〕 파단선

긴부재나 연속되어 있는 선을 전부 나타낼 필요가 없는 경우에 쓰이는 선으로 **圖**2·7과 같이 여러가지 표시법이 있다.

〔4〕 절단선

건물의 어떤 곳이나 재료 등을 절단했을 때 그 위치를 나타내는 선. 절단은 반드시 일직선으로 하지 않고 **圖**2·8 B-B와 같이 그 이상의·연속된 굽힌선을 쓸때가 있다. 이 경우 圖와 같이 절단선에는 반드시 기호(記號)가 기입되어야하고 단면도를 보는 방향을 표시한 화살표가 명기(明記)되어야 한다.

〔5〕 글자

글자는 좌(左)에서 횡서(橫書)로 하고 종서(縱書)는 될수 있는 한 피한다. 수행(数行)에 걸쳐서 쓰게 되는 경우 횡서가 편리하다. 글자는 한글, 숫자(数字), 로마자가 쓰이며 정서함이 일반적이다.

또한 KS 에는 글자를 11종류로 나누고 있지만 습관적으로 도면에 써넣을 경우 도면의 크기에 따라 쓰면 된다.

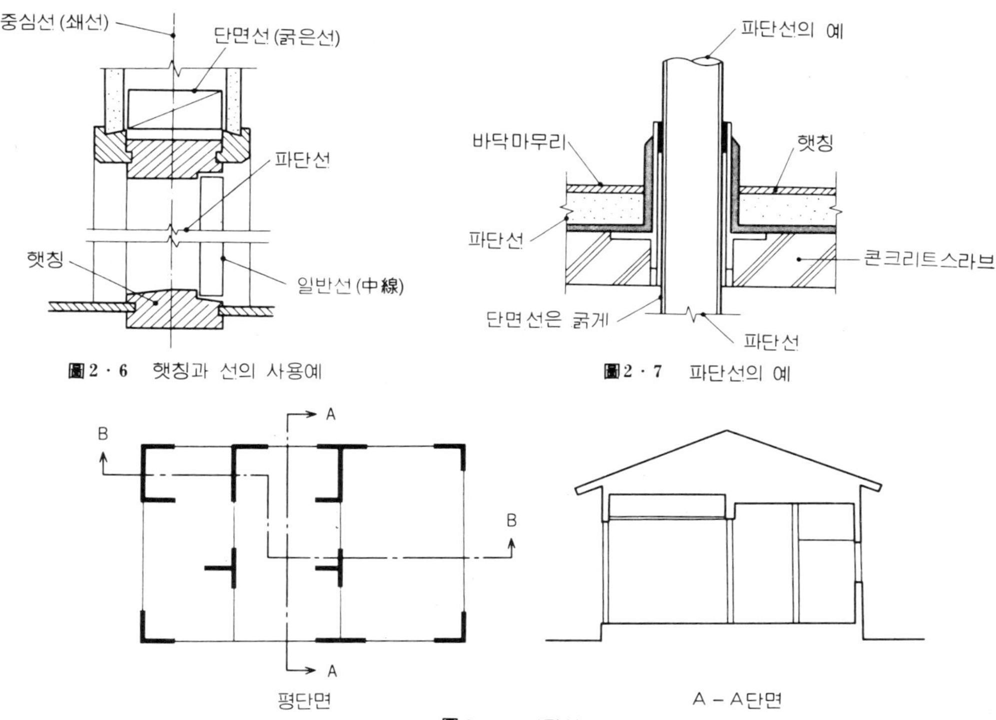

圖 2·6 햇칭과 선의 사용예

圖 2·7 파단선의 예

圖 2·8 절단선

2-1·5 치수의 단위, 치수선 표시법 및 치수의 기입법

도면에 기입하는 치수의 단위는 원칙적으로 미리미터 (mm) 로 하고 숫자만을 기입하고 단위는 붙이지 않는다. 치수 숫자의 자리수가 많은 때에는 3 자리 마다 컴마 (,)를 찍던지, 3 자리마다 조금씩 간격을 띄어서 읽기 쉽게 한다. 미리미터 이외의 단위로 센치미터 (cm), 미터 (m) 등을 써서 표시하는 경우에 는 그 단위기호를 명시하여야 한다.

치수를 표시할 때에는 **圖2·9**와 같이 치수선을 끌어내서 그위에 치수를 기 입하고, 치수선의 양단 (兩端)에 圖와 같은 거리를 표시하는 기호를 붙인다. 간격이 좁은 경우 **圖(b)**와 같이 표시하던지 **圖2·10 (a)**와 같이 치수보조선 을 끌어내어서 치수를 넣고 치수선에 따라서 도면의 아래 또는 우편 (右便)에 서 읽을 수 있게 횡서한다.

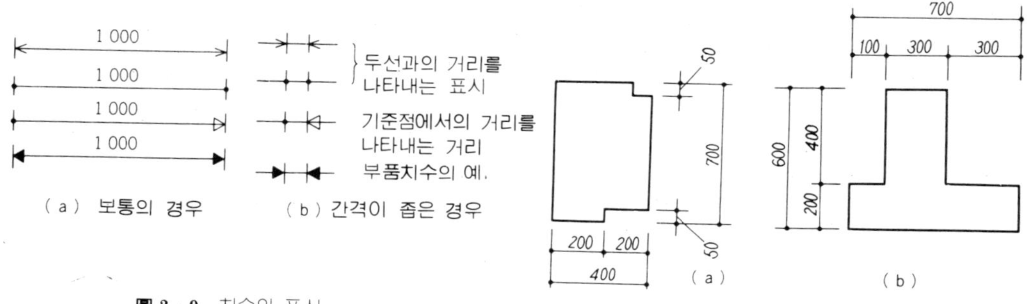

圖 2 · 9 치수의 표시   **圖 2 · 10** 치수선, 치수표시의 예

또한, 철골 구조의 트러스인 경우 **圖2·11**과 같이 부재에 따라서 치수를 기입하는 경우도 있다. 특히 바닥마감, 지붕마감등에서 그부분의 구성부재가 많고 그 설명때문에 인출선 (引出線)의 수가 많아서 써넣기가 번잡 (煩雜) 하게 될 우려가 있는 곳에서는 **圖2·12**와 같이 마감의 명칭, 부재의 명칭 치수 등 을 4각형의 틀에 넣어 묶어쓰는 경우도 있다.

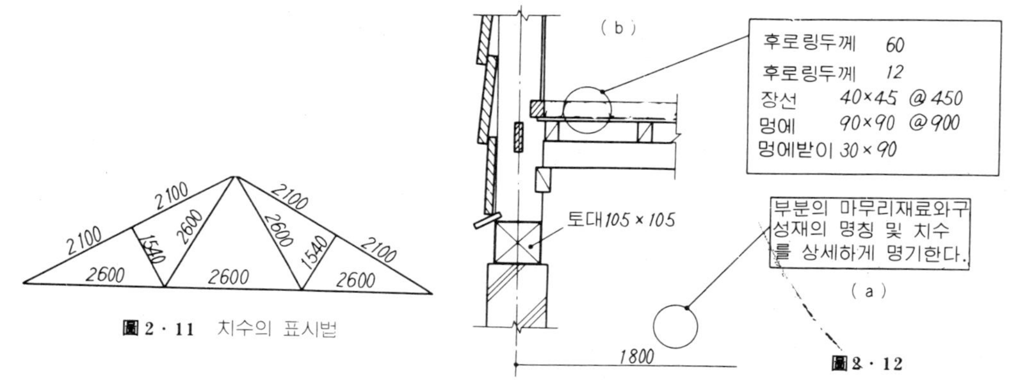

圖 2 · 11 치수의 표시법   **圖 2 · 12**

2-1·6 각도 (角度) 의 표시

건축설계도면에 각도를 표시할 때 다음 3 가지 방법이 있다.

(1) 지붕과 같이 평면에 대한 각도, 보통 지붕물매라 부른다.

(2) 설비 설계도중에서 급수 배수관이나 빗물의 흐름 등의 각도

(3) 접합되는 그 부재가 만나는 각도 및 대지측량도 (垈地測量圖)등의 대지 경계선의 각도

이 각도의 표시법은 (1)(2)에는 정접 (正接·tangent)을 쓰고 지붕물매는 분자를 1 분모를 10으로한 분수 (分数)를 쓰고 **圖2·13**과 같이 표시한다. 설비관계의 관류 (管類)의 표시는 마찬가지로 배수 (排水) 물매 ⅟₅₀, 또는 ⅟₁₀₀등으로 표시한다. 각도의 표시는 **圖2·13 (c)**과 같이 각도의 수치가 기입된다.

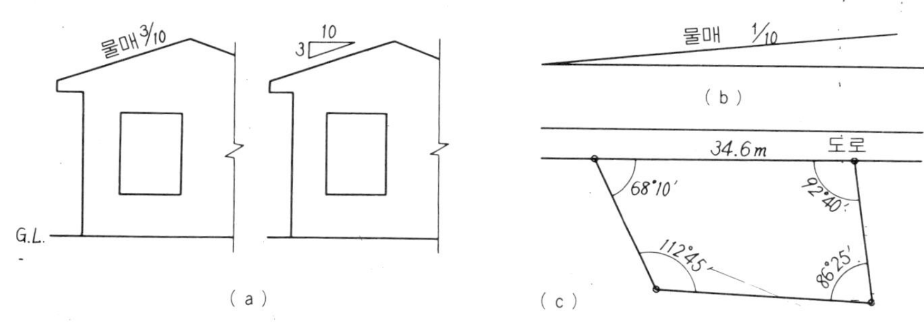

圖2·13 각도의 표시법

2-1·7 계단의 표시

계단의 표시법은 재래 **圖2·14 (b)**와 같이 표시하고 계단의 오름 또는 내림의 글자를 기입하여 왔지만 「건축제도통측」에서는 **圖2·14 (a)**와 같이 내림의 표시를 하지 않고 모두 오름의 표시만을 하는 표시법으로 개정했다. 그러나 재래의 표시도 쓰이고 있기 때문에 도면을 읽는 경우에는 각별히 주의할 필요가 있다.

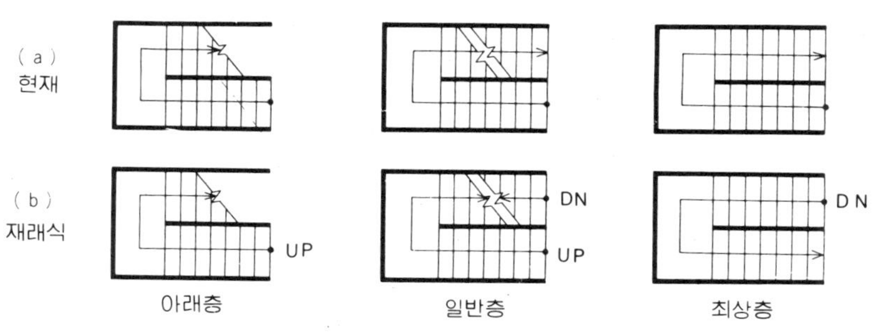

圖2·14 계단표시방법

2-1·8　위치의 표시

　　건축물의 규모가 크게 됨에 따라 설계도의 장수도 많아지고　또 복잡하게
되었다.　이 때문에 설계 및 시공이나 조립을 할 때 건축물의 각부의 위치가
모순없이 표시될 필요가 있다.　그 경우 위치를 표시하는 기준이　되는 선을
조립기준선(**組立基準線**)이라　하고　**圖2·15**(a)　(b)와 같이 평면적으로　X축,
Y축,　입체적으로　Z축이 쓰인다.　이 중에서 가장 기준이 되는 선을 주기준
선이라 하고 다시 여기서 빼낸선을 보조기준선이라 하며 **圖2·16**과 같은　기
호가 쓰인다.

　　또　**圖2·17**과 같이 평면도에는　$X_0 X_1$·········, 또는 $Y_0 Y_1$······,　입면도 단
면도등에는 높이 방향으로 $Z_0 Z_1$······등을 표시하고 그 위치가 명확히 표시

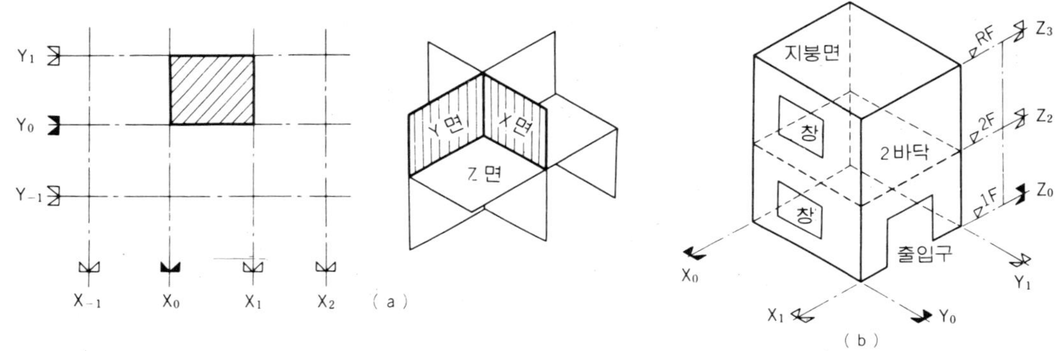

圖 2 · 15

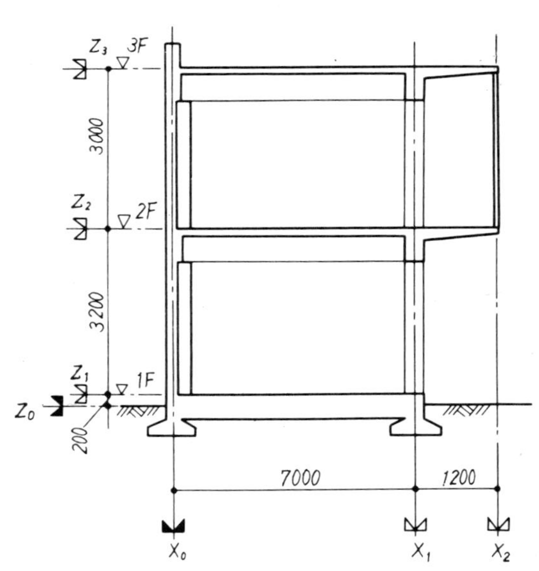

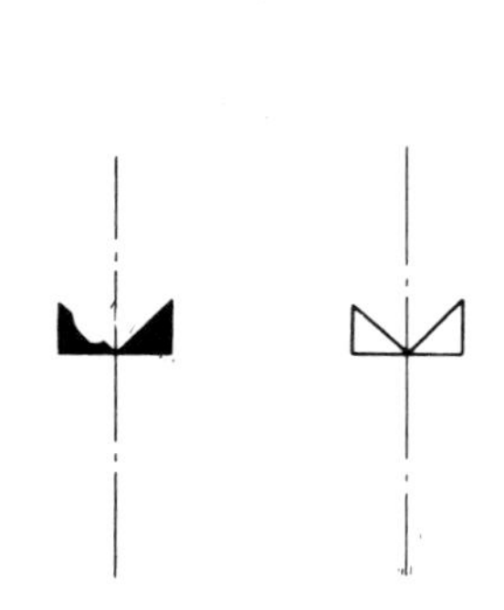

圖 2 · 16　조립기준선

圖 2 · 17　조립기준선을 사용한 예

된다. 그러나 이 표시법이 KS에 규정되어서부터 10년가까이 되지만 아직도 일반화되지 않고 있어 종래의 표시법, 예를 들면 기둥중심이나 벽중심을 Ⓐ, Ⓑ ········ , 또 ① ② ······ 등이 많이 쓰인다.

　어떤것을 하더라도 한 건축물의 설계도를 수매 혹은 수십매의 도면으로 나누어 설계 되기 때문에 각도면의 상호관계 및 위치에 대하여는 명확히 표시할 필요가 있다. 따라서 전술한바와 같이 주(主)된 기준선이 정해지고 이것을 기준으로 위치 및 치수가 표시되어야 하는 것이다.

　이 제도법에 의한 치수표시는 **圖2·18**과 같이, 보조기준선은 주기준선의 위치로부터의 거리를 표시하고 치수선의 단부(端部)는 주기준축을 흑점(黑点) 보조기준축을 삼각살표로 하고 치수숫자는 조립기준선에 따라 상향 또는 좌향으로 조립기준선의 상측살표의 우측에 기입함을 원칙으로 한다.

　또 **圖2·19**와 같이 조립기준선과 관련시켜서 조립기준선 이외의 위치를 표시하기 위해서는 **圖**와 같이 될 수 있는 한 가까운 주기준선 또는 보조기준선에서의 거리를 표시하고 치수보조선을 끌어내어서 보조기준선의 기입법에 준하고 있다.

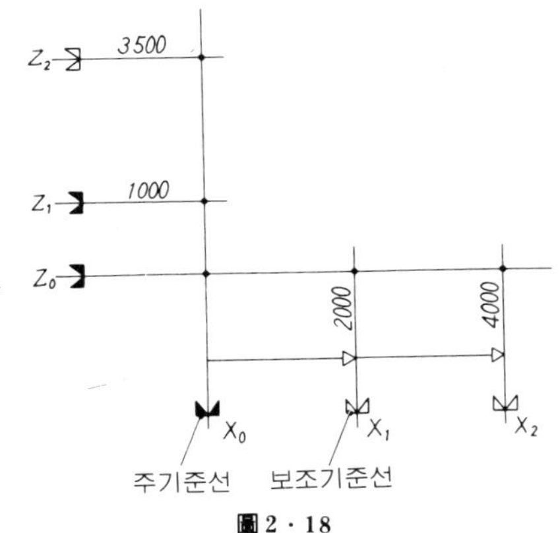

圖 2 · 18

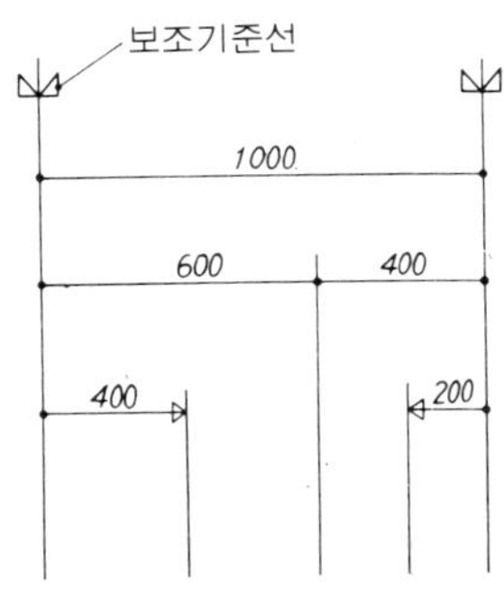

圖 2 · 19

2-2 표시기호

설계도 중의 표시기호는 **표2·3**에 보인 평면표시기호, **표2·4**의 재료구조 표시기호, 기타 각종 표시기호가 있다. 평면표시기호는 축척 $\frac{1}{100} \sim \frac{1}{200}$의 도면에 쓰이고 재료구조표시기호는 척도에 따라 다른 것이 있다. 또 표시기호에 없는것에 대하여서는 척도에 따라서 그 실형(実形)이 쓰이고 설명이 달려있다. 설계도에 쓰는 표시기호로 KS에 제정된 것은 다음과 같다.

<pre>
KSF 1501~1968 평면표시기호, 재료구조 표시기호
KSF 1502~1971 창호기호
KSB 0052~1970 용접기호
KSB 0051~1971 배관도시기호
KSC 0301~1968 옥내배선용 표시기호
</pre>

表2·3 평면표시기호 (KSF 1501)

명칭	표시기호	명칭	표시기호	명칭	표시기호
출입구일반		외미닫이문		오르내리창	
쌍여닫이문		외미닫이문 (引込戸)		쌍여닫이창	
외여닫이문		미닫이문 (雨戸)		외여닫이창	
자재여닫이문		망사문		두짝미세기창	
회전문		셔터달린문		창살댄창	
접이문		쌍여닫이 방화문		망사창	
주름문 (재질양식을기입)		창일반		셔터달린창	
두짝미세기문		붙박이창 회전창 들 창 미들창 (개폐방법기입)		계단오르내림 표시	

表 2·4 재료·구조표시기호 (KS F 1501)

축척정도별 / 구분 / 표시사항	축척 1/100 또는 1/200일 경우	축척 1/20 또는 1/50 정도의 경우 (축척 1/100 또는 1/200 정도의 경우에도 사용함)	현치수나 축척 1/2 또는 1/5 정도의 경우 (축척 1/20, 1/50, 1/100 또는 1/200 정도의 경우에도 사용함)
벽 일 반			
콘크리이트및 철근콘크리트 기둥및장막벽			
경 량 벽 일 반			실척에 가까울수록 실형을 그리고 재료명을 기입한다.
보 통 블 록 벽 / 경 량 블 록 벽			
철 골			
목 재 및 목 조 벽	심벽조 〈평기둥, 반쪽기둥, 통재기둥〉 / 심벽조 〈평기둥, 반쪽기둥, 통재기둥〉 / 평벽조 〈평기둥, 샛기둥, 통재기둥〉 / 기둥의 종류를 구별하지 않을 경우	치장재 / 구조재 / 보조 구조재	장방형 단면 / 치장재 (나이테나 무늬 결를 표시함) / 단면 / 구조재 / 보조 구조재 / 합판
지 반			

축척정도별 / 구분 / 표시사항	축척 1/100 또는 1/200정도의 경우	축척 1/20 또는 1/50 정도의 경우 (축척 1/100 또는 1/200 정도의 경우에도 사용함)	현치수나 축척 1/2 또는 1/5 정도의 경우 (축척 1/20, 1/50, 1/100 또는 1/200 정도의 경우에도 사용함)
잡 석 다 짐			
자갈·모래		재료명을 기입한다	재료명을 기입한다
석 재		석재의 종류를 명기한다	석재의 종류를 명기한다
몰 탈 마 감		재료명이나 마무리 종류를 기입한다	재료명이나 마무리 종류를 기입한다
자 리 (다다미)			
보온흡음재		재료명을 기입한다	재료명을 기입한다
망(사)		재료를 명기한다	metallath(메탈라스)의 경우 / wirelath(와이야라스)의 경우 / riblath(리브라스)의 경우
얇은재료 판유리			
타 일 또는 테라코타		재료명을 기입한다 / 재료명을 기입한다	
기 타 재 료		윤곽선을 그리고 재료명을 기입한다	실척에 가까울수록 윤곽 또는 실형을 그리고 재료명을 기입한다.

3장

건축설계도는 어떤 종류가 있는가

건축공사는 보통 **건축주**(建築主) **설계자**(設計者) 및 **시공자**(施工者)의 3자(者)가 있고 일반적으로 다음과 같은 순서로 행해진다.

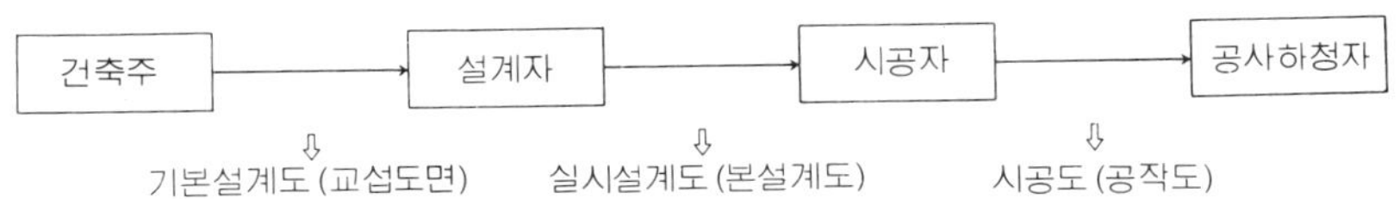

건축설계자는 건축주로부터의 여러가지 요청에 따라 전문적 입장에서 지식과 기술을 충분히 제공하고 여러번의 **교섭**으로 건축주의 의도가 가능하면 많이 반영되도록 노력하고 설계안을 종합하여 가는 법이므로 이 설계안을 **기본설계도** (교섭도면) 라 부른다. 이 교섭 때에 건축물의 공사비와 설비공사비 환경정리비의 개산을 도면에 숫자로 표시하여 경제적으로 납득될 때까지 상담하지 않으면 안된다. 건축착공 때에는 이 기본설계도를 기본으로 하여 실제로 건축하기 위한 **실시설계도** (본설계도)가 작성된다. 이것은 설계자의 의도를 시공자에 전 (伝) 하는것과, 설계와 마찬가지로 시공되고 있는지 여부를 감독하기 위한 도면이다. 이밖에 도면에 표현할수 없는 상세한 문서로 표현한 시방서가 있다. 또 시공단계에서 시공도, 공작도, 마무리도면 등이 작성된다.

3-1 설계도면의 종류

실시 설계도는 대별하여 종류에 따른 분류와 내용별에 따른 분류가 생각되지만 표현하는 각도면은 양자(両者)에 큰 차가 없으므로 일반적으로 알기 쉬운 내용별 분류인 일반설계도, 구조설계도, 설비설계도, 시공도로 구별된다. 그 내역은 **表3·1**과 같다.

이와 같이 건축물을 설계에서부터 준공에 이르기까지 **여러** 가지의 설계에 관한 도면과 서류를 작성할 필요가 있고 설계도, 구조계산서, 시방서, ·공사비개산서 등을 총칭하여 건축설계도서라 부른다.

表 3 · 1 설계도서의 분류표

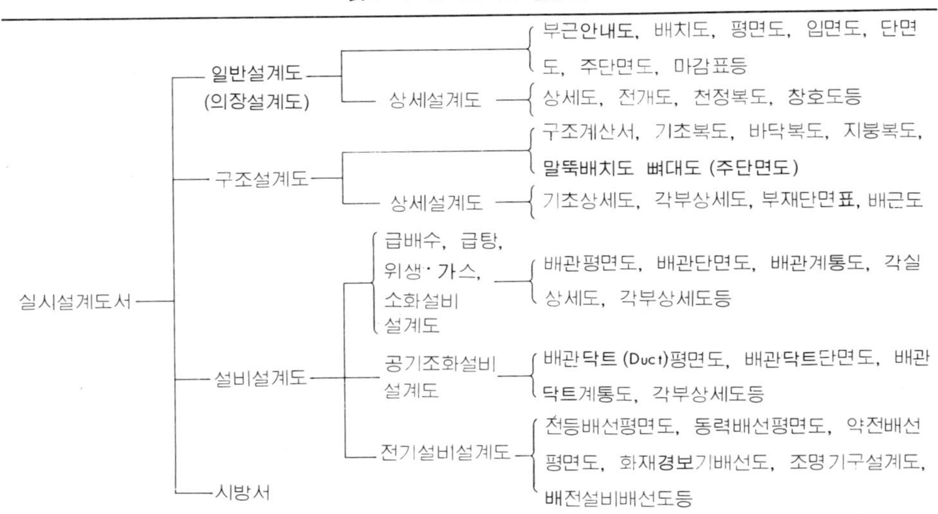

3 -2 일반설계의 종류와 내용

3-2·1 배치도

배치도는 건축물을 대지안의 어떤 위치에 세울것인가를 표시하는 도면이고 건축물과 대지와의 관계, 대지안의 여러시설 및 지형 (대지의 고저등)을 표시하고 대지의 규모에 따라서 축척도는 1/100, 1/200, 1/500, 1/600등을 쓴다. 주택과 같이 대지가 좁은 경우에는 축척 1/100로 하고 건축물의 1층평면도와 겸하는 경우도 있다. 배치도에 표시하는 주요한 것은 다음 각항에 의한다. 특히 건축법에 의한 건축물의 용도, 용도지역제 등의 각종 법적 **규제**를 받기 때문에 주의할 필요가 있다.

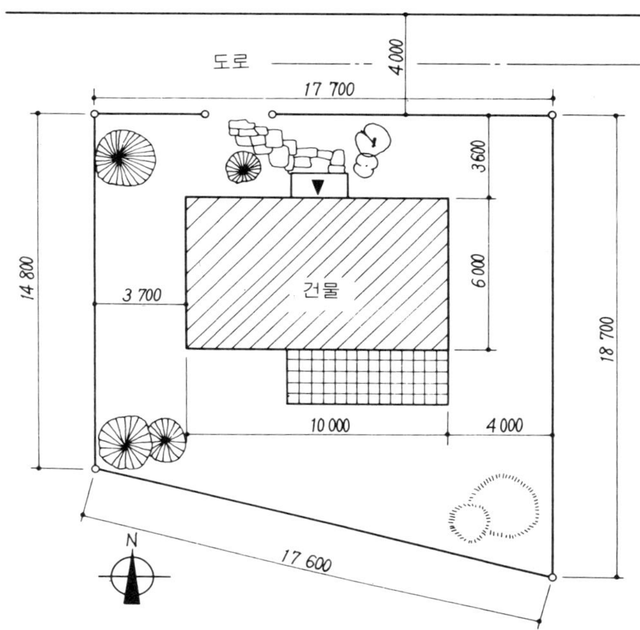

圖 3 · 1
배치도 (축척 $\frac{1}{200}$)

圖3·1에 배치도의 예를 들었다.

도면에 표시된 내용은

(1) 대지의 모양, 고저차

(2) 대지면적의 계산표

(3) 방위(일반적으로 북을 상단으로 함을 원칙으로 한다)

(4) 인지경계선, 접한도로의 폭, 길이

(5) 건축물의 위치, 크기, 인지경계선 및 도로부터의 거리

(6) 대지내의 건축물 상호간의 거리

(7) 도로면과 표준지반과의 관계

(8) 연소(延焼)할 우려가 있는 부분의 범위

(9) 대지내의 문, 담

이밖에 필요에 따라 옥외급배수계통, **맨홀**, 소화전, 옥내인입전선등의 계통을 표시하는 경우도 있다.

또 건축물이 고층화함에 따라 시가지에서는 일조권의 문제가 있기 때문에 이 배치도에 의해서 **圖**3·2에 보이는것과 같은 일영도가 작성된다. 이것은 건축물이 완성된 후에 그 건물이 이웃건물에 어느만큼의 해가림이 되는 시간을 표시한 도면이고 춘분, 추분, 하지, 동지의 각 계절의 해가림을 구하여 쓰고 1일의 일조시간이 계산된다. 보통 동지의 일조도를 작성하고 일조시간을 구하여 적는다.

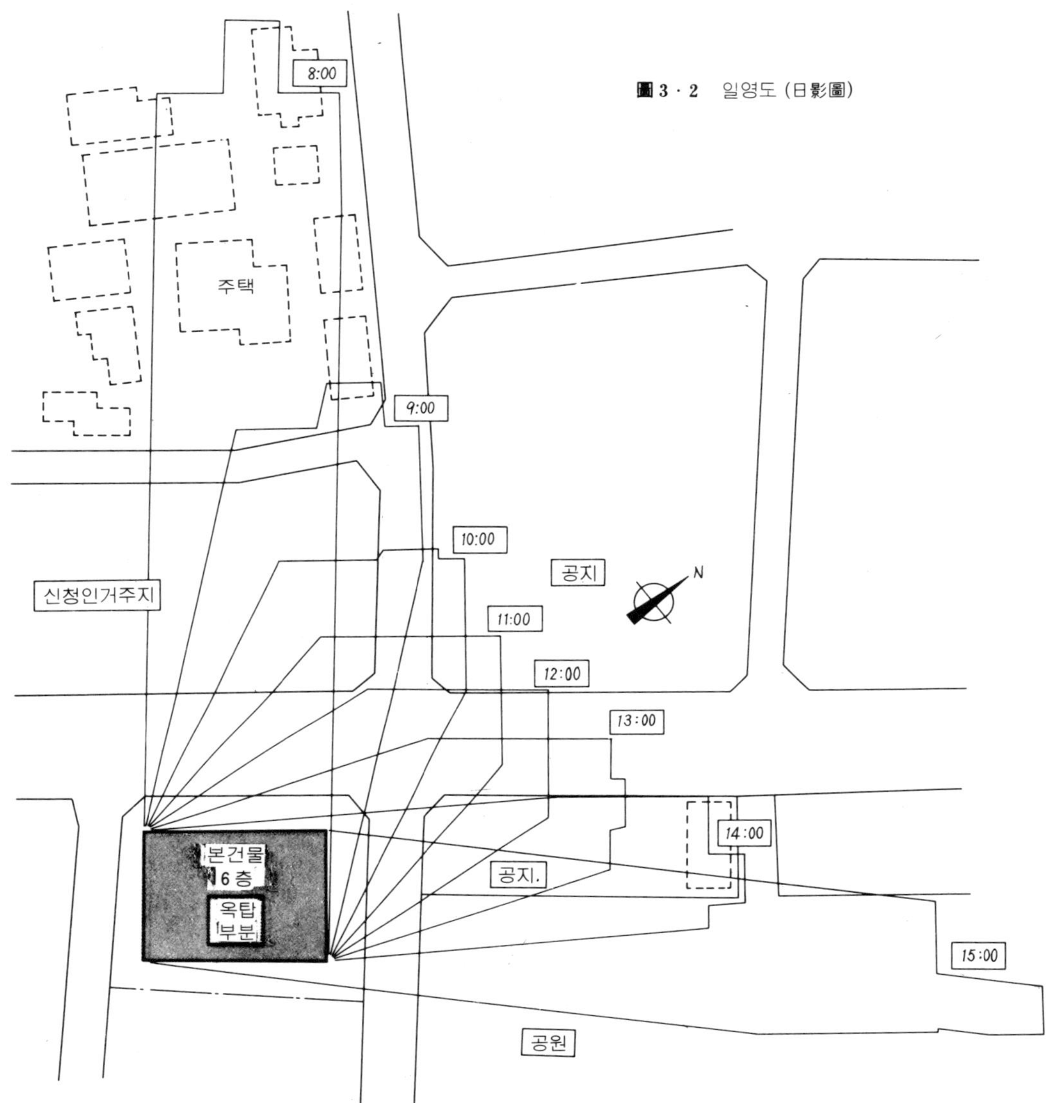

圖 3 · 2 일영도 (日影圖)

3-2·2 평면도

평면도는 설계중에서 가장 기본이 되는 도면이고 이 평면도를 기초로 하여 각종의 도면이 작성된다. 또한 급배수, 공기조화 설비 등의 설계와 배관도등도 평면도를 기준하여 작성된다.

평면도는 건축물 창의 중간정도 (바닥면에서 약 1 m 정도)에서 수평으로 절단할 때의 수평투영도이고 기둥벽, 창, 출입구 (문의 여는 부분) 계단, 받침 및 부대설비 바닥마감등이 KS 규격의 표시기호 (P22 圖 2·3 참조)에 따라 표시되고 요소에는 실명, 치수, 설명등이 기입된다. 기본 설계도(교섭도면)의 단계에서는 이해하기 쉽도록 의자, 탁자, 등의 이동성가구등이 표시되지만 실시 설계도(본설계도)에는 필요한 경우외에는 표시하지 않는다.

고층건물에는 모든층의 평면도가 필요하지만 사무소건축과 같이 동일층이 있는 경우에는 한 평면도로 각층을 대표하여 그리는 경우도 있다. 이것을 기준층(基準層)이라 한다.

보통 평면도는 건축물의 규모에 따라 달라지거나 보통 $\frac{1}{50}$, $\frac{1}{100}$, $\frac{1}{200}$ 등이 쓰인다. 그러나 건축물의 각 부분의 상세가 요구되는 현관, 계단, 욕실, 화장실, 부엌등에는 각부치수(세부치수, 벽두께, 마감두께) 구성재료, 마감상태를 표시하기 위해서 축척 $\frac{1}{10}$~$\frac{1}{20}$ 의 평면상세도가 그려진다. 또한 급배수, 공기조화설비의 설계에는 제작도, 등의 부분상세도가 작성된다.

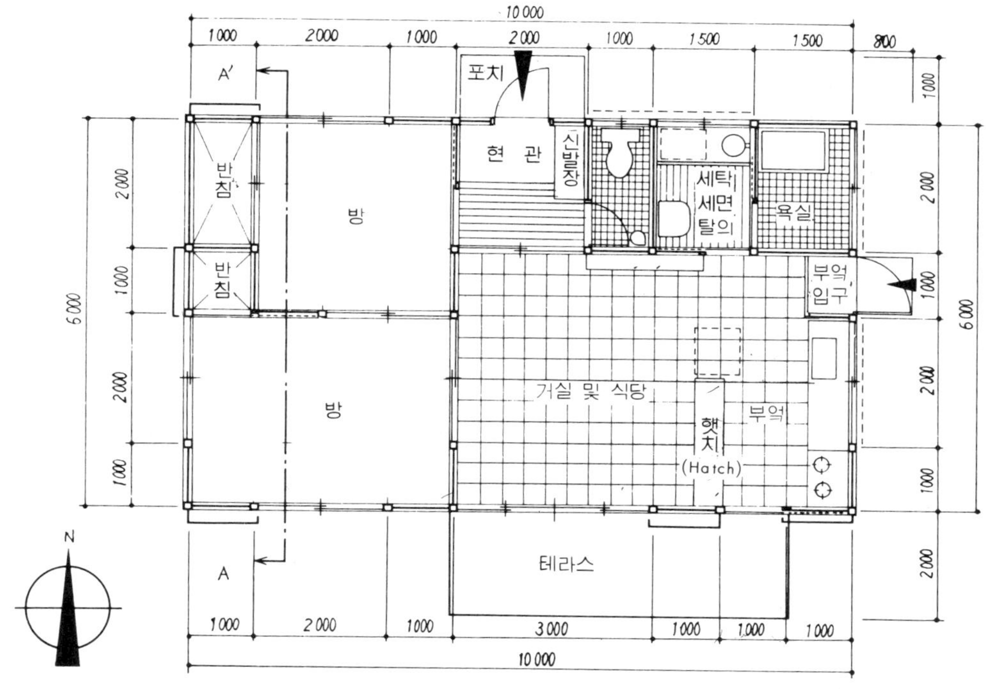

■ 3 · 3 평면도 (축척 $\frac{1}{100}$)

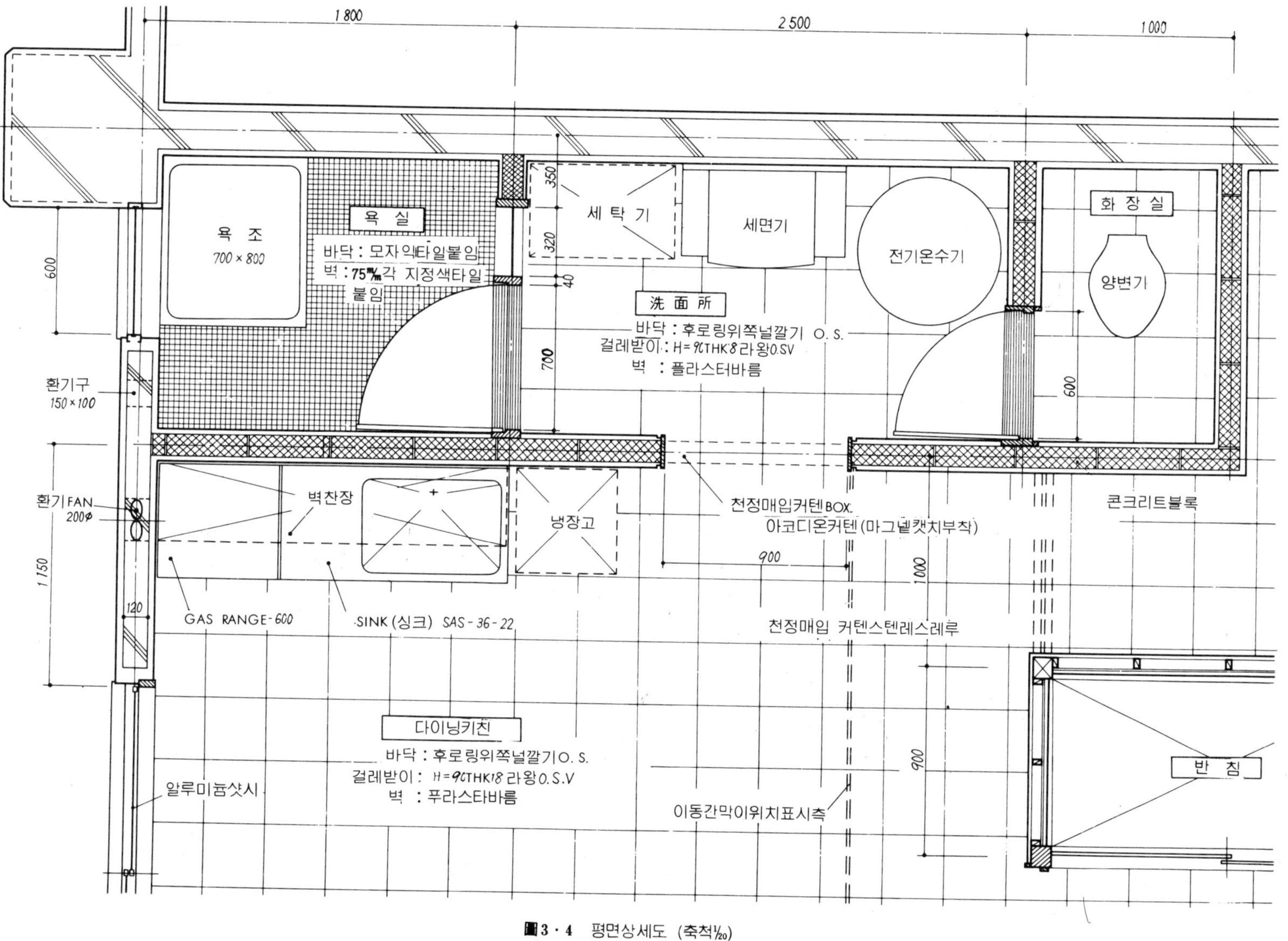

圖 3·4　평면상세도 (축척 1/20)

3-2·3　입면도

　　입면도는 외관도라고도 하며 건축물의 외관을 나타내는 것이다. 보통 현관측(정면출입구)을 정면도(正面圖), 뒷면을 배면도(背面圖)라고 부르기도 하고 그 방위에 따라 동면(東面)을 동입면도(東立面圖)라고 부른다.

　　입면도에는 원칙으로 외관에 보이는 모든것을 그리는 것이지만 시공상 중요하지 않은것, 딴 도면등에 표시된것은 생략하던지 반복하여 그리게되는것은 하나만 그리고 나머지는 약하는 경우도 있다. 따라서 입면도에는 외부마감재료의 종별, 창문의 모양, 굴뚝, 피뢰침(避雷針), 마루밑 천정환기구, 처마높이, 용마루 높이, 최고높이, 처마의 길이등이 표시된다. 이밖에 도로폭에 의한 높이제한, 방화구조제한 **높이가새**의 위치를 표시하는 경우도 있다. 이것들은 건축물의 용도, 규모 및 도면의 사용목적에 따라 반드시 모든것이 필요한것은 아니다. 축척은 평면도와 같은 척도로 그리는 것이 보통이다.

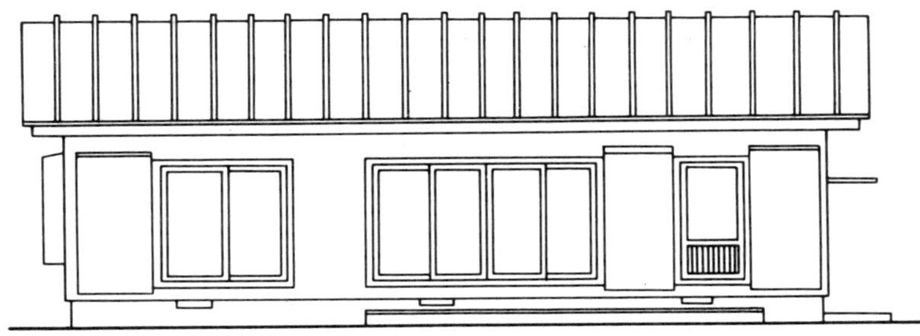

圖 3 · 5 남측입면도 (축척 1/100)

3-2·4　단면도

　　단면도는 건축물을 종 또는 횡의 외벽선에 직각(直角)으로 또는 수직선으로 절단하여 그자리에서 보이는 주면(主面)을 그리는 도면이다. 이때의 절단은 반드시 일직선으로 할 필요는 없고 도시할 필요가 있다고 생각되는 장소가 절단된다. 단면도를 그리기 위해서 절단한 장소는 반드시 평면도에 그 위치가 표시되어야 한다.

　　단면도의 주목적은 건축물과 대지와의 관계, 실내의 고저등을 표시하기 위한것이고 바닥높이의 고저차가 큰 극장건축이나 경사지에 세우는 건축물은 평면도나 입면도만으로 표시하기 힘들기 때문에 이 단면도가 중요한 요소가 되는 것이다.

　　단면도에는 표준지반(標準地盤), 처마높이(軒高), 최고처마높이, 최고치수 바닥높이, 천정높이, 창높이, 안목치수등의 높이관계가 표시되며 바닥밑부분이나, 천정뒷부분등의 구조는 필요하지 않으면 그리지 않는다. 축척은 보통 입면도와 같은 척도가 쓰인다.

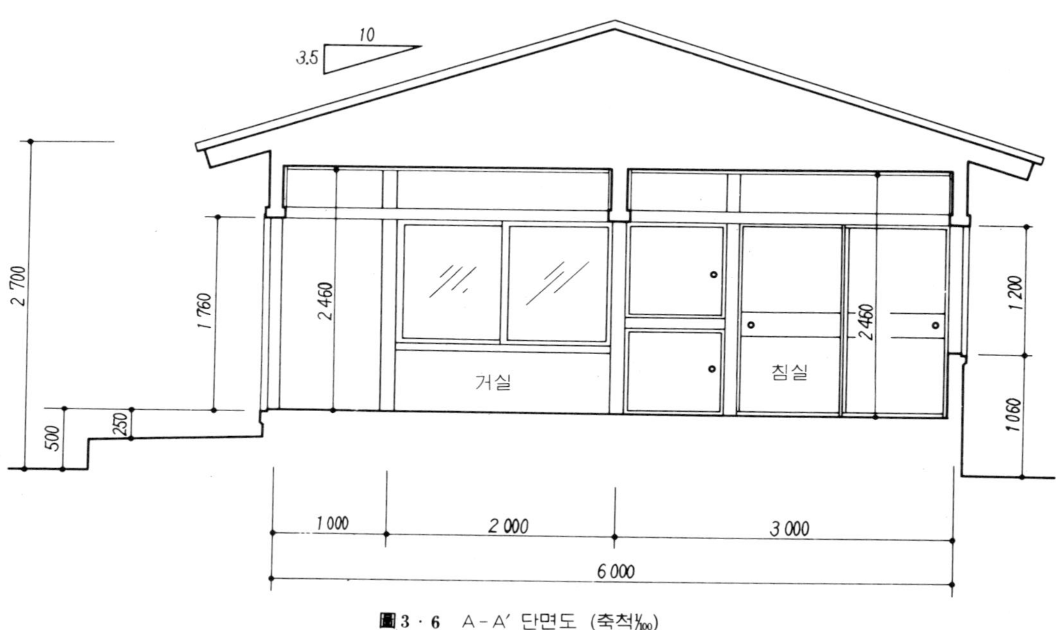

圖 3 · 6   A - A′ 단면도 (축척 ¹⁄₁₀₀)

3-2·5   주단면도

주단면도 (主斷面圖)는 주요단면상세도이다. 주단면도는 상세도 중에서 가장 기본이 되는 도면이고 건축물의 구조상 가장 표준이 되는 외벽부분의 종단면도이고 기준지반면에 대하여 지층에서 최상층까지 전체가 표시되며 평면도와 함께 건축물의 성격을 표시하는 것으로 각부 상세도의   기초가 되는 것이다.

도면에는 기초, 각층의 기둥, 보, 바닥판, 외벽, 지붕등의 구조체에 바닥벽, 천정 개구부나 지붕방수등의 마감상세가 도시되며 각부분의 기준치수가 표시되는 동시에 마감재질과 마감방법이 표현된다. 축척은 ¹⁄₂₀ 또는 ¹⁄₅₀이 쓰인다. **圖 3·7**은 목조단층주택의 주단면도이다.

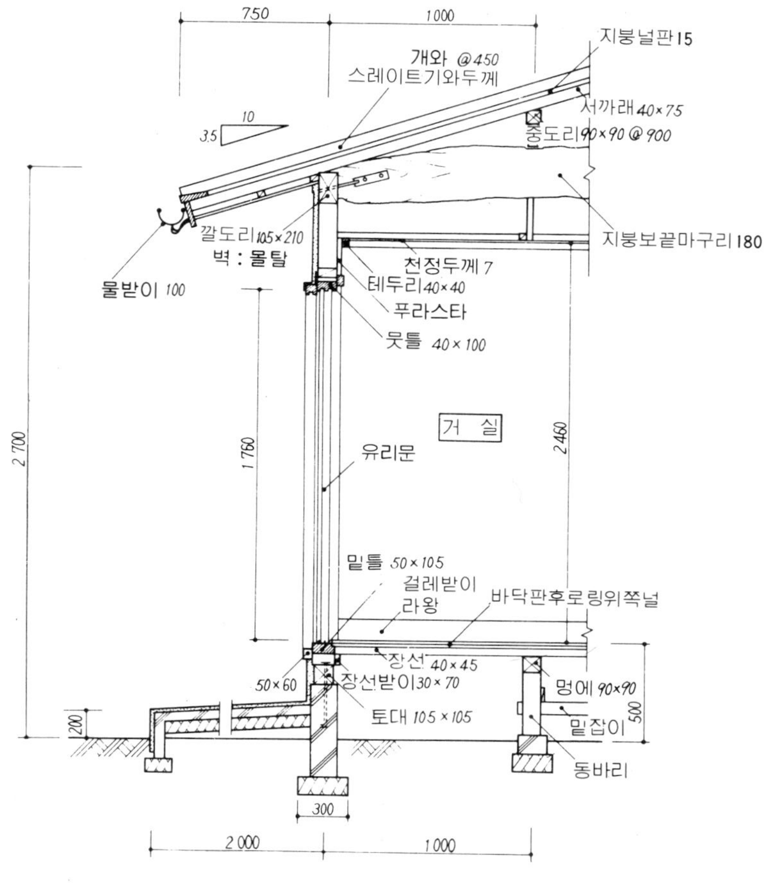

圖 3 · 7 주단면도 (축척 1/20)

3-2·6 마감표 (치장표)

건축물 각부의 마감재료나 부대설비 등은 설계도의 각부분에 기입되는것이 원칙이나 마감바탕이나 공법상의 것은 설계도에 표시하지 못하는 경우도 있다. 따라서 각실 각부분의 마감재료 공법등을 일괄 (一括) 하여 표시한 것이 마감표이다. 마감표는 보통 외부 마감표와 실내마감표로 분류된다.

외부마감표에는 파라펫트 외벽, 지붕기둥, 벽, 발코니, 개구부 등의 각항에 나누어 기입한다. 기타 건축물에 부속하는 손잡이, 창의 격자, 루푸드레인, 환기구, 갸라리, 등에서부터 문, 간판광고 등의 옥외공사나 공작물등의 설명도 표시된다.

실내 마감표에는 각층 각실마다 바닥, 벽, 천정의 각부분에 대하여 바탕과 마감재료 및 페인트칠 등이 표시된다.

실 내 마 감 표(i) (예)

층별	실번호	실명	바닥		벽						천 정		
					걸 레 받 이		징 두 리 벽		상 부 벽				
			마무리	빛깔	마무리	빛깔	마무리	빛깔	마무리	빛깔	마무리	빛깔	
1층	101	현관	대리석	황색	대리석	검정	티크합판	투명락카	티크합판	투명락카	2분합판		

실 내 마 감 표(ii) (예)

층별	실번호	실명	바닥			벽							반자			비고
						걸레받이		징두리		상부벽						
			밑바탕	마무리	빛깔·밑바탕	마무리	빛깔	마무리	빛깔	마무리	빛깔		밑바탕	마무리	빛깔	
1	102	거실	con.	쪽널	투명락카 세멘몰탈	라왕목재	투명락카	티크합판	투명락카	티크합판	투명락카		2분합판	집섬보드	회색	

외 부 마 감 표(예)

장소 / 마무리방법	징두리돌림	외 벽	채 양	처 마 뒤	지 붕	홈 통
마무리방법	콘크리이트바탕·몰탈솔긋기	벽돌치장쌓기	시멘트·몰탈·위 실리콘마감	후로링판에O.P 칠	스레이트기와	처마홈통·반원형 선홈통원형O.P 칠

3-3 상세설계도의 내용

3-3·1 상세도

상세도는 주 단면도의 표시되지 않은 각부 상세를 도시한 것으로서 주단면도를 기준으로 하여 작성된다. 평면상세도의 **圖3·8**과 같이 단면의 상세도를 그리고 각부의 구조·치수·및 높이 관계 등이 빠짐없이 표현될 필요가 있다. 일반적으로 현관·홀·계단·화장실·탕비실·욕실·주방·식당·회의실 등의 특히 설계상 중요한 방이나 복잡한 마무리 건축설비기구의 설치·방수·방습 등의 주의를 요하는 부분에 대하여 도시된다. 상세도는 축척 ¹⁄₁₀ ¹⁄₅ ¹⁄₂등을 쓰는 경우도 있다.

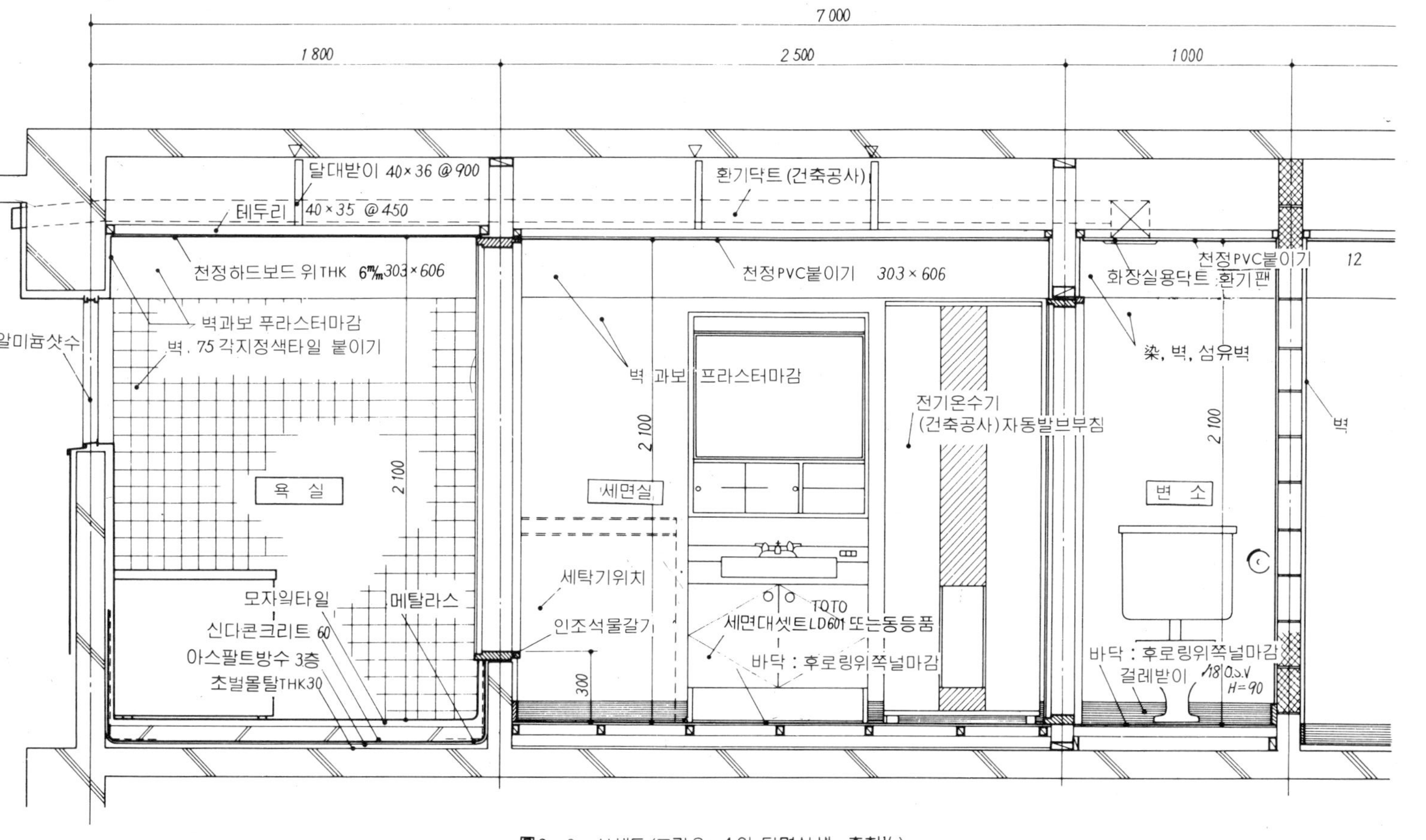

圖 3 · 8 상세도 (그림 3 · 4의 단면상세, 축척 1/20)

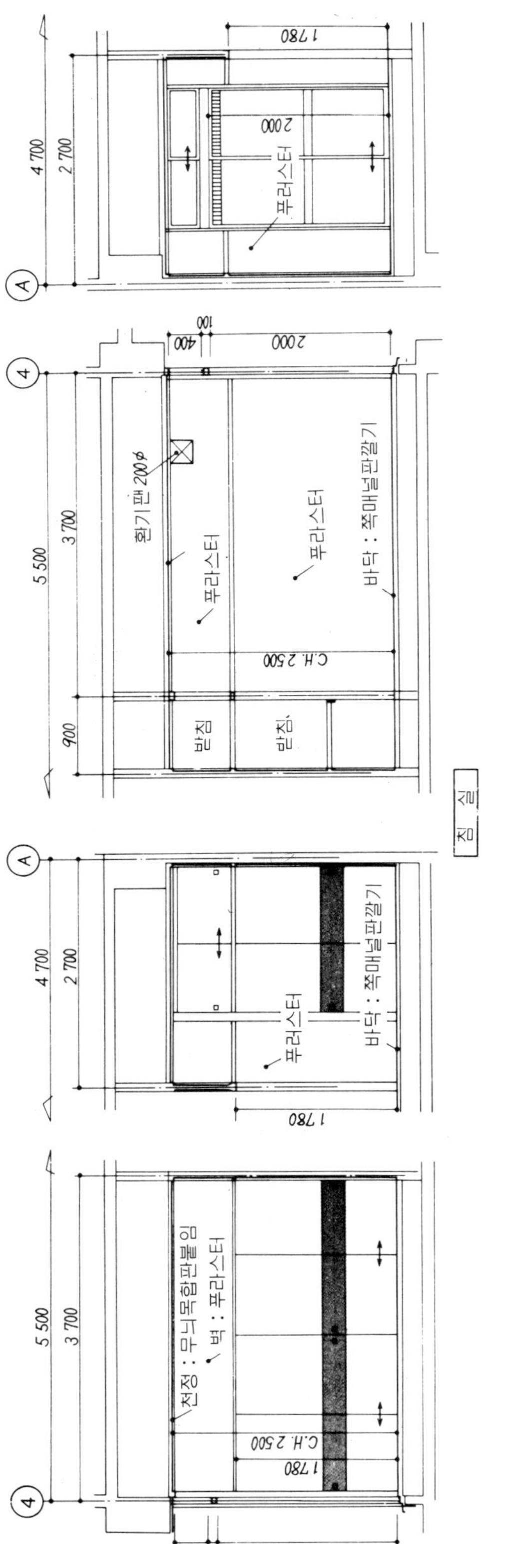

圖 3 · 9　展開圖 (縮尺 ¹/₅₀)

3-3·2　전개도

　전개도는 방의 벽면을 표시한 입면도이고 주요한 방 또는 디자인의 변화가 있는 방에 대하여 각 실내의 사면을 차례로 전개하여 각 부분의 마감·재료·창·출입구의 개구 부위치·치수·창호등이 도시된다. 축척은 보통 ⅟₅₀이 쓰인다.

　圖3·9는 圖4·3의 .거실 전개도이다.

3-3·3　천정 복도

　천정 복도는 평면도와 같은 배치로 천정을 본 도면이다. 천정 마감재료의 재료붙임 점검비상구의 위치나 크기 조명기구나 공기조화설비의 공급관이나 되돌림관 등의 위치가 도시된다. 축척은 평면도와 같은 크기로 하는 것이 보통이다. 圖3·10 은 목조·단층주택의 천정복도이다.

圖 3 · 10　天井伏圖 (縮尺 ¹/₁₀₀)

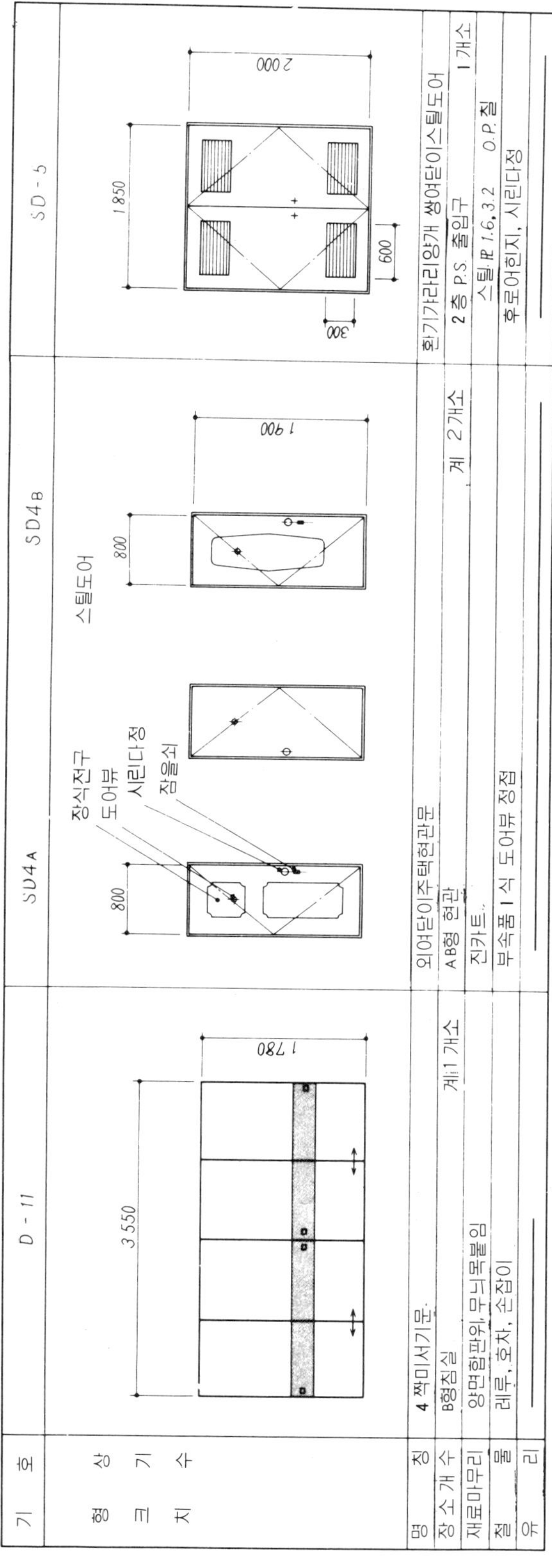

3-3·4 창호표

창호표는 사용하는 모든 창호의 형태를 종류마다 끄집어내서 圖3·11과 같이 표시한 것이다. 평면도나 입면도 등의 각기 창호의 상세를 기입하면 번잡하기도 하고변경이 있을때의 정정이 곤란하기 때문에창호류는 별도란의 표에 종합된다. 이 창호표에는 창호의 치수·재종 여는 방법·유리의 종류 및 두께 창호의 수량·마감·부속금속 등을 기호나 글자를 써서 보통 축척 $\frac{1}{50}$로 쓴다. 또 창호표와는 따로 圖3·12와 같이 축척 $\frac{1}{100}\sim\frac{1}{200}$로 쓴 약 평면도에창호기호를 기입하고 색인하는 것이다.

창호기호는 (K·S F 1502) 에 규정되어있지만 관습적으로 쓰이고 있는 것을 다음에 표시한다.

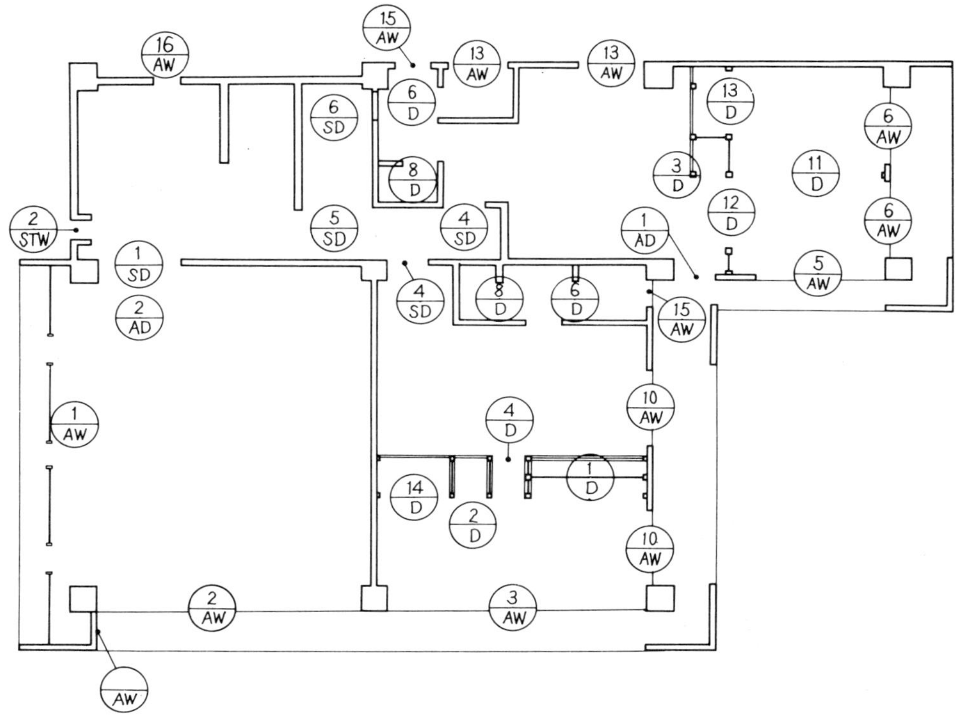

圖 3 · 12   약평면도

이 각부의 상세도를 비롯하여 전개도 · 천정복도 등은 건축설계의 설계 및 시공의 단계에서는 특히 관련이 있는 것들이다. 예를들면 공기조화설비에 있어서 공조 · 닥트의 취출구 및 흡입구 혹은 팬코일유니트 펙케지형 공조기의 설치 실내의 세면 수세기를 설치하는 경우등이 있으나 설비관계의 기구**종류**의 선정 설치장소를 결정하던지 혹은 **설치시공도**등의 작성에 있어서는 이런 도면을 충분히 검토할 필요가 있다.

3-4 구조도의 종류와 내용

구조도는 지금까지 설명한 일반도에 의해서 건축물이 지진 · 바람이나 기타 하중에 대하여 안전하고 또한 충분히 견고하도록 구조계획되고 작성된도면이며, 건축물의 주요한 골조의 크기 부재의 단면 접합부등 건축물의 구조상 요점을 표시한 도면이다.

따라서 철근콘크리트조 · 철골조 및 목조 등 그 구조형식에 따라 구조도의 내용이나 종류가 달라진다. 자세한 것은   제 4 장 에서   설명하겠지만 여기에서는 구조도의 개념에 대하여 설명한다.

3-4·1 구조계산서

철근콘크리트조·철골조·철골 철근콘크리트조·콘크리트블록조·특수한 목구조(규모가 큰것이나 특수한 형식에 의한것) 및 철탑·굴뚝·수조등의설계에는 반드시 구조계산서를 작성하고 안전성을 입증하지 않으면 아니된다. 따라서 이 계산서에 의해서 각종의 구조도가 작성되게 되는 것이다.

3-4·2 기초복도

건축물에 있어서는 기초의 위치·모양·치수 등을 평면적으로 작도한다. 축척은 ⅟₁₀₀이 쓰인다. 기초 각부의 상세치수나 배근법등은 기초배근상세도에 따른다.

圖3·13은 목조 단층 건물의 기초복도의 예이고 철근콘크리트구조·철골구조 등에 대하여는 관계있는 장을 참조하라.

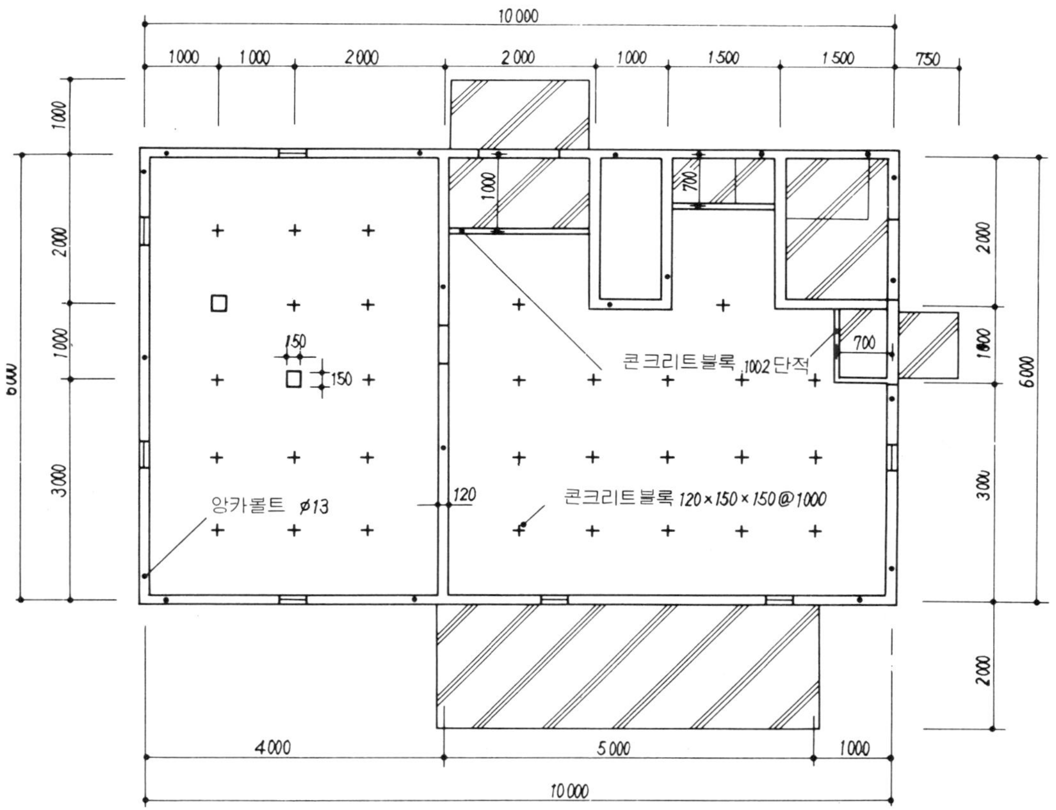

圖 3·13 基礎伏圖 (縮尺 ⅟₁₀₀)

3-4·3 말뚝배치도

건축물의 규모가 크게 되든지 건축대지의 지반이 나쁠때에는 항타할 필요
가 있다. 말뚝배치도는 말목의 배치·종류·모양·길이 등을 평면적으로 표시
하는 도면인데, 보통 기초복도상에 병기하여 겸용하는 경우가 많고 축척은 1/100
을 쓸 때가 많다 (P 98 **圖**4·81 참조).

3-4·4 뼈대도

철골조 · 강관구조 · 목조와 같은 가구식 구조물의 기둥 · 보 · 띠장 · 가새
샛기둥 · 꿸대 등의 부재치수나 그 위치 및 벽면의 개구부 (창 · 출입문 등)
의 위치나 치수가 도시된다. 일반적으로 벽 4 면의 뼈대도를 그리지만 필요에
따라 칸막이벽의 뼈대도로 그린다. 축척은 1/100 이 쓰인다. **圖**3·14는 목조단층
뼈대도의 예이다.

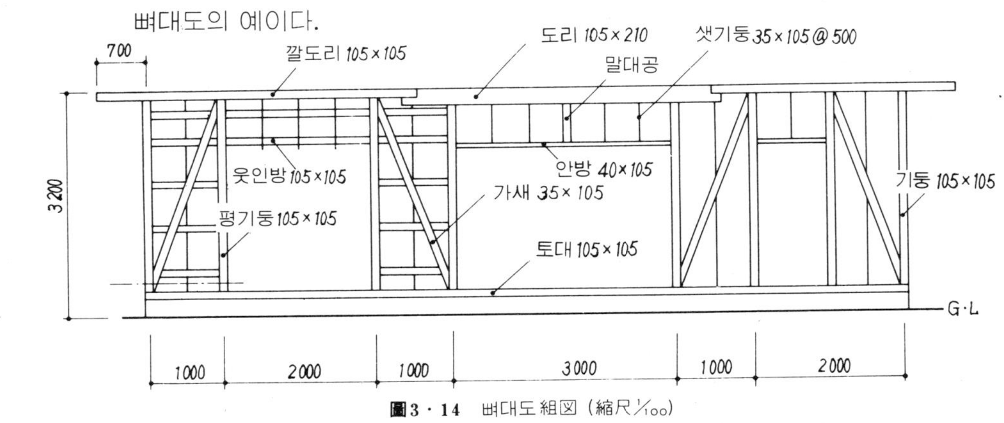

圖 3 · 14   뼈대도 組図 (縮尺 1/100)

3-4·5 지붕복도

가구식구조물의 지붕 합장면의 복도를 그리고 보 ·중도리·人자보·귀잡이보
서까래·꿸대및 합장면의 위치나 부재치수를 도시한다. 건축물의 규모가 클때
에는 부재기호 또는 열번호에 의한 좌표기호를 붙여서 부재단면표와 조합하
는 방법이 쓰인다. 축척은 보통 1/100이다. **圖**3·15는 목조단층건물의 지붕복도의
예이다.

3-4·6 바닥복도

건축물의 각층 바닥면의 구조를 표시하는 도면이고 가구식 구조물에서는기
둥 토대·멍에·장선·귀잡이토대 등의 위치 및 부재치수를 도시한다. 철근콘
크리트구조와 같은 일체식 구조물에서는 기둥 · 바닥스라브의 위치 및 치수

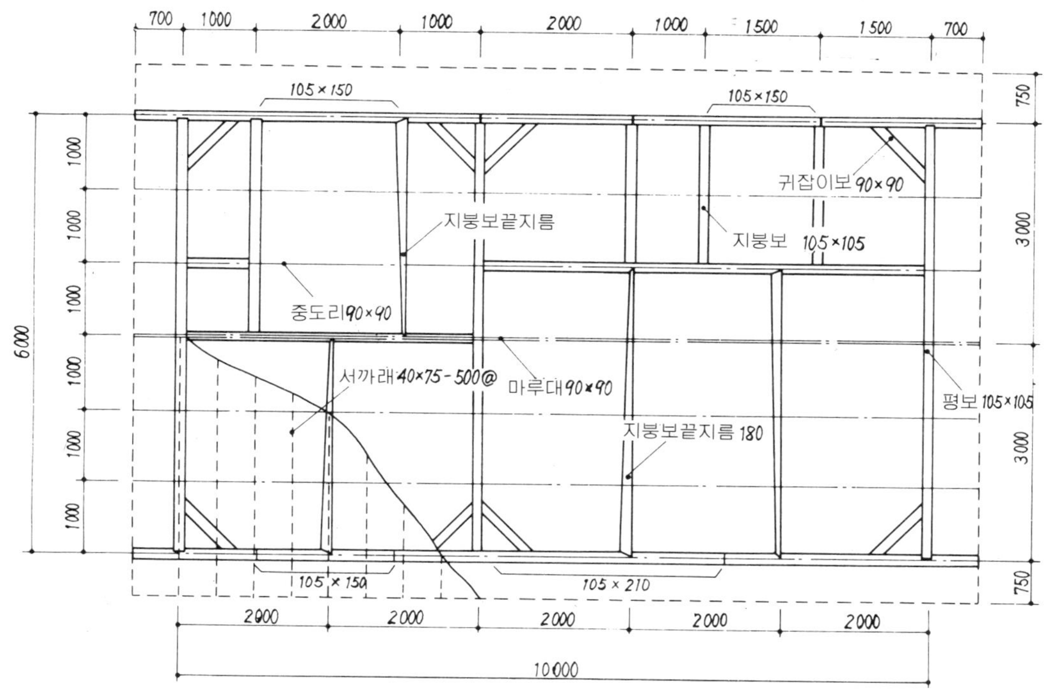

圖 3 · 15 지붕틀복도(縮尺 1/100)

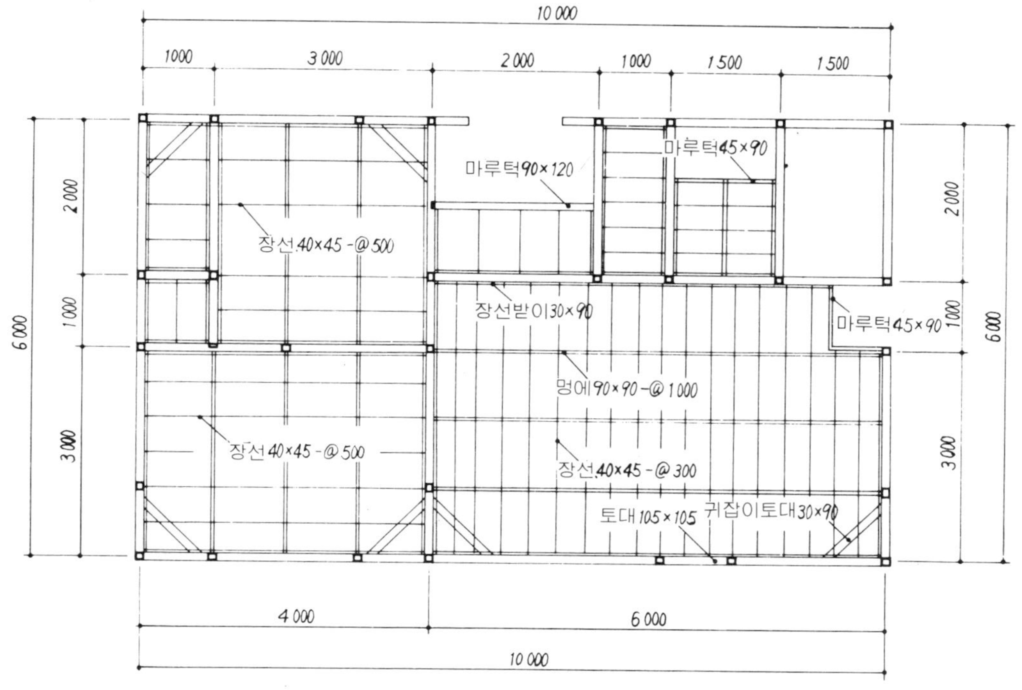

圖 3 · 16 바닥틀복도(縮尺 1/100)

를　도시하며 보복도라 부르는 경우도 있다. 보통 축척 $\frac{1}{100}$을 쓰고 있다. 圖 3·16은　목조단층건물의 바닥복도의 예이다.

3-5　시방서 · 시공도

3-5·1　시방서

정식으로는 건축공사시방서지만 일반적으로 시방서라 부른다. 시방서의 목적은 설계도에는 표현하기 어려운 공법 · 방법등을 문서로 표현하고 주로 시공자에게 설계자의 의도를 전함과 아울러 건축주 또는 제3자에게 설명하는 서류이다. 시방서에 표시하는 내용은 사용하는 재료의 품질이나 시공의　순서방법과 시험방법 등을 쓰고 설계도의 보충과 청부계약의 명확화를 도모하기 위한 것이다.

시방서의　분류는 공통시방서와 특기사항 시방서로 분류하고 있으나　내용별로 분류하면 재료별시방서 · 직별시방서 · 공사별시방서 · 건물부분 별시방서 · 시공순서별시방서가　있고 가장 많이　쓰이는 것이 공사별시방서이다.

3-5·2　시공도

시공도는 공사를 청부한 시공자가 실제로 시공하기위한 시공법의　상세를 설계도에 의하여 척도 $\frac{1}{20}$~$\frac{1}{2}$로 도시한 것이고 이것은 설계자측에서　위임한 공사감리자가 작성하는 경우와 시공자측의 현장원이 작성하는 경우가 있다. 시공도는 콘크리트구조도　철골철근공사의　도면 · 타일 · 천정 · 벽 · 바닥 등 마감재의 나누기도, 창호관계의 마감도 등이 있고 공사 종별에 따라 여러 갈래로 나뉘어진다.

4장

철근콘크리트구조도를 보고 익히는 법

철근콘크리트구조의 건축물은 사무소건축을 위시하여 특수한 용도의 것을 빼고는 대규모 고층건축에서부터 소규모에 이르기까지 널리 이용되고있다. 본장(本章)에서는 라멘형식인 건축물의 상세도,구조도를 중심으로 설명한다.

철근콘크리트구조의 설계 및 시공에 있어서 구조강도구조계산 배근의 규정등은 건축법·대한 건축학회「철근콘크리트구조계산규준」 및 「건축 공사 표준시방서」에 따르지 않으면 안된다. 따라서 구조도도 이 규정에 따라 작성하여야 한다.

4-1 철근과 콘크리트

4-1·1 철근

철근콘크리트구조에 사용하는 철근은 원형(円形)철근과 이형(異形)철근의 2종이 있다. 이형철근은 **圖4·1**에 보인 것과 같이 표면에 돌기가 붙은 길이줄과 마디가 있고 콘크리트의 부착이 좋다. 건축물에 사용하는 철근의 직경은 6〜32mm의 9종(6. 9. 13. 16. 19. 22. 25. 28. 32)이 있으나 **9 mm**에서 **25mm**까지 **6 종류**가 가장 많이 쓰인다. 도면 혹은 구조계산서에는 원형철근은 ϕ의 기호(예를 들면 ϕ16)를 이형철근은 D의 기호(예를 들면 D16)을 써서 표시한다. 철근의 규격은 表4·1과 같고 철근의 굵기는 부재에 따라 보통 表4·2와 같이 쓰인다.

마디 리브   마디 리브

(a)   (b)

圖 4 · 1 이형철근

표4·1 철근의 규격

규 격	종 류
K S	SBC34 SBL39 SBC49
철근콘크리트용봉강	SBD34 SBD39 SBD49
K S	SBRC34 SBRC39 SBRC49
철근콘크리트용재생봉강	SBRD34 SBRD39 SBRD49

표4·2 사용처와 철근지름

사용처	직 경
보·기 둥	ϕ 19. ϕ 22. ϕ 25. D 19. D 22. D 25
스 라 브·벽	ϕ 9. ϕ 13. ϕ 16. D 10. D 13. D 16
늑근·대근	ϕ 9. ϕ 13. D 10. D 13
작 은 보	ϕ 16, ϕ 19. D 16. D 19. D 22

4-1·2 콘크리트

콘크리트는 시멘트, 물, 골재(骨材 : 모래를 세골재, 자갈을 조골재라 부른다)를 중량비 또는 용적비로〔시멘 : 세골재 : 조골재〕의 조합비에 따라 반죽하여 만든다. 건축물에 사용하는 콘크리트의 조건으로서는 i) 필요한 강도(強度) ii) 필요한 워카빌리티(施工軟度)를 가지는 것이고 콘크리트는 사용하는 시멘트 및 골재의 종류 반죽할 때의 물의 양에 따라 전술한 강도 워카빌리티에 큰 영향을 주기 때문에 특히 주의하지 않으면 아니된다. 건축공사에 사용하는 시멘트의 종류 특징과 용도를 **表4·3**에 표시한다.

콘크리트의 강도는 콘크리트중의 골재의 강도가 일정하면 물시멘트비(**ex :** w/c : 물의 중량/시멘트의 중량×100%)에 따라 결정된다. 즉 시멘트페이스트(시멘트에 물을 가(加)한것)의 농도에 따라 좌우된다. 일반적으로 물시멘트비가 적으면 강도는 커진다.

또한 콘크리트의 강도는 재령 4주간 (콘크리트를 넣은 후 4주간 경과한 것)의 압축강도에 따라 표시된다. 구조설계에 쓰이는 콘크리트의 압축강도는 재령 (材令) 28일의 압축강도 Fc를 설계기준강도 (設計基準强度) 로 쓰고 보통 F c=120kg/㎠ 이상으로 하고 일반적으로 150, 180, 210kg/㎠을 쓰며 더욱 더 고강도인 240, 270kg/㎠를 쓸 경우도 있다 (구조계산서 또는 배근도 등에 사용하는 철근의 기호 콘크리트의 강도 Fc등의 기호가 표시되어 있으니 주의한다.)

콘크리트의 일반적 성질로서는 수중 (水中) 에 담그면 흡수하여 팽창하고 건조하면 수축한다. 습윤 (湿潤) 한 콘크리트는 알카리성이기 때문에 연 (鉛) 이니, 알미늄 등의 금속을 부식하기 때문에 설비공사 등에서 금속관류가 콘크리트에 매설 (埋設) 또는 관통 (貫通) 할 때에는 주의를 요한다. 특히 콘크리트는 연수 (年度) 를 거듭함에 따라 중성화 (中性化) 한다.

열전도율 (熱伝導率) 은 보통 콘크리트로 1.3Kcal / mh℃ 이고 열을 비교적 잘 전한다. 선팽창계수 (線膨張係数) 는 상온 (常温) 에서 약 1×10^{-5} /℃ 이고 이것은 철근 (軟鋼) 과 같고 철근콘크리트구조의 한 특성 (特性) 이다.

이 외에 콘크리트는 무기산 (無機酸 ; 塩酸, 硫酸, 硝酸) 및 유산염 (硫酸塩 ; 토양, 공장폐수, 해수중에 존재) 에 침식 (侵食) 당한다.

表4·3 각종 시멘트의 특징과 용도

종　류	특　　　　　　징	용　도
보통포트란드 시멘트	가장 보편적으로 사용되는 대표적 시멘트이다.	건축공사에 널리 쓰인다.
조강포트란드 시멘트	강도발현이 빠르고 저온에서는 강도의 저하가 적다. 수화발열양이 크다. 7일에 보통 포트란드시멘트의 28일 강도를 얻는다.	고강도를 요구하는 구조동기의 공사, 공기를 서두는 공사.
중용열포트란드 시멘트	수화발열량이 적고 단기강도는 보통 포트란드시멘트보다 적으나 장기강도는 보통 포트란드시멘트와 같거나 크다.	단면적이 큰 콘크리트공사용 땜 등
고로시멘트 A·B·C종	포트란드시멘트에 수재 (水滓) 를 혼합한것. 단위水量이 감소된다 (A종 : 3.5% 정도) 단기강도는 적으나 습윤상태를 유지하면 장기강도는 보통 포트란드시멘트와 거의 같다. 유산염이나 해수에 대한 저항성 대 (大)	A종은 보통 포트란드시멘트에 준하여 사용할 수 있다. 해수중 콘크리트·하수공사용 등.
실리카시멘트 A·B·C종*	포트란드시멘트에 시리카질 혼합재 (백토) 를 혼합한것. 특징은 고로시멘트와 거의 같다.	A종은 보통 포트란드시멘트에 준하여 사용할 수 있다. 해수중 콘크리트·하수공사용 등.
프라이애쉬시멘트 A·B·C종*	포트란드시멘트에 프라이애쉬를 혼합한 것. 단위 水量의 감소있다 (A종 : 3.5% 정도) 단기강도는 적으나 장기강도는 비교적 크다. 수화열을 감한다.	A종은 보통 포트란드시멘트에 준하여 사용할 수 있다. 땜 공사용 도로공사용
백색포트란드 시멘트	Fe_2O_3분을 적게하고 소성, 분쇄에 있어서도 특히 백색이 되도록 고려한 시멘트 강도는 보통 포트란드시멘트와 거의 다를바 없다.	인조석용, 도벽 (塗壁) 용, 타일눈금용
알루미나시멘트	강도발현은 극히 빠르고 보통 포트란드시멘트의 28일 강도를 1일에 발현한다. 수화발열량은 크고 철근부식의 우려성 있다. 고가	공기를 서두는 급공사 극저온시에 사용, 내화물의 강화재.

주 : * 고로, 시리카, 프라이애쉬시멘트중 B종은 감독기사의 승인에 의하여 구조용으로 사용할 수 있다. C종은 도벽 (塗壁) 용 기타로 사용된다.

4-2 철근콘크리트구조의 도면

철근콘크리트구조 도면은 다음과 같은 것이 있다.

1) 주위현황도	7) 상세도	13) 창호표
2) 배치도	8) 천정복도	14) 마감표
3) 평면도	9) 기초복도	15) 배근도
4) 입면도	10) 바닥복도	16) 배근단면표
5) 단면도	11) 보복도	17) 각부배근상세도
6) 주단면도	12) 전개도	18) 설비도

4-2·1 평면도 · 입면도

사무소 주택병용의 5층 철근콘크리트조의 실례를 들면 평면도는 1층 (圖 4·2), 4층 (圖4·3 p. 48)을 표시한다. 이 도면은 종래의 치수표시에 따른것이고 X방향의 벽, 기둥의 중심선(기준선)을 Ⓐ Ⓑ, ……로 하고 Y방향의 기준선을 ① ②……로 표시하였다. 다른 관련도면이나 상세도를 보는 경우에도 이 기준선이 도면의 상호위치나 관계를 표시하는 것이기 때문에 주의를 요한다.

입면도는 각방위의 4면을 그리는 것이 당연하지만 서측입면도 (圖4·4 : p. 49)만을 제시한다.

4-2·2 단면도

건축물의 규모가 크고 용도가 여러갈래에 걸쳐 있으면 구조나 각부의 높이 관계도 복잡하게 되기 때문에 단면도도 각 방향으로 절단한 것을 그리는 경우가 많다. 圖4·5 (P ·50)의 단면도는 圖4·3의 평면도에 표시한 바와같이 Y ~ Y단면도를 표시한다. 이와 같은 평면도와 단면도의 관련위치를 명확하게 표시하여 두는 것이 원칙이다.

4-2·3 주단면도

건축물의 구조상 표준이 될 곳에 대하여 지층바닥에서 지붕층까지를 통하여 도시한다. 이 도면은 평면도와 함께 건축물의 성격을 표시한 가장 중요한 것이고 圖4·6 (P 51) 과 같이 각부분의 관계높이, 구체적으로 기준지반선에서의 건축물의 총높이, 각층의 층높이, 천정높이, 천정속높이, 개구부높이 및 각부분의 높이나 재료치수 마감방법 및 치수등이 상세히 표시된다. 따라서 평면도와 함께 건축설비관계의 설계, 각종 설비도의 작성 및 설비시공의 기초가 되는 도면이다.

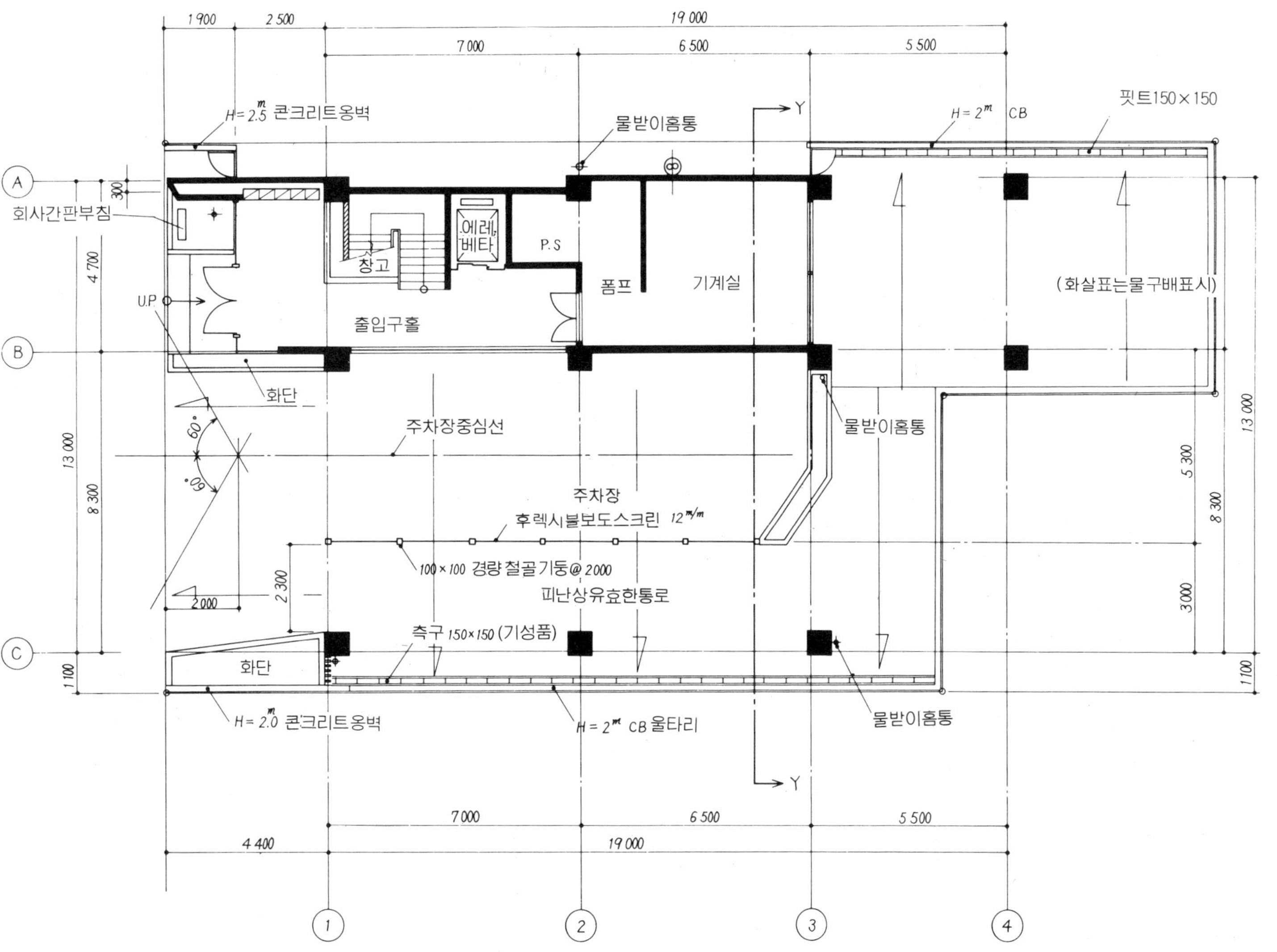

圖 4·2　1층平面圖 (縮尺 1/100)

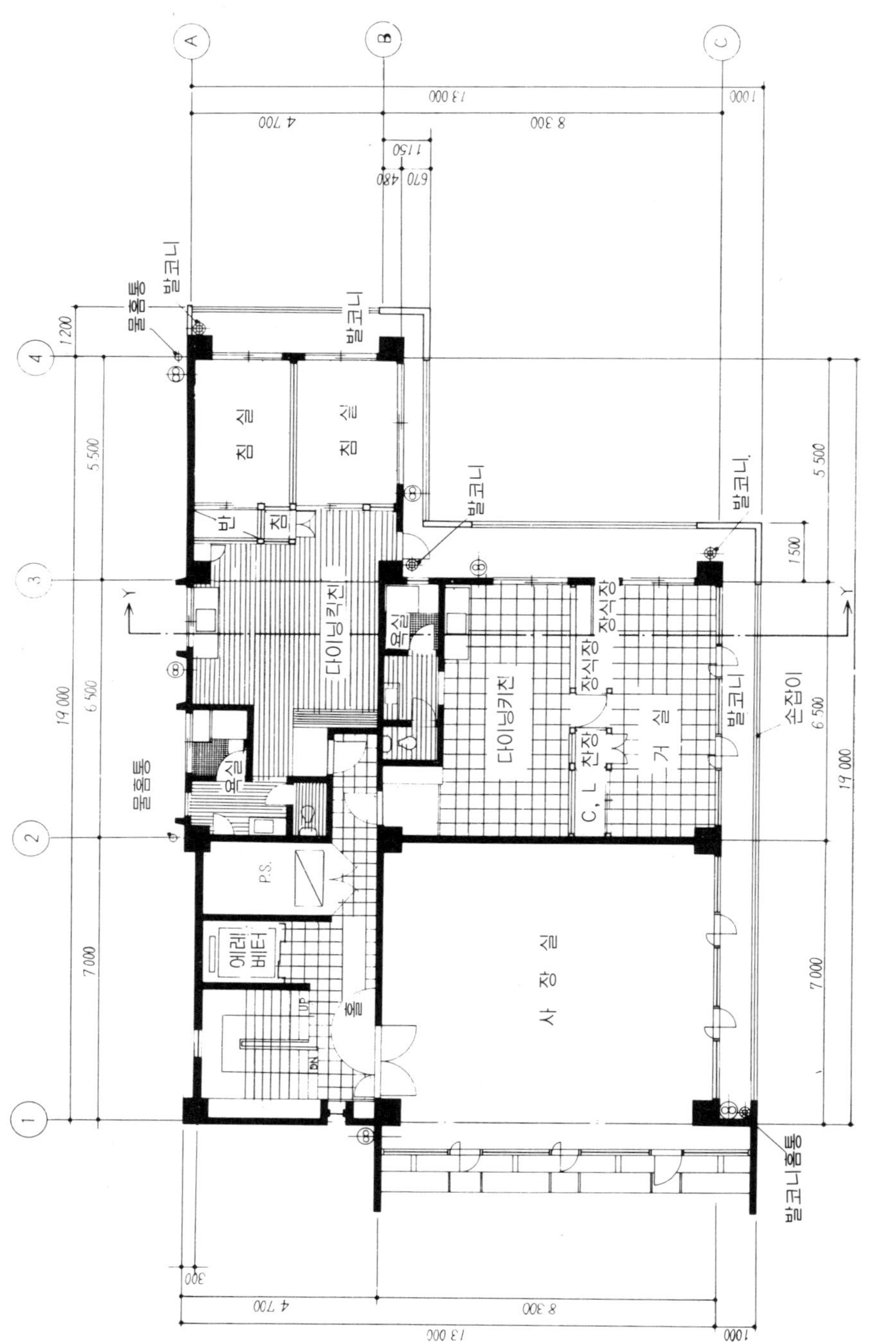

圖 4·3　4층平面圖 (縮尺 1/100)

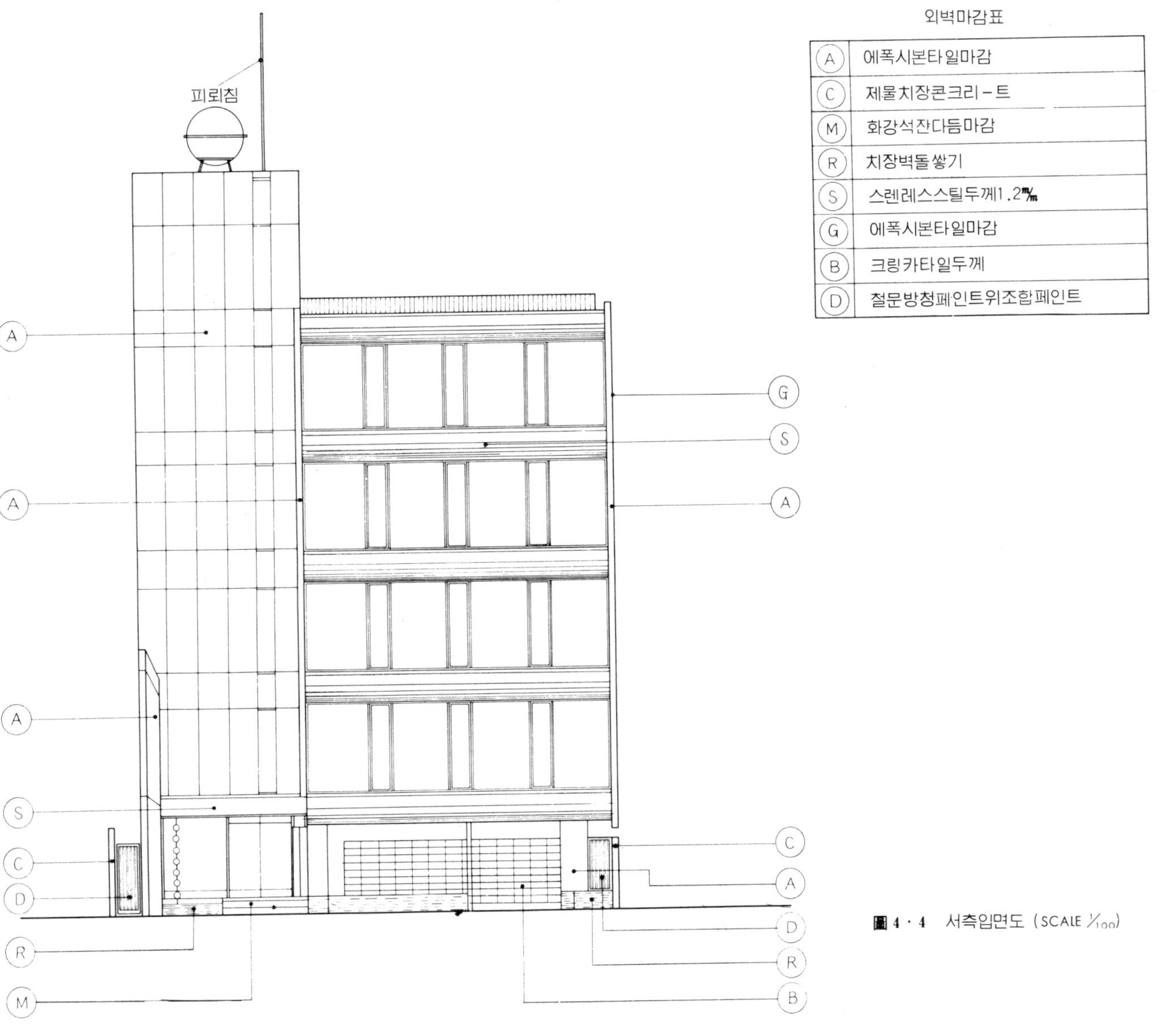

圖 4·4 서측입면도 (SCALE 1/100)

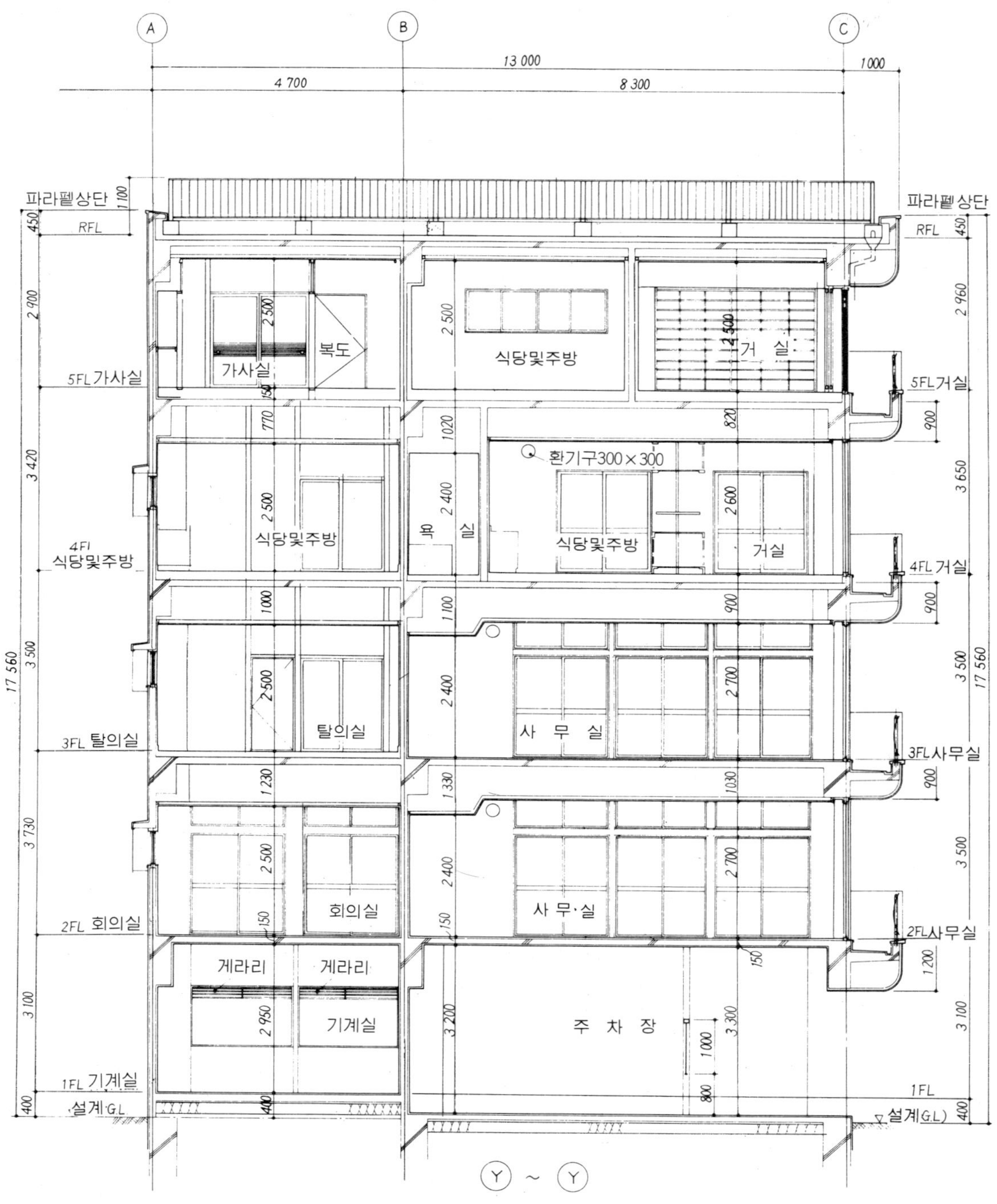

圖 4·5 斷面圖 (Y—Y SCALE 1/100)

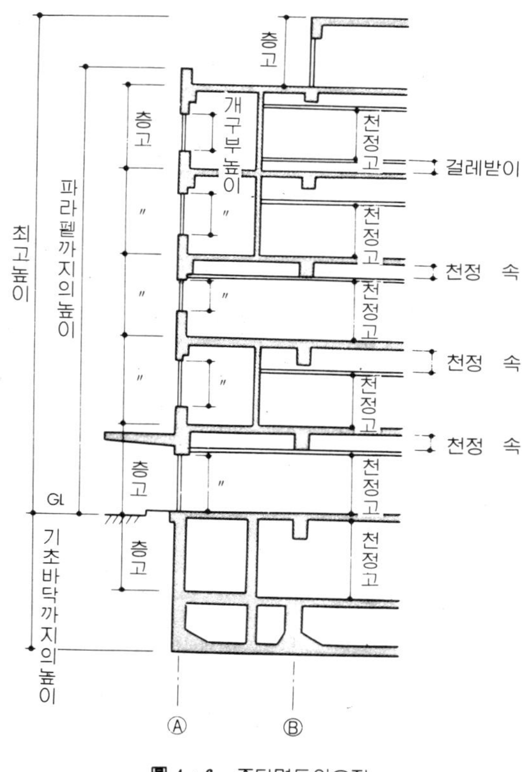

圖 4 · 6 주단면도의요점

　圖4·7은 기준선 ① 및 ③의 주단면도이고 구조상 복잡한 부분은 축척 ⅕ ~⅒의 부분 상세도를 표시한다. 또 **圖4·8**은 계단실의 주단면도를 표시한다. 계단실은 일반 주단면도에서 표시할 수 없는 계단의 나누기, 마감 및 각부의 높이 관계가 도시된다.

　철근 콘크리트 구조중 라멘형식에서 기둥의 단면치수는 보통 윗층에 갈수록 가늘어지는데 기둥중심선을 기준하여 도면을 작성하면 각층의 기둥단면의 중심선에 비킴이 생기기 때문에 이 구조형식에서는 외벽의 중심선을 기준선으로 하여 작도한다. (벽의 중심선을 벽심이라하고 건축면적이나 바닥면적을 산정할때도 벽심에서 벽심까지의 치수를 쓴다. 기둥의 중심선이 아닌것에 주의한다) 또 층고는 상하층의 바닥마감사이의 치수를 표시하기때문에 **圖4·77** (P 93참조) 의 라멘 배근도의 치수표시와 달라지는데 주의를 요한다.

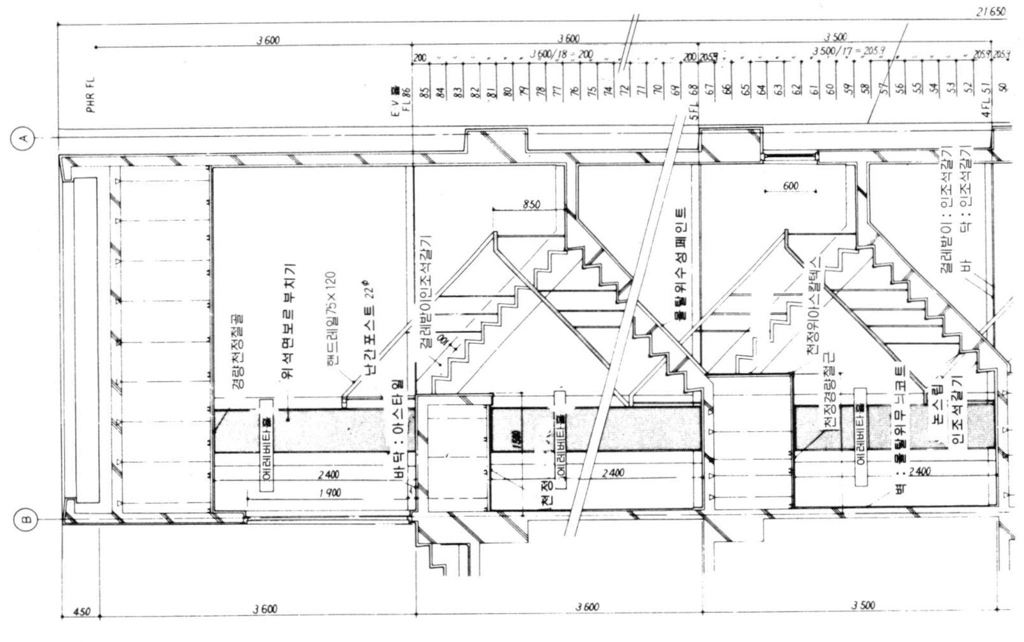

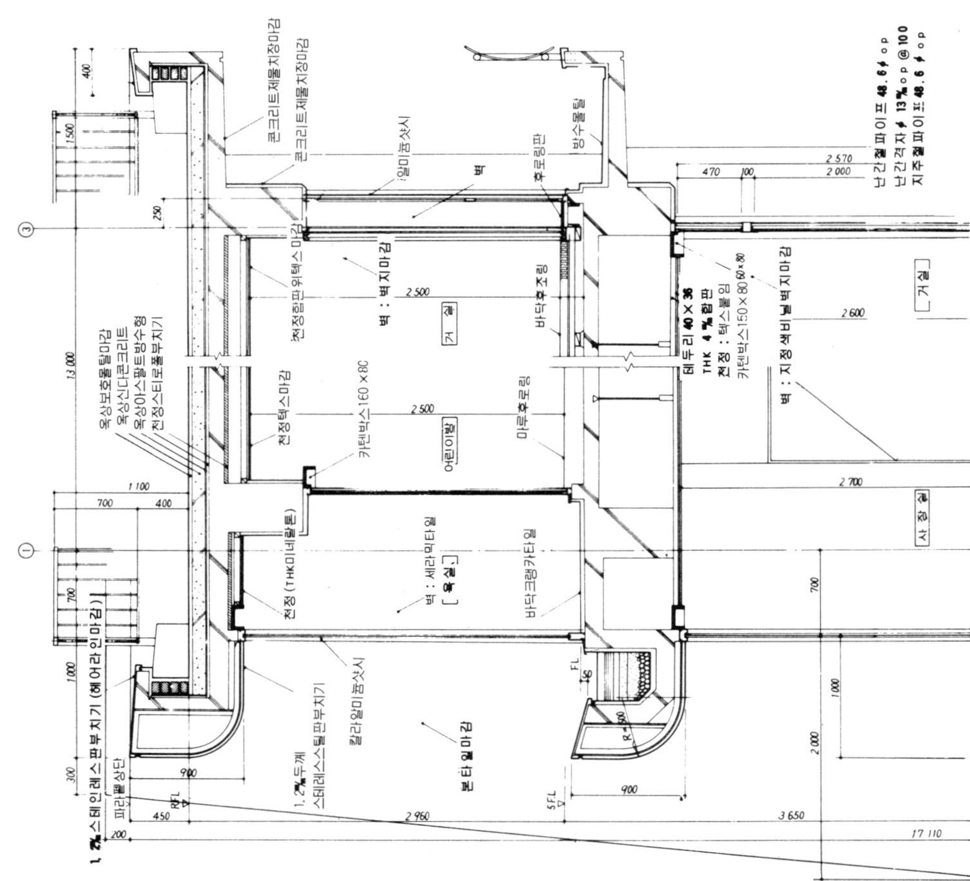

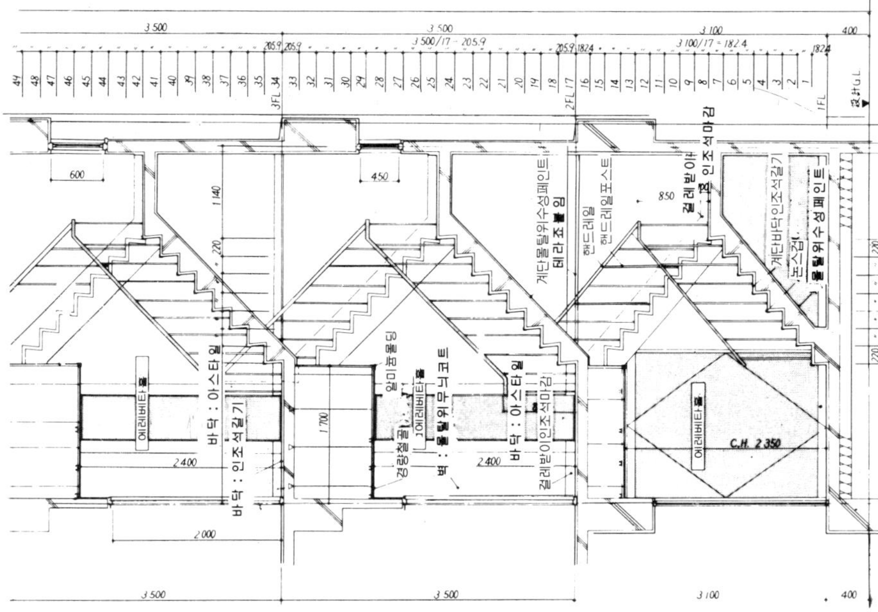

圖 4·8 階段詳細圖

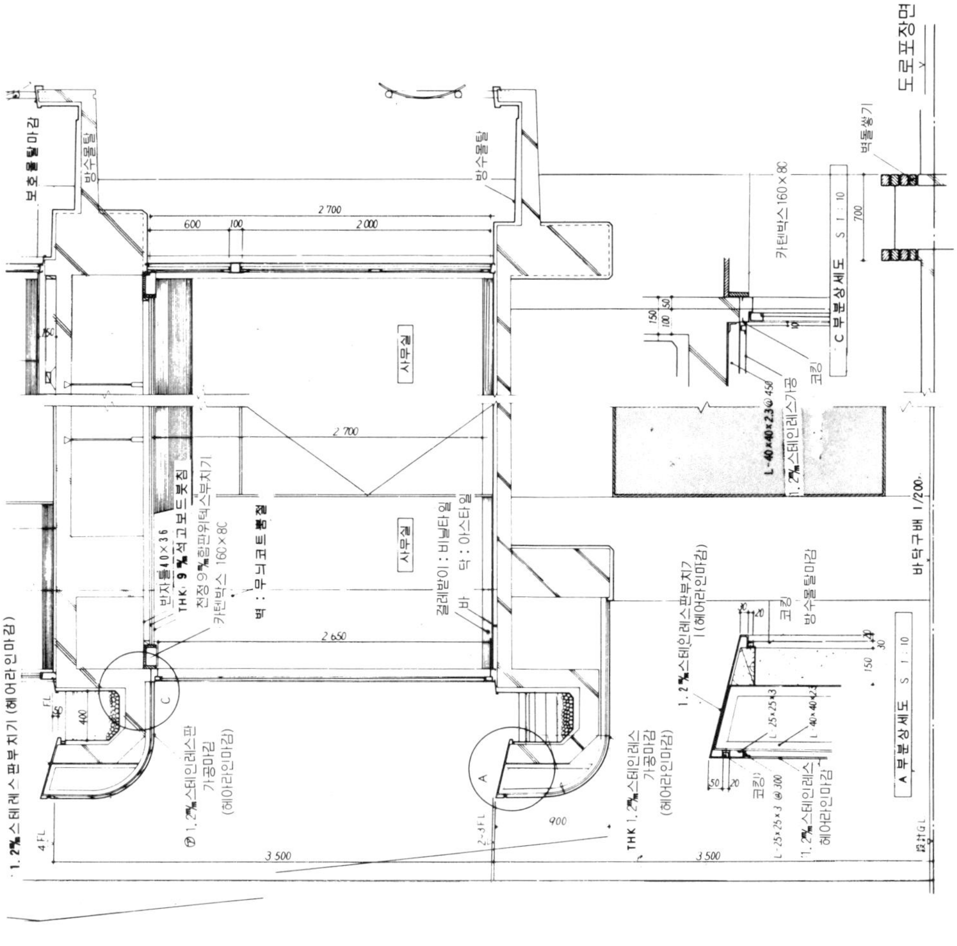

圖 4·7 단면상세도

도면의 표현은 구조부 단면은 굵은선 기타를 중간굵기의 선, 가는선(細線)으로 구별하고 철근은 표시하지 않는다. 도면에 표시하는 치수는 콘크리트 구체의 벽심을 기준선으로 하여 각부치수를 표시하고 마감재료의 두께 마감방법을 명시한다. (예 : 몰탈, THK −30; 이것은 누름몰탈의 두께30mm를 표시한다) 단 도면이 복잡하게 될때는 각 부의 마감재료 등에 대하여는 마감표나 시방서에 표시하는 경우도 있다.

바닥, 벽의 마감, 걸레받이, 창대, 창틀의 형상과 치수 기타의 세부 치수는 상세도나 현치도 혹은 시공도를 그려서 결정하기 때문에 도면에는 이치수를 도시하지 않는것이 보통이다. 축척은 ⅟₂₀〜⅟₅₀이 보통이고 특히 축척 ⅟₅₀을 사용할때에는 기준이 되는 주요한 치수에 중점을 두고 세부는 생략하는 일이 많다.

4-2·4 상세도

상세도는 주단면도와 함께 공사시공, 건축설비, 설계 및 설비도의 작성의 근거가 되는 도면이고 주단면도에서 표현한 이외의 곳으로 현관, 화장실 등 설비를 많이 붙이는 방은 특히 상세를 필요로 한다.

圖4·9는 정면, 현관 주의 圖4·10 (P 56) 는 4층 주거부분 圖4·11 (P 57) 는 4층의 욕실, 화장실, 주의의 상세도이다. 이 상세도에는 평면도에 있는 기준선의 번호나 기호 (Ⓐ Ⓑ …… ① ② …… 등) 를 표시하고 평면도, 단면도 주단면도 등과의 상호관계를 명확하게 하는 것이 필요하다.

圖, 예와같이 주단면도나 상세도에는 각 부의 마감법 및 치수등의 개요가 도시되어 있지만 마감두께의 표시는 재료명을 쓰고 그두께, 마감법등을 명시한다.

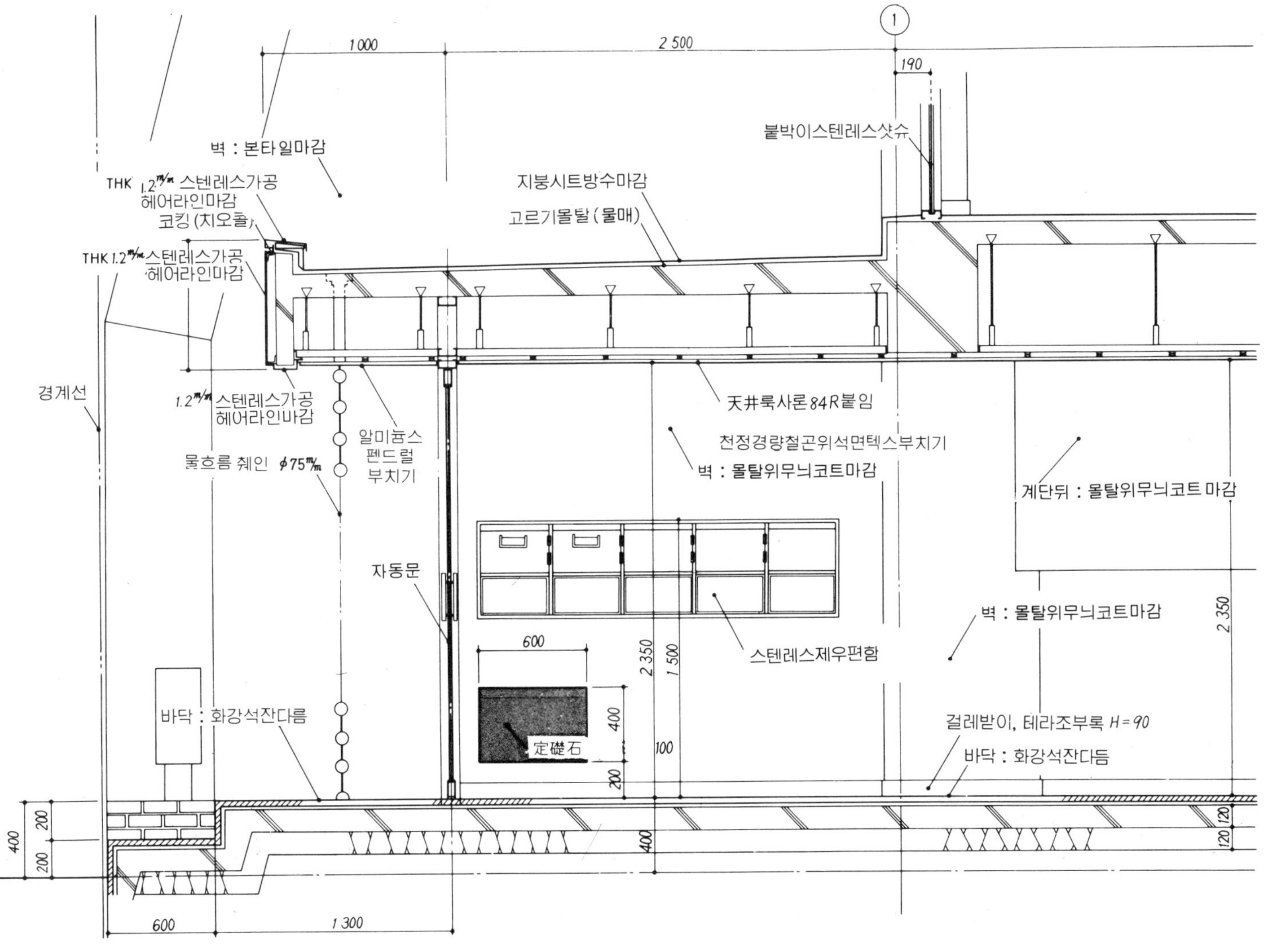

圖 4·9 玄関주위詳細圖 (縮尺 1/20)

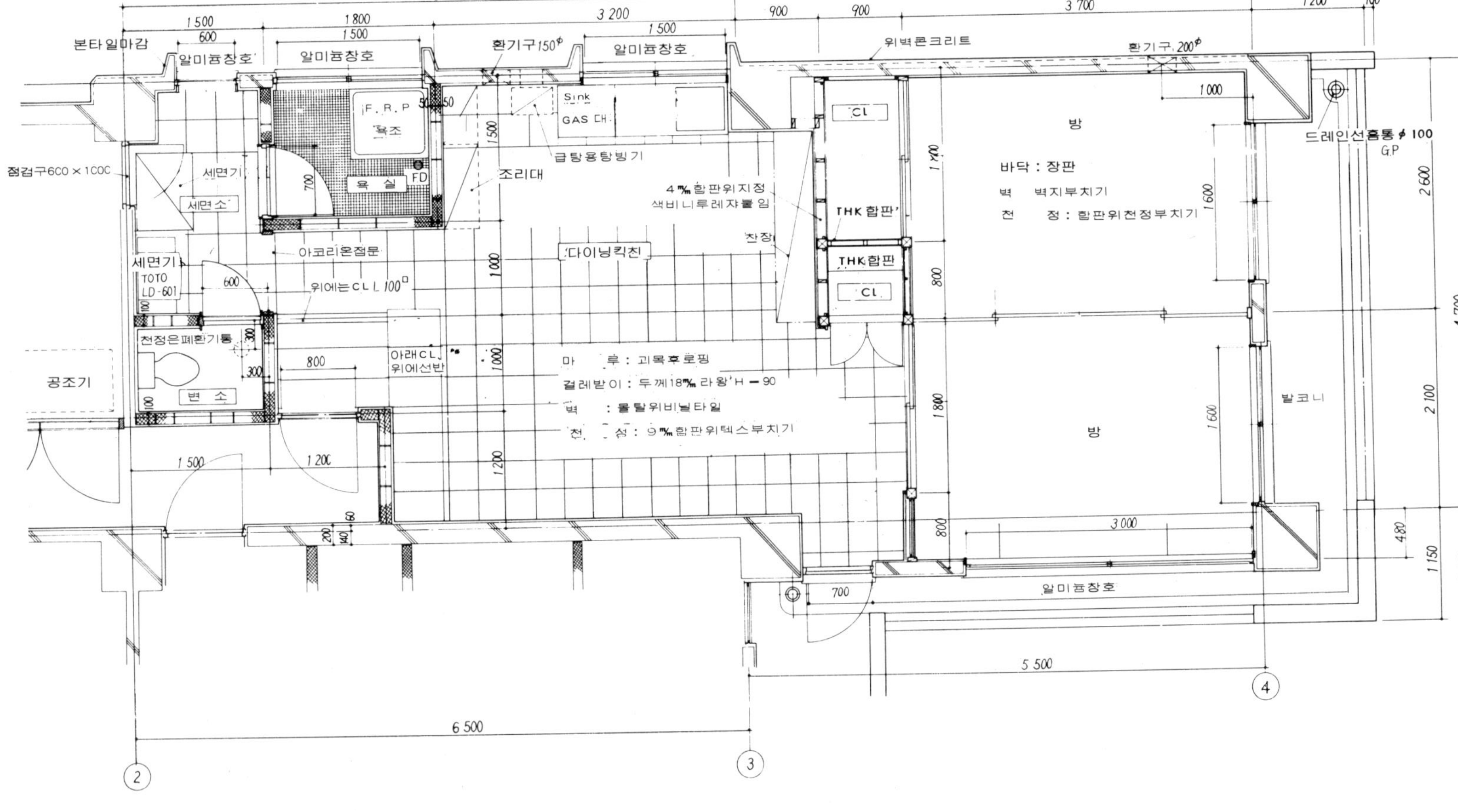

圖 4·10　4층平面詳細圖 (縮尺 1/20)

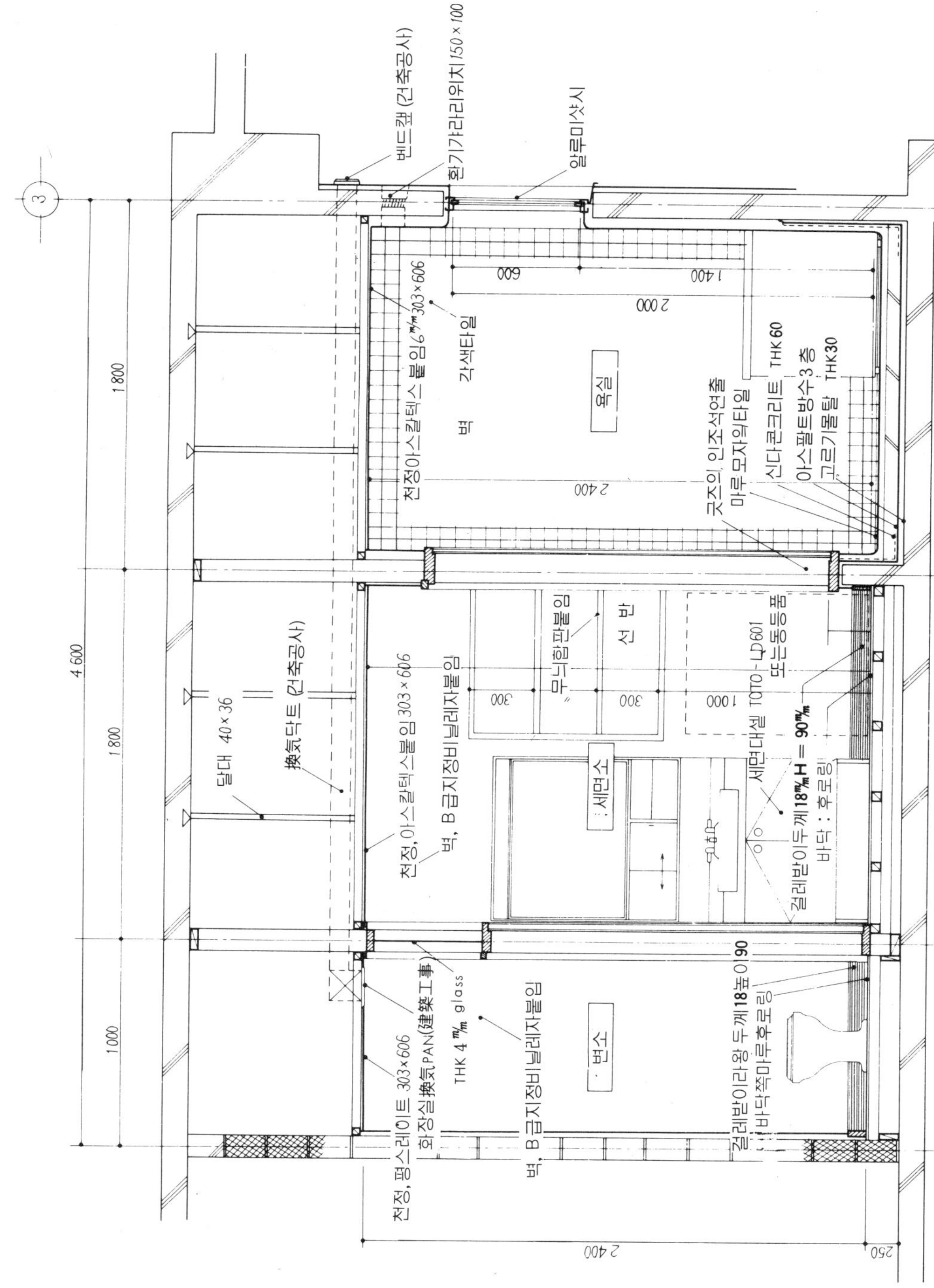

圖 4·11 洗面所주위詳細圖 (縮尺 1/20)

4-3 각부의 상세

구조도를 보고 이해함에 있어서 구조나 공법마감 혹은 시공상의 요점에 대하여 설명한다.

4-3·1 바닥

콘크리트 스라브의 두께는 건축법에서는 최저 8 cm 또한 단면 방향의 유효스판의 ¼₀ 이상으로 규정되어 있고 보통 구조물에서는 10~15cm가 많다.   바닥 마감은 실의 용도에 따라서 그 마감 재료를 선택하지만 그 재료의   특성 마감치수, 마감의 요점을   명기하여두고 설비공사의 도면작성, 설비 공사와의 관련된 부분의 마감등을 상세도에서 읽을수 있는 일이 중요하다.

〔1〕미장마감

미장마감에는 몰탈바름, 테라조바름, 인조석바름등이 있다.

몰탈바름은 보통 용적비 1 : 2~1 : 3 정도의 몰탈을 쓰고   바름두께는 15~30mm정도로 하고 1.0~1.2m각으로 눈금을 하든지 **줄눈대**를 넣어서   마감한다. 표면마감에는 흑손비빔, 흑손 누름 등이 있다.

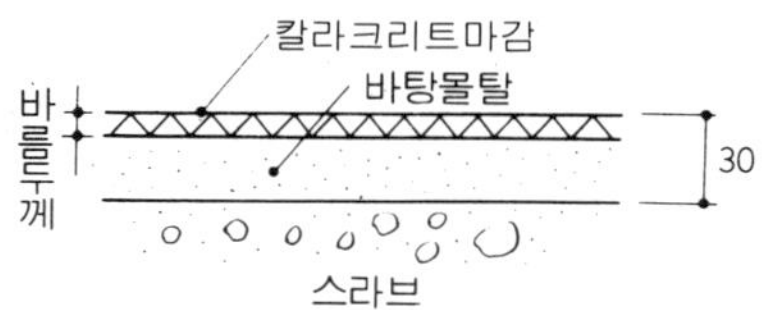

圖 4 · 12 칼라크리트마감 시공도

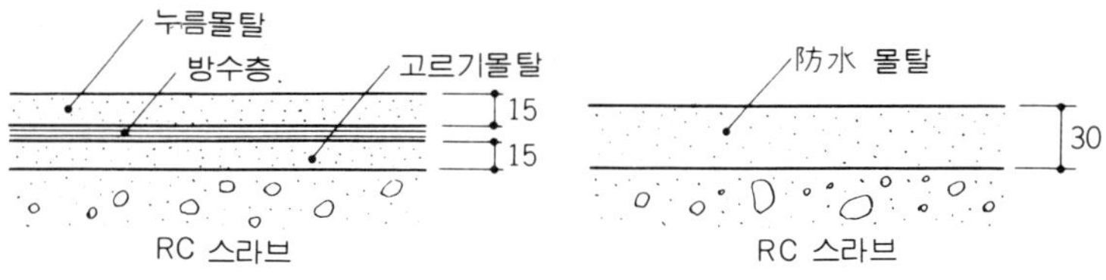

圖 4 · 13 防水 몰탈

인조석바름 및 테라조바름은 바탕을 몰탈바름으로 하고 위에 여러 가지의 몰탈을 바르고 마감두께는 **圖4·14**를 표준으로 한다. 마감법은 씻어내기, 갈아내기 두들기기 등이 있다.   씻어내기 마감은 돌의 세우기를 조종한 뒤에 물이 빠지는 정도를 보아서 깨끗한 물을 부어서 행한다. 갈아내기는 윗바름 뒤 시멘트 경화 정도를 보아서 거친숫돌갈기를 반복하여 최후의 마감 갈기를 하고 왁스 등으로 광을 낸다.

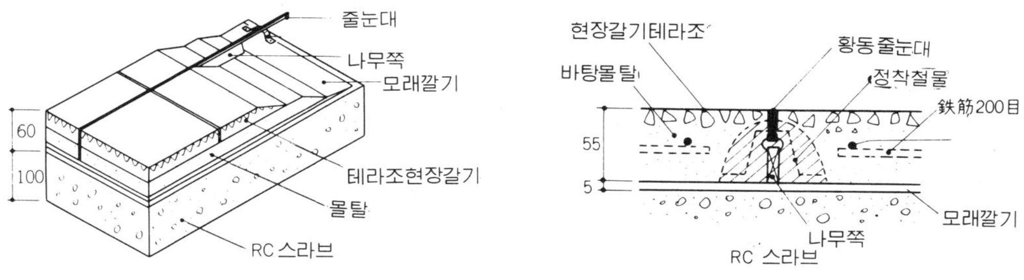

圖 4 · 14 테라조바름 (현장갈기)

〔2〕 붙임마감

붙임마감에는 타일붙이기, 돌붙이기, 후로링블록붙이기, 연질타일 및 시이트 붙이기 등이 있다.

타일붙이기는 내구력이 크고 흡수가 적고 색깔도 많기 때문에 외무마감 및 내부마감으로서 널리 이용되고 있다. 타일의 모양, 치수 호칭을 **表4·4**에 표시한다. 또 타일 붙임의 표준 마감두께를 **圖4·15**에 표시한다.

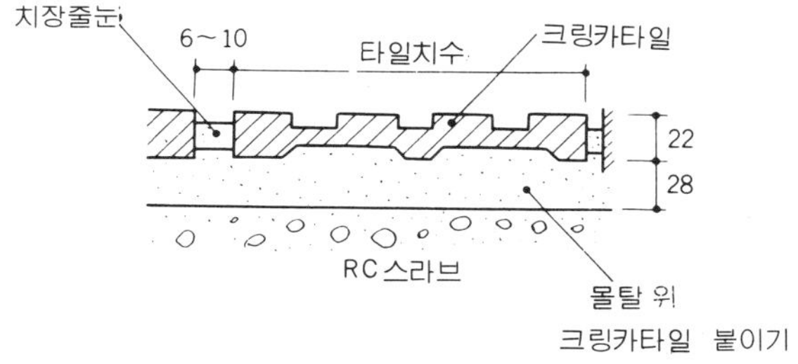

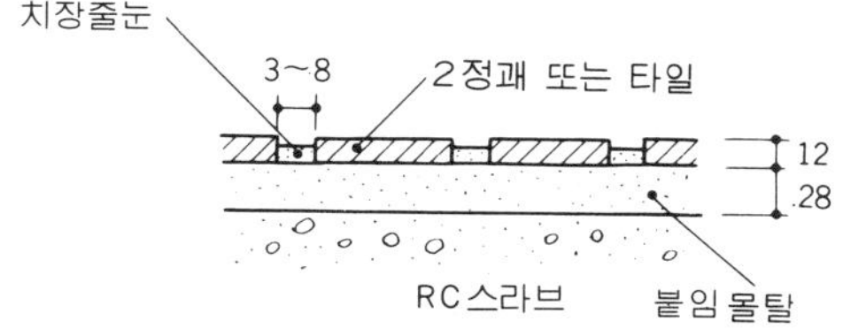

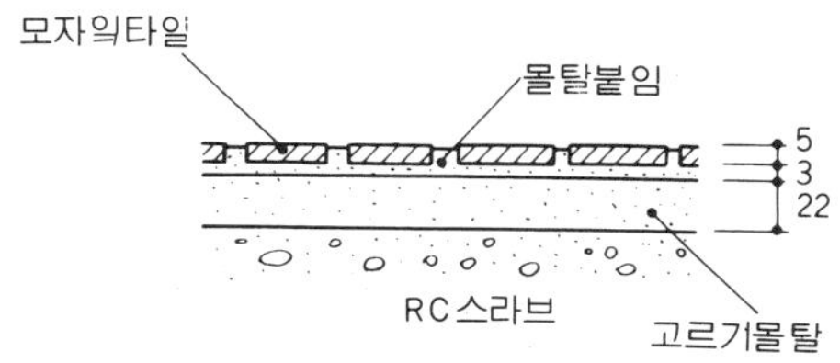

圖 4 · 15 타일의 표준 마감두께

표4·4 타일의 모양, 치수 및 호칭   【타일의형상】

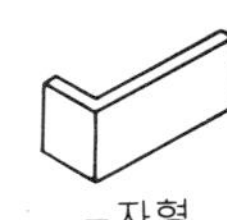
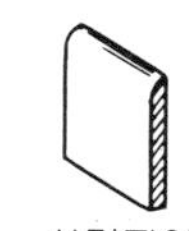

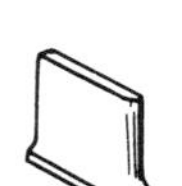

(a) 모듈·부름치수

구분		모듈부름치수 (mm)	눈금폭 (mm)	두께 (mm)
모자익타일		300×300크기속에붙여지는 것.	–	4~6
바닥닥일	바닥용	(A)×(B) 100×100 1000 / 9×1000 / 9	6~11	9~20
	계단용	200×200 150× 75 200×100		
외장타일		(A)×(B) 100× 60 160× 75 200× 75	6~11	7~15
내장타일		(A)×(B) 75×75 100×100 1000 / 9×1000 / 9	1~4	5~7

주 : 당분간 인정되는 치수 (mm)

바닥타일 { 바 닥 용 : 152×152 182×182
내장타일 : 76×76 152×152
계 단 용 : 152×76

외장타일 { 장 방 형 : 108×60 227×60 150×90
모 서 리 : (108+50)×60, (168+50)×60

【외부용타일표준치수】

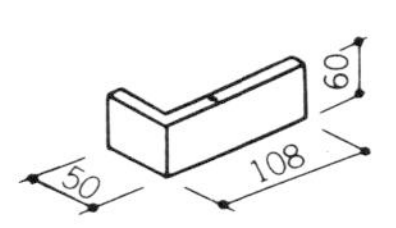
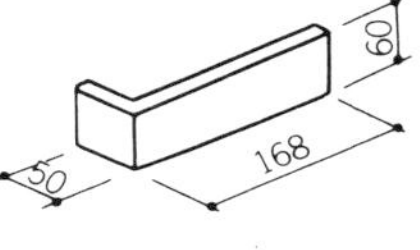

(b) 모양에 의한 타일의 분류

종별	모양	치수 (mm)	비고
외장용	소형장방형	108×60	● 소형장방형 타일 (108×60) 을 일정으로하고 이정분의 이정봉형 삼정분이 삼정봉형 타일.
	이정봉형	227×60	
	삼정봉형	227×90	
	사정봉형	227×120	
	모자익타일		● 종이바름을 하지 아니하면 되지 아니하는것.
	데라카타타일		● 철선등으로 구조체에 매어달아야 붙는 큰 모양의 것.
	75각 (25각) 타일	76×76	
내장용	108각 (36각) 타일	109×109×5.5	3치6푼각의 뜻 (실제치수는 메이커에 따라 다소 치수가 틀린다).
	75각 (25각) 타일	76×76×5	2치5푼각의 뜻 (실제치수는 메이커에 따라 다소 치수가 틀린다).
	100각타일	97.75×97.75×5.5	눈금 공히 100mm의 뜻
	모자익타일	25×25	

(c) 타일의 눈금폭의 기준 (mm)

	타일호칭	눈금폭		타일호칭	눈금폭		타일호칭	눈금폭
외장의 경우	소형장방형	8~10	내장의 경우	75 각	2	바닥타일	75 각	7
	이정봉형	9~11		100 각	2~3		108 각	10
	삼정봉형	12		108 각	2~4		※소형타일	8
	사정봉형	12		모 자 익	3		※이정봉형	9
	75각	7~10					※100 각	10
	108각	10~12					※120 각	12
	150각	12–15		150 각	15		※150 각	15
	모 자 익	3		주 : ※ 크링카타일			※180 각	18

　타일붙임 바탕에 요철이 있는경우에는 바탕몰탈로 바탕고르기를 한다. 바
탕바름이 끝나면 **圖4·16**과 같은 타일 나누기도 (사용하는 타일치수에 따
라 붙임방법의 기준을 정하는 것을 타일나누기도라 한다)를 작성한다. 이것
은 축척 ¹⁄₂₀ 정도의 상세도에는 타일나누기나 위생기구 급배수관등의 붙임,
위치 등을 정확하게 표현할수 없기 때문에 이와 같은 타일나누기의 정확한
시공도가 필요하게 된다. 타일 '나누기의 작성에 있어서는 건축공사와 설비
공사 관계자가 충분한 타협을 하고, 특히 위생기구 및 급수 급탕전의 위치
타일나누기와 관계를 검토한다.

　이 기구의 중심은 가능한한 타일이 눈금 중심에 오도록 하는 편이 타일 붙
임을 쉽게하게 한다.

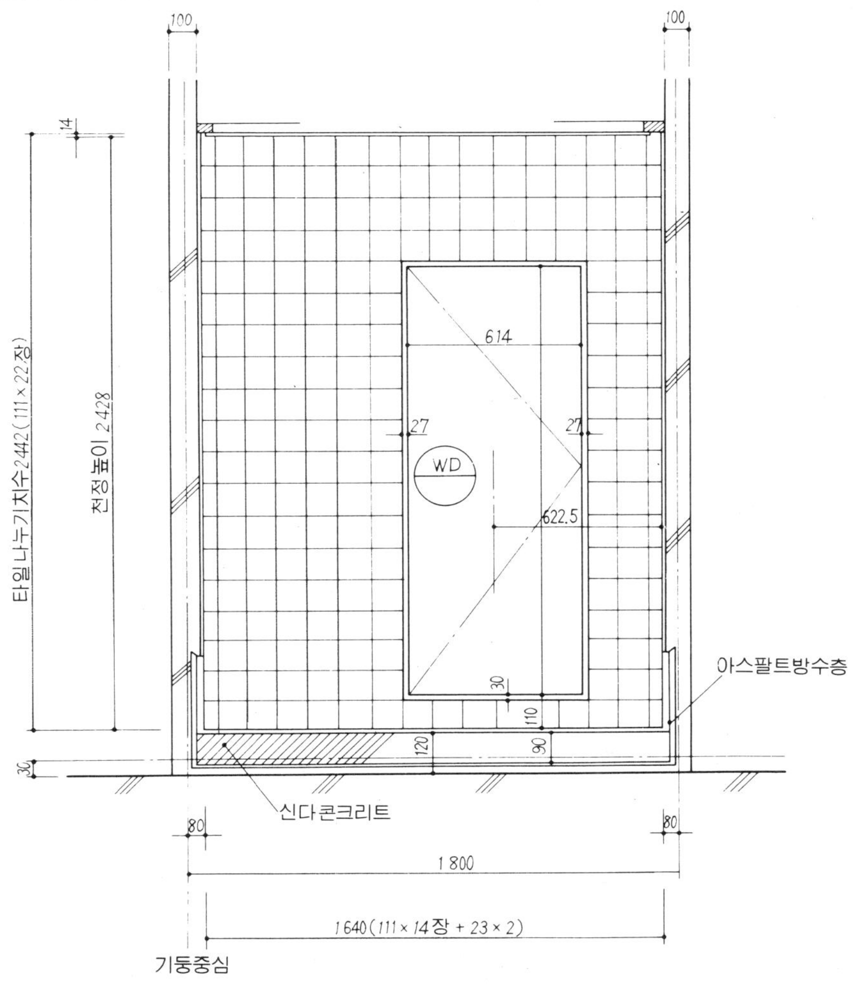

圖 4 · 16 타일나누기도(施工圖)

타일의 붙임방법에는 떡붙임(몰탈을 사용한다)과 압축붙임(특수 혼화제가 든 몰탈 또는 접착제를 사용한다)이 있다. 이밖에 외장 타일에는 콘크리트 부어넣기 전에 콘크리트 거푸집에 미리 타일을 배열하여두고 콘크리트 부어넣기와 동시에 행하는 시공법도 하고 있다. 타일붙임의 눈금 혹은 내장 타일은 3~5mm정도 외장타일은 10mm전후로 한다.

또한 화장실 욕실 등 방수를 필요로 하는 바닥에서는 방수층이 필요하고 보통 방수 몰탈 두께 2.5cm정도이다. 특히 상세도에는 세밀한 치수가 표시되어 있지 않은 경우도 있기 때문에 주의가 필요하다. **圖4·17**은 방수층이 있는 경우의 타일붙임이다.

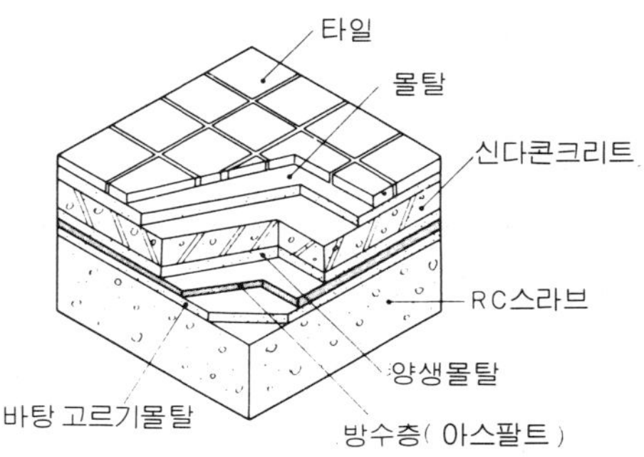

圖 4 · 17 타일붙임(방수층이 있는 경우)

후로아링 블록붙임 바닥의 후로아링 블록은 규격에 의하여 판두께 15mm 18mm, 21mm의 3종, 블록 1개의 폭240~300mm의 정방형이고 **圖4·18**과 같이 소폭판 3~5매로 되어 있다. 붙임은 블록에 붙여져있는 쇠붙이를 써서 바탕 몰탈에 고착시킨다. 마감 두께는 50~60mm로 한다.

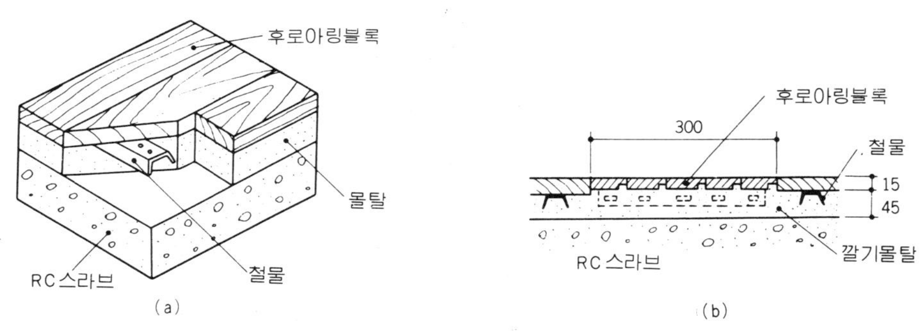

圖 4 · 18 후로아링블록붙임시공도

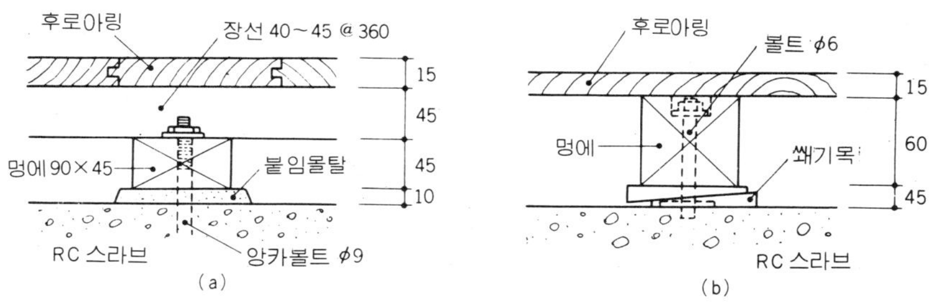

圖 4 · 19 스라브마루틀구조

후로아링 보드류를 콘크리트면에 붙이지 않을 때에는 **圖4·19**와 같이 콘크리트 스라브면에 목재의 마루 등을 만들고 바탕 바닥에 못으로 붙인다. 바탕 바닥이 없는 경우에는 바닥 나무에 직접 못을 박는다. 이와 같은 바닥에는 전선관 등은 콘크리트에 밖아 넣을 필요가 없고 콘크리트면 위에 배관 하면 좋다.

연질타일 및 시이트붙임 바닥의 재종에는 ① 油脂系 ② 고무계 ③ 아스팔트계 ④ 합성수지계로 구별한다.   어느것이나 콘크리트면을 평활하게 하고 또한 충분히 건조시킨뒤에 시공하는 일이 중요하다. 이런 종류의 재료는 종류가 대단히 많고 도면에도 상품명 등을 써서 표시한 경우도 있기 때문에 재료의 성격 특성을 충분히 파악할 필요가 있다.

이 밖에 돌붙임, 벽돌붙임, 바닥등의 치수의 표준은 **圖4·21**에 의하지만 특히 자연석의 경우에는 판두께가 다르기 때문에 마감두께의 치수를 명확하게 하여두지 아니하면 아니된다.

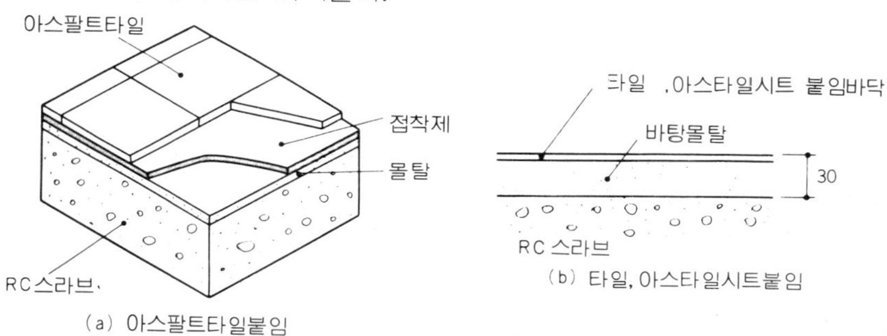

圖 4 · 20

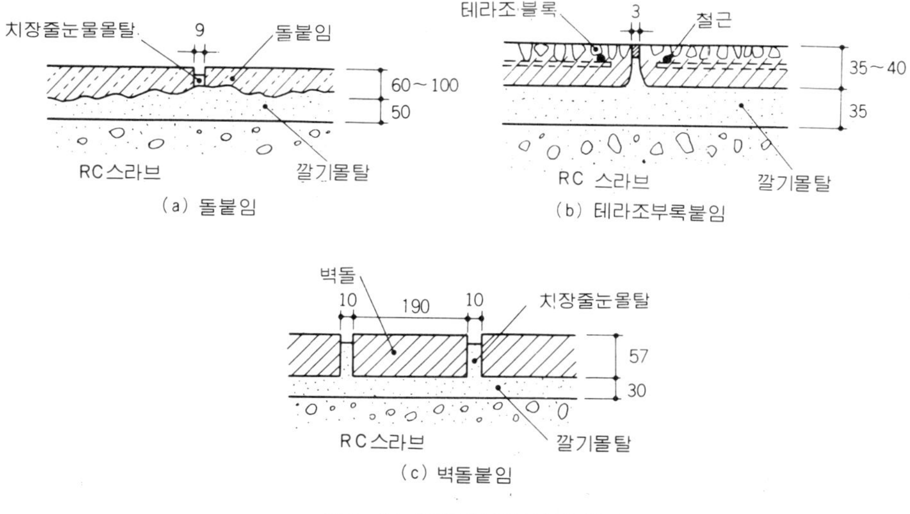

圖 4 · 21 돌벽돌바닥붙임 표준치수

4-3·2　벽

　　철근콘크리트조의 벽두께는 일반적으로 10cm이상이지만 외벽은 균열이 나기쉽기 때문에 보통 12cm 이상으로 한다. 또 지층 외벽은 수압이나 토압을 받는 관계로 지하 1 층에서는 20cm 지하 2층에서는 30cm 이상으로 한다. 또 외벽 이외의 벽으로 단순히 실과 실과의 공간을 막는 간벽은 목조나 이동식 칸막이 또는 블록조로 하고 건축물의 경량화를 꾀하는 경우가 많다. 축척1/100의 평면도는 외벽과 간벽을 구별하지 아니하고 그리는 경우가 많으나 평면 상세도는 원칙으로 표시기호 (p. 23참조)를 써서 그린다.

　　구조상세도에는 간벽의 바탕·골조의 치수 및 마감재료·마감두께가 표시되어 있고 설비공사에서의 각종 배관류가 벽을 관통할때의 스리브 치수 관 붙임지지 쇠붙이등의 붙임의 근거가 되기때문에 충분히 주의한다.

　　벽의 마감법도 바닥마감과 마찬가지로 바름마감이나 붙임마감이 많고 재료에 따라서 여러가지가 있다. 어느것으로 하여도 콘크리트 면에서 바탕을 포함한 마감두께를 읽는것이 중요하고 설비관계의 각종 기구 붙임 마감과의 관계를 상세도 마감표 및 시방서등에서 읽어서 검토하고 설비시공계획 및 설비도가 작성된다.

〔1〕 외 벽

　　외벽의 마감 재료는 내구성·내수성이 풍부한 재료가 필요하고 일반적으로 몰탈바름·인조석 바름·타일붙임·돌붙임이 있다. 바름마감의 표준을 **圖 4·22**에 표시한다. 몰탈바름 및 타일붙임은 전술한 바닥마감과 거의 같은 시공법에 의하지만 돌붙임의 경우 **圖4·23**과 같이 바탕 콘크리트에는 콘크리트 부어넣기전에 돌의 눈금의 위치에 지름 9mm, 13mm의 철근 또는 4.19~3.4 mm의 철선을 박아두고 돌에 붙여둔 쇠붙이와 철선으로 바탕의 철근 또는 철선에 걸치거나 긴결한 후 몰탈을 채운다.

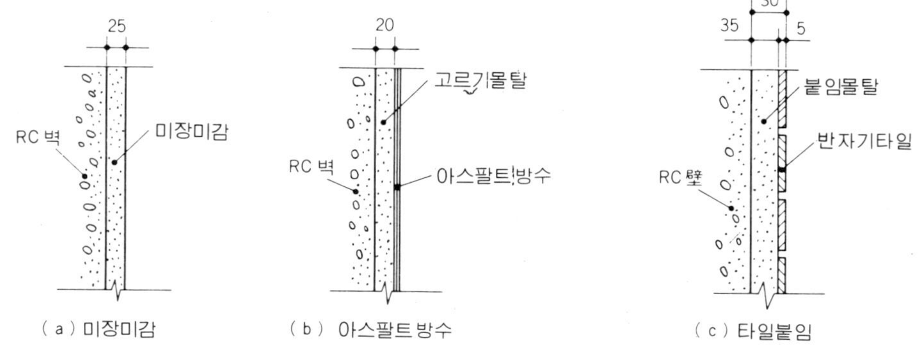

圖 4 · 22　壁의 標準 마감두께 (그림 1)

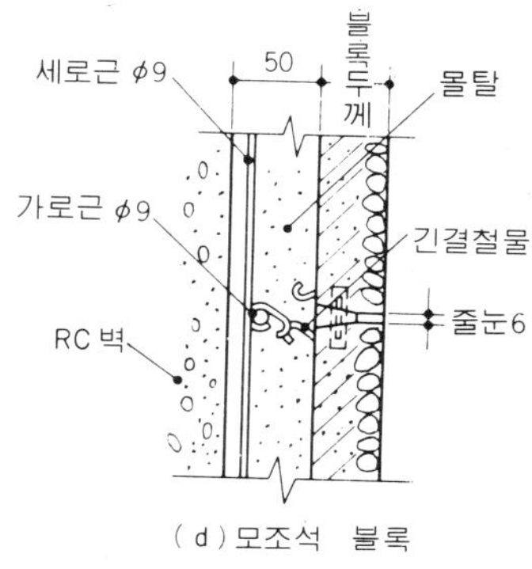

(d) 모조석 블록

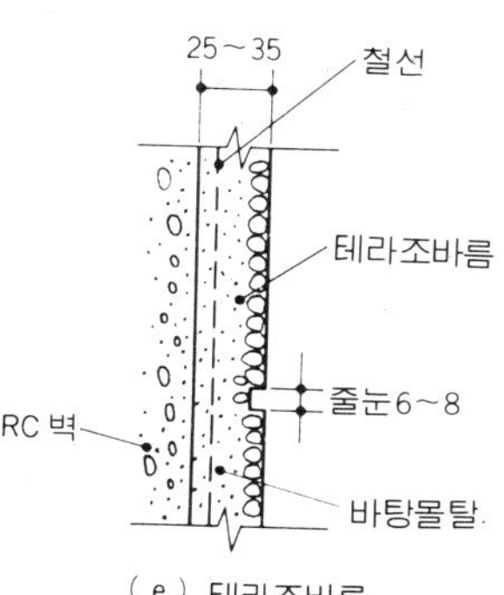

(e) 테라조바름

圖 4 · 22 壁의 標準 마감두께 그림 2

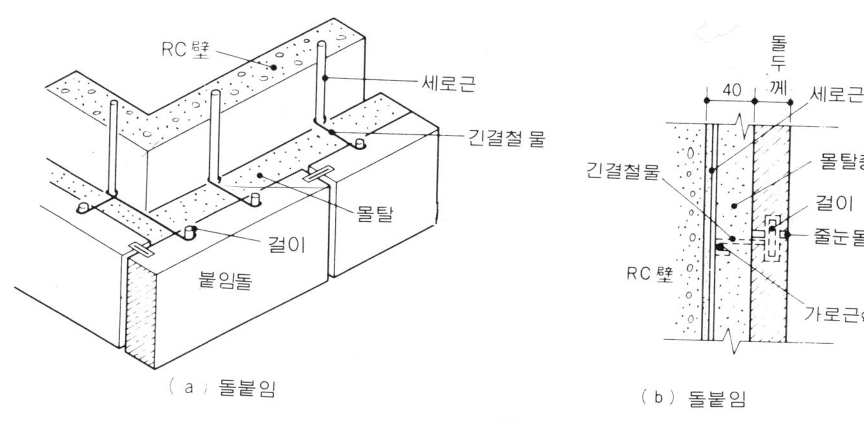

(a) 돌붙임

(b) 돌붙임

圖 4 · 23

　　돌붙임을 하기전에 미리 설비공사 배관 구멍을 석재에 뚫어 넣을　필요가 있기 때문에 상세도등에 의하여 설비 시공도를 작성하여 두지 아니하면 아니 된다.

　　더욱 대리석의 붙임에는 몰탈을 사용하면 몰탈의 알카리 성분이 석면에 배어나와서 대리석의 광택을　잃게 할 우려가 있기 때문에 내장 용에는 몰탈을 넣지 않고　공(空)붙임으로 한다(**圖4·24**).

　　타일붙임의 마감두께의 표준은 **圖4·25**이다.

　　또 외벽을 파이프류가　관통하는 경우 방수에는 특히 주의한다. **圖4·26**은 외벽을 관통할 때의 누수방지의 예이다.

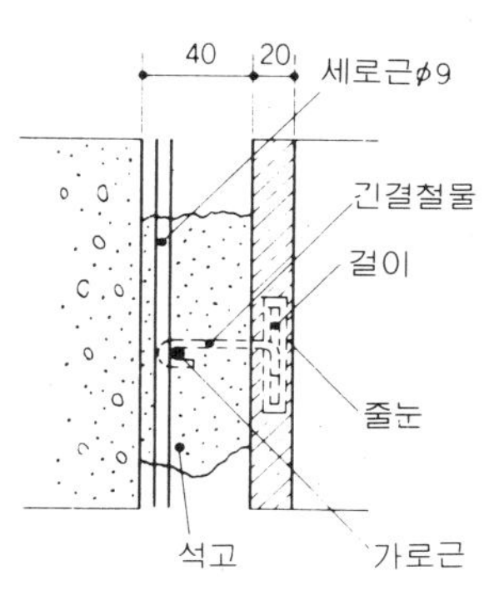

図 4 · 24　大理石붙임

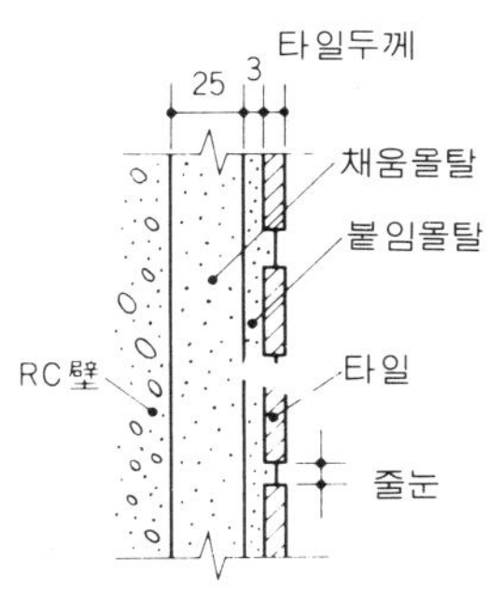

図 4 · 25　타일붙임

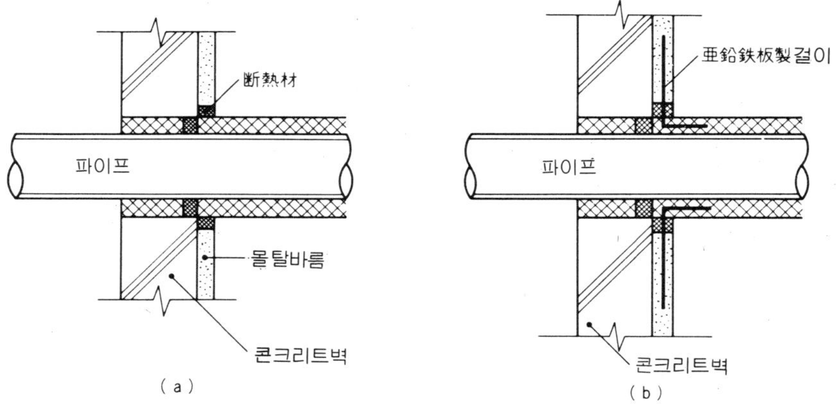

圖 4·26 貫通部의 防水

〔2〕 내 벽

내벽의 마감 방법은 콘크리트면을 마감하는 경우와 골조에 바탕을 붙여서 마감하는 방법이 있다.

실내에는 환기창 소화전 상자 및 콘센트나 스위치 등의 전기 기구류 설비 관계 기구등을 붙이는 경우가 많음으로 이 기구 및 붙임 쇠붙이나 벽바탕의 위치등의 치수나 붙임방법을 구조도에서 읽어서 설비 상세도가 작성된다. 또 실내에는 각종의 조작이 붙여 있으므로 이 상세도를 잘 알아둘 필요가 있다.

내벽 마감의 방법은 외벽과 마찬가지로 타일붙임·돌붙임·몰탈바름 외 회벽바름, 플라스타 바름, 나무 및 합판바름 등이 있다. 나무나 합판을 바르는 경우는 **圖4·27**과 같이 졸대 (미송 및 육송각대)를 콘크리트벽에 박고 여기에 마감재료를 못, 피스, 혹은 접착재로 붙인다.

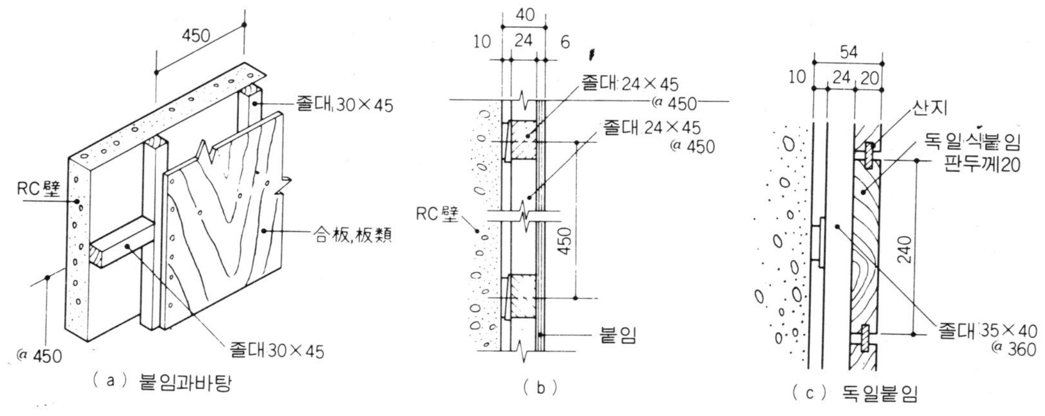

圖 4·27 내벽합판부치기

내벽이 바닥과 접하는 부분에는 내벽의 바닥재와 내벽재와 상호의 마감을 좋게할 목적으로 걸레받이가 붙여진다. 걸레받이에는 나무, 돌, 타일, 인조석이나 현장바름의 인조석이 쓰인다. 걸레받이마감의 상세에는 **圖4·28**과 같다.

또 내벽과 천정이 접하는 부분에는 반자돌림대가 붙여지고 내벽과 천정과의 끊김을 겸해서 각기의 재료마감을 도웁고 있다. 이 부분의 마감법에는 여러가지 방법이 있지만 **圖4·29**에 그 일례를 표시한다.

또한 내벽의 보호와 마감을 좋게하는 뜻으로 돌출부나 이종(異種) 재료의 맞춤부분에는 테두리를 붙인다. 또한 석고, 프라스타등의 깨지기 쉬운 재료를 사용하는 경우에는 코너빗을 붙여서 보호한다. 계단도 전술한 바와같이 바닥벽의 마감법에 준한다. **圖4·30**은 계단의 미끄럼방지의 상세이다.

이와같이 벽마감에는 여러가지 방법이 있으나 설비관계의 기구류 붙임, 파이프, 닥트류의 관통에 있어서는 구조, 상세도에 의하여 콘크리트벽과 마감

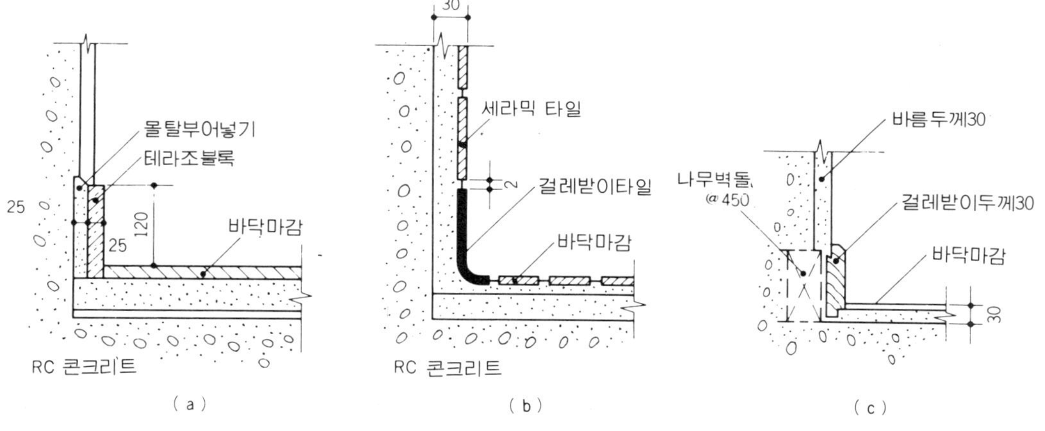

圖 4 · 28 걸레받이붙임

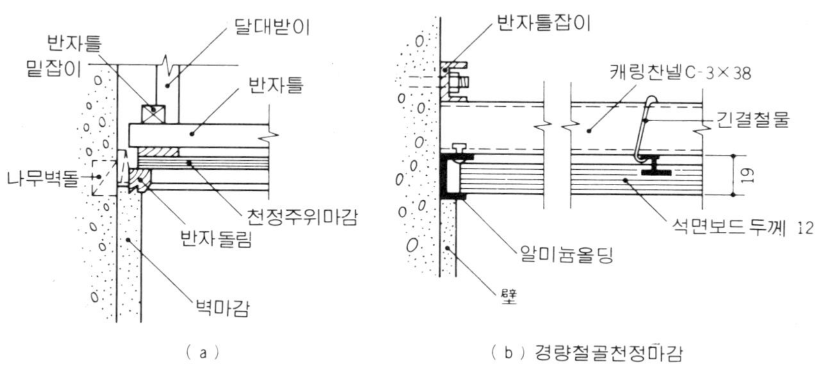

圖 4 · 29 천정철골마감상세도

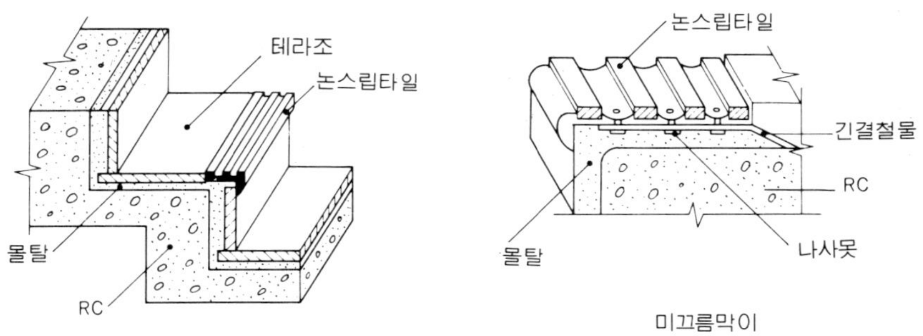

圖 4 · 30 階段의 詳細

두께에 의한 벽, 총두께를 읽는것이 대단히 중요하다. 특히 외부의 벽두께는 콘크리트 벽두께+외벽마감두께+내벽마감두께의 총 합계에 의하여 구할 수 있는것에 주의한다.

벽의 마감은 이외의 도료(페인트류)에 의하는 도벽, 종이, 천에 의한 붙임벽 등이 있지만 어느 경우에도 콘크리트면이 충분히 건조한 후에 시공하는 것이 중요하다. 특히 콘크리트는 알카리성이기 때문에 유성페인트류의 도포는 피하고 합성수지 에말존 페인트 및 수성페인트 등의 알카리성분에 강한 도료를 사용하면 좋다.

〔3〕 간 벽

간벽의 골조에는 목조, 철골조(경량철골 포함) 콘크리트블록조 경량콘크리트조, 블록조 등이 있다.   이 바탕의 골조 치수는 구조 상세도에   명시되어 있다. 바탕의 상면에는 전술한바와 같이 바름벽이나 붙임벽이 붙여진다. 이경우 방의 기능이나 목적에 의하여 단열재 흡음재 등이 사용되는데 벽두께의 산출에 주의한다.

또한 최근 사무소건축 등에는 이동식의 칸막이 벽을 하고 있다. 이동식 간벽을 사용하기 때문에 방의 공간을 자유로이 변경할 수가 있지만 반면 공조용 닥터나 천정조명기구의 위치등은 미리 간벽의 이동에 의하여 생기는 불편을 해결하여 두지 아니하면 아니되는 문제점도 있다. **圖4·31**은 간벽과 배선박스가 일체로 된것이다. 이동식간벽의 구조는 **圖4·32**와 같은 이동식칸막이 시공법과 **圖4. 33**과 같이 천정이나 바닥에 레루나 파스를|붙여서 거기에 판넬을 맞추어 가는 방법이있다.

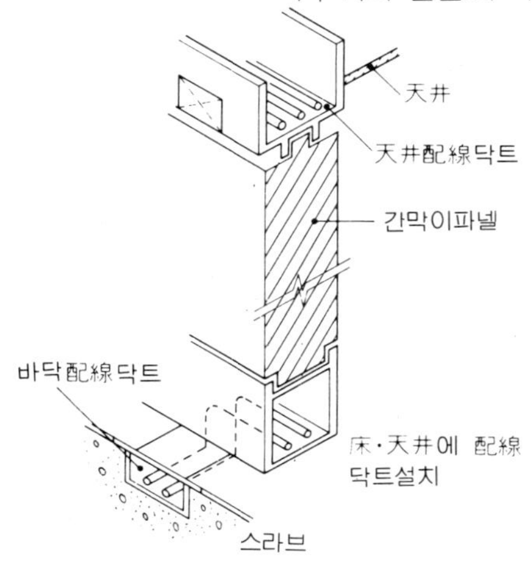

圖 4 · 31 移動 간벽과 배선

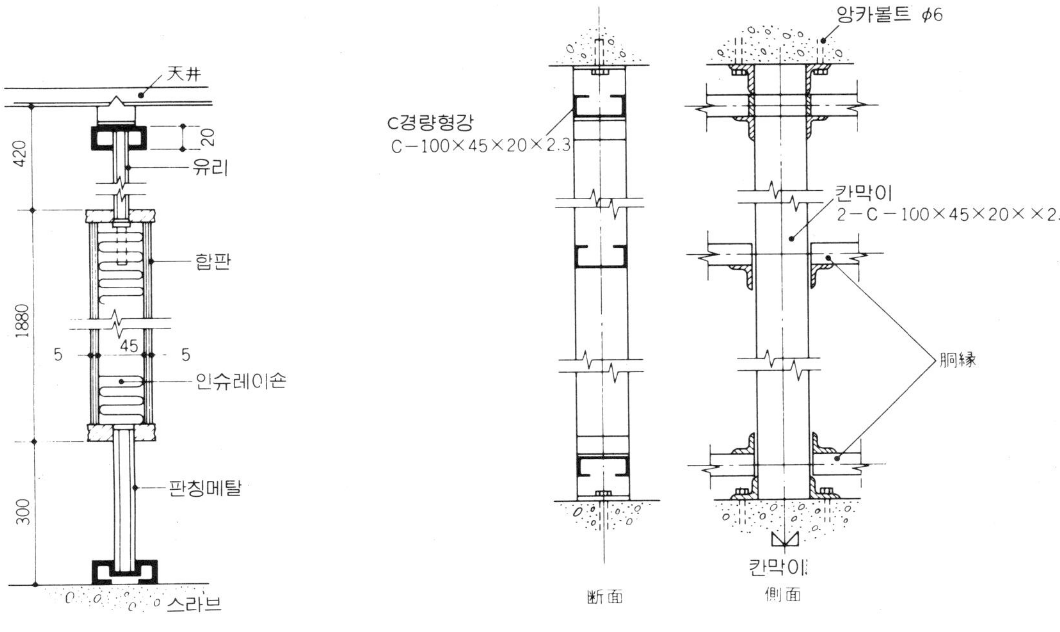

圖 **4 · 32** 이동식칸막이

圖 **4 · 33** 이동식칸막이

4-3·3 천 정

철근콘크리트구조의 건축에는 상부스라브의 하측을 그대로 하층의 천정으로하여 여기에 직접 회반죽이나 프라스타를 발라서 마감하는 바로바름 천정과 콘크리트스라브에 발라놓은 쇠붙이를 써서 목조나 철골로 짠 천정바탕을 매어달고 여기에 천정을 발라서 구성하는 매단천정이 있다. 바로바름 천정은 시공이 쉬우나 건축설비의 횡으로 가는 관 공조용 닥트는 노출된다. 따라서 일반 건축물은 매단천정이 많다.

매단천정의 경우 상층스라브와 천정과의 공간을 천정속이라고 하며 이 천정 속에 설비관계의 각종 횡주관 (급배수, 급탕, 소화전등) 과 공조용 닥트등을 넣는 것이 원측이고 설비 설계의 단계에서 배관의 경 및 분수나 특히 단면적이 큰 닥

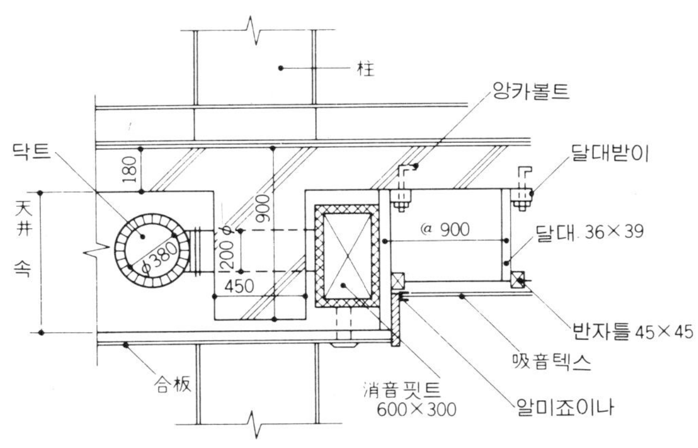

圖 **4 · 34** 空調닥트 ,消音핏드의 配置例

트류의 치수 모양에 대하여는 사전에 건축설계자와 충분한 타협과 검토가

필요하다. **圖4·34**는 천정속의 기구류의 마감예이다.

구조상세도에서 천정속의 치수는 스라브 하단에서 천정마감재의 표면까지의 치수가 표시되어 있다. 따라서 천정속의 유효치수는 테두리등의 골조를 제외한 것이라는 것에 주의하여야 한다.

〔1〕 바로바름천정

바로 바름천정의 경우 스라브하단에 회반죽, 프라스타 등을 바르던지 목모시멘트판을 미리 거푸집위에 놓고 콘크리트를 쳐서 거푸집을 제거한 후에 섬유질 또는 단열성의 재료를 몰탈에 섞어서 붙이기 마감으로 한다. 바로 바름천정의 표준마감 두께는 **圖4·35**와 같다. 그리고 배관닥트류의 붙임등의 지지용 쇠붙이등은 미리 상세도에 의하여 위치 치수를 명확하게 하고 콘크리트 타설전에 박아 놓는다.

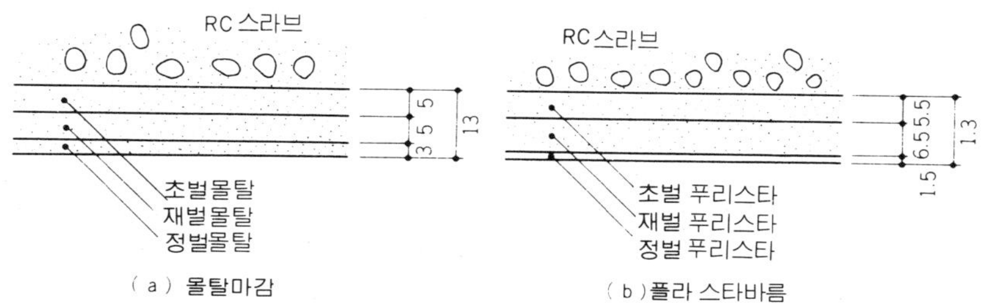

圖 4 · 35   천정마감시공도

〔2〕 매단천정

매단천정의 골조는 미리 콘크리트타설전에 **圖4·36**과 같은 천정매달기 볼트 및 쇠붙이를 거푸집어 고정하여 놓고 거푸집 제거후에 매달기볼트 혹은 매달기나무에 의하여 **달대**을 달고 **반자틀**에 천정판을 붙인다. 매달기 볼트의 간격은 구조상세도에 표시되지만 천정마감재료의 종류에 따라 다르며 간격은 약90cm (도면에는 @ 900으로 표시)를 표준으로 한다. 이때 관류나 닥트

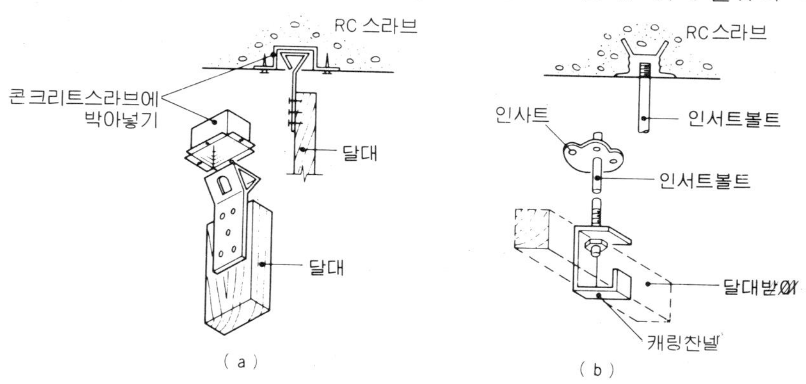

圖 4 · 36   天井달기철물

류의 위치 치수 및 이들 지지쇠붙이의 위치등에 대하여는 설비 시공도와 충분히 대조하여 둘 필요가 있다.

천정마감재는 방의 기능용도에 따라 각종의 재료가 쓰이나 섬유판(연질·반경질·경질) 섬유질흡음판, 건식섬유판, 합판, 석고, 보드, 금속판, 목모시멘판 등이나 천정바탕에 바름마감을 하는 경우도 있다. 천정의 상세도를 **圖4·37**에 표시한다.

특히 천정에는 공조용 취출구나 조명기구를 붙이기 때문에 천정바탕 재와의 마감에 대하여는 상세도 및 천정복도에 의하여 기구류의 붙임위치 치수를 명확하게 읽고 그 붙임방법 치수등에 대하여 설비상세도 및 설비시공도 등을 작성하고 신중히 검토하여야 한다.

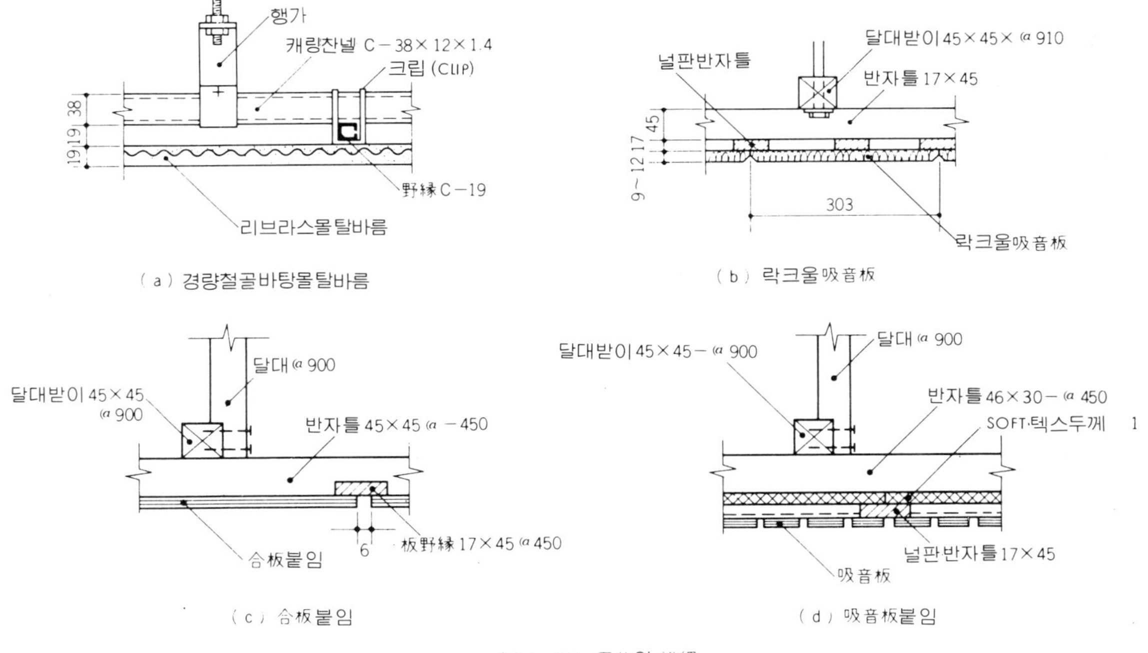

圖4·37 天井의 詳細

4-3·4 방 수

콘크리트는 투수성이 있기 때문에 건축물의 방수성 방습성을 높여둘 필요가 있다. 특히 평지붕의 빗물이나 지하실에 지하수의 침수 혹은 화장실 욕실등의 옥내방수는 유의하여야 한다. 또한 건축설비의 배관류가 바닥 벽을 관통하는 곳에는 각별히 주의할 필요가 있다. 주단면도나 상세도에는 방수재료의 명칭 방수층의 두께 및 배수구배 등이 도시되어 있는 정도이고 방수법의 상세는 시방서에 의하고 있는것이 보통이다. 구조상세도에 의하여 방수재료 방수법 방수층의 층두께는 정확하게 읽어서 놓는 일이 중요하다. 건축물에 쓰이는 방수재료는 **圖4·38**과 같은 아스팔트방수, 씨트방수 및 몰탈방수 방수법등이 있고 이 재료등에는 서로의 특성을 지니고 있다.

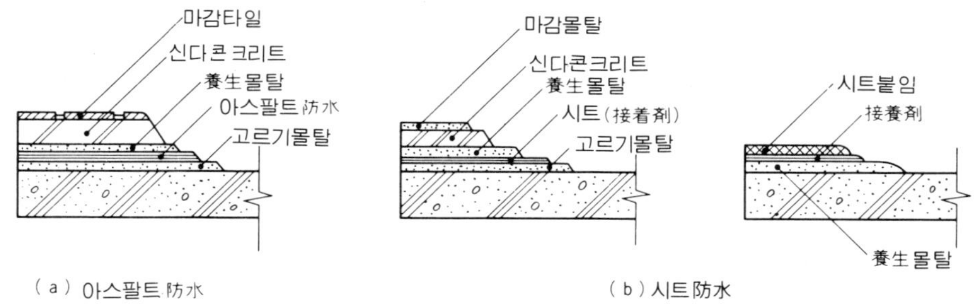

圖 4 · 38   防   水

〔1〕 **옥상방수**

옥상방수는 아스팔트방수 및 씨트방수가 많다. 아스팔트방수는 건축물의 용도 종별 공사정도에 따라 사용재료 붙임층수에 차이가 있으나 콘크리트바탕면에 아스팔트 푸라이머를 바르고 용해 아스팔트와 아스팔트루핑류를 차례로 겹쳐서 그위에 방수층을 보호하기 위한 양생몰탈 경량콘크리트 (신다콘크리트)를 겹쳐바르고 그위에 마감재를 바르던지 타일등을 붙여서 마감한다.

파라펫트나 펜트하우스 출입구 하부등의 옥상세움부분은 침수할 우려가 크기 때문에 **圖4·39**와 같이 방수층의 누름벽돌 콘크리트로 누른다.

배수구(루프드래인) 부분은 방수층이 잘려서 결정이 되기 쉬우니 주의하여야 한다 (**圖4·40·41**).

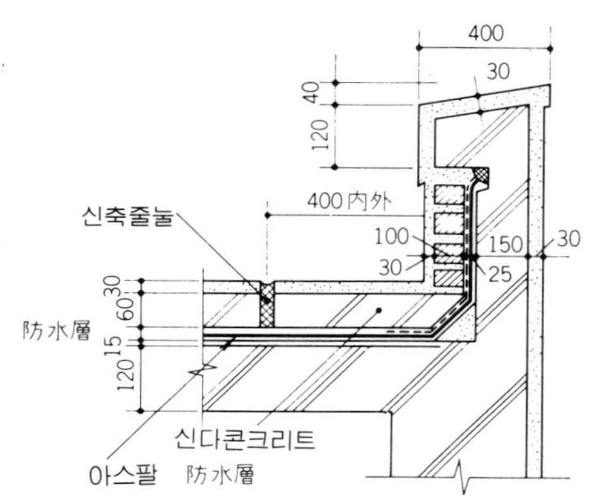

圖 4 · 39 아스팔트 防水 (파라펠드세움 部分)

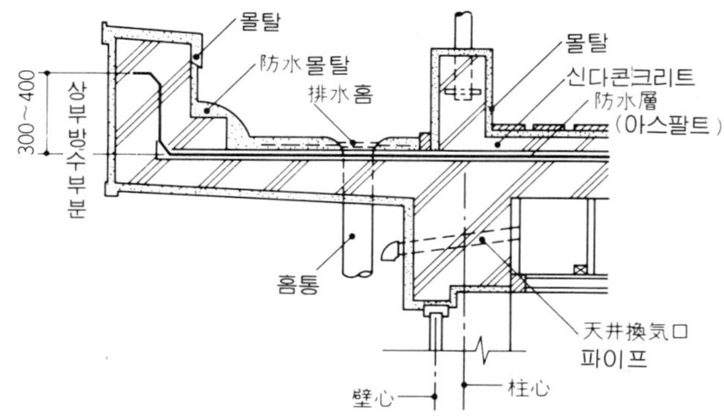

圖 4 · 40   처마 部分의 防水

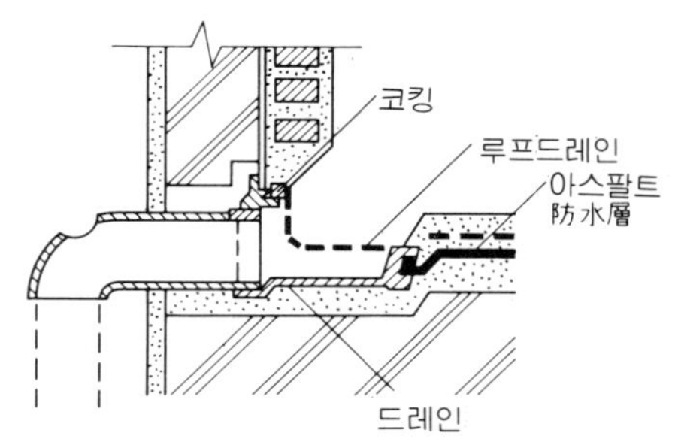

圖 4 · 41   屋上排水 (橫引形)

씨트방수는 아스팔트방수와 같은 다층방식이 아니고 합성고무계나 푸라스틱계를 붙인뒤 실내페인트를 칠하는 방법(주로 비보행용방수)과 씨트를 붙인뒤 양생몰탈 경량콘크리트로 누르는 방법(보행방수)이 있다. 따라서 씨트방수를 하는 편이 방수층의 층두께는 아스팔트방수에 비하여 엷어진다.

〔2〕 실내의 방수

화장실의 바닥스라브를 아스팔트방수로 하는 경우 보호층의 두께를 생각하여 일반바닥에서 약15cm 정도 콘크리트타설을 내려서 쳐둔다. 이 치수의 지시는 평면상세도 혹은 콘크리트 시공도에 바닥 −150 또는 −200으로 표시되어 있고 이것은 기준바닥면부터 각기 15cm, 20cm 낮은것을 표시한다.

방수상 가장 문제가 되는 것은 스라브를 관통하는 배관부 및 변기 주위이고 아스팔트방수인 경우 콘크리트의 맞춤부에는 코킹을 하고 관에 아스팔트를 구어붙이고 여기에 루핑을 세워서 아스팔트를 바르고 동선으로 긴결한다(圖 **4·42, 43**). 변기주위는 푸라이마나 코킹재를 도포하고 세움폭으로 자른 루핑을 아스팔트로 감아서 바닥면에서 세운다(圖**4·44~46**).

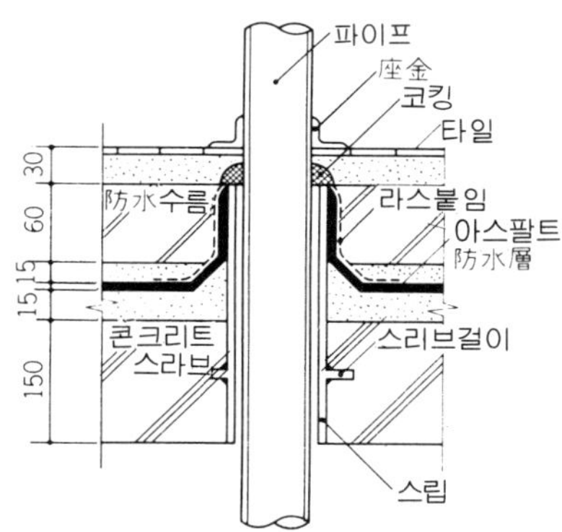

圖 4·42　配管部의아스팔트防水

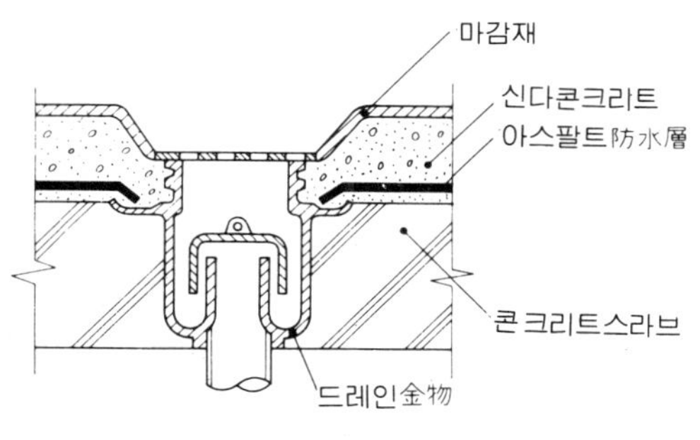

圖 4·43　드레인部分의 아스팔트防水

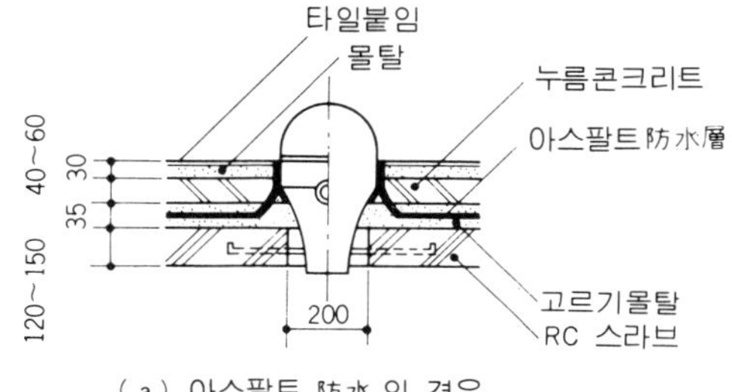

（a）아스팔트 防水 의 경우

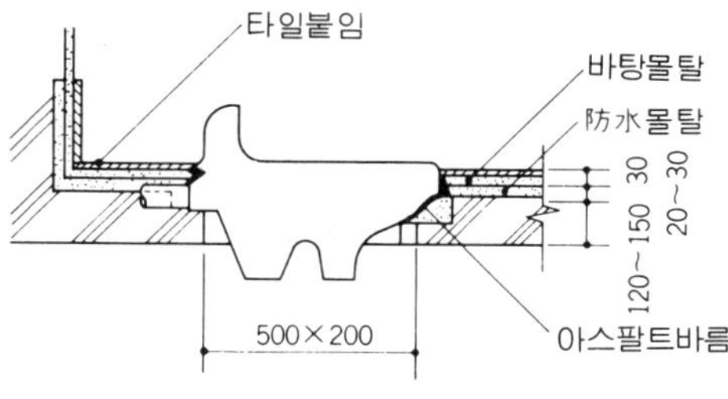

（b）몰탈 防水 의 경우

圖 4·44　便器回 주위의 아스팔트 防水

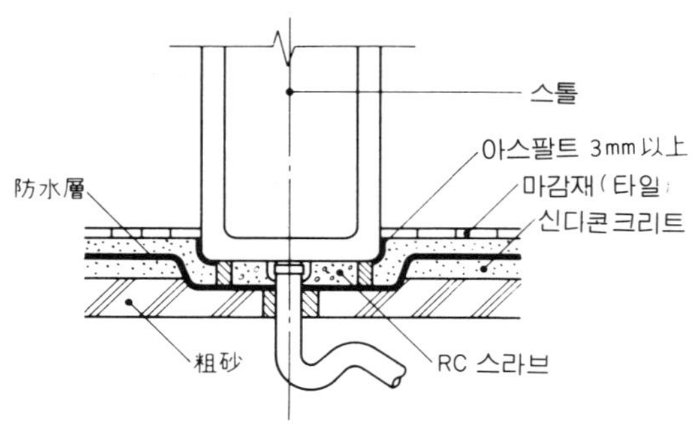

圖 4·45　스톨形 小便器의 防水

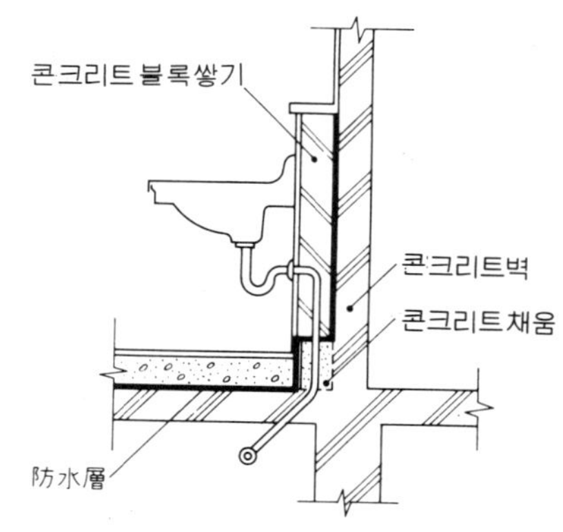

圖 4·46　洗面器排水管의 防水

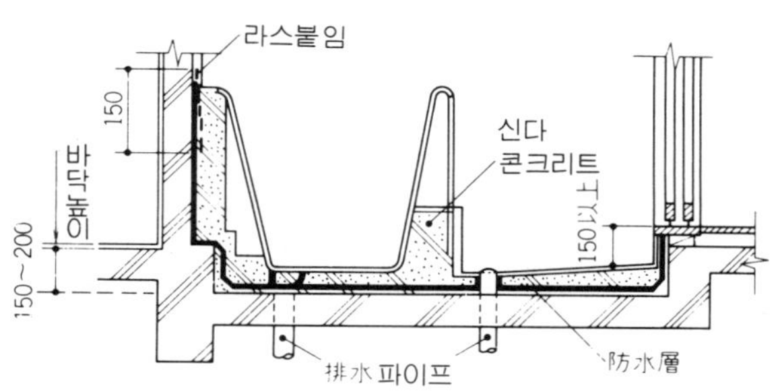

圖 4·47　浴室의 防水

욕실주위의 방수는 **圖4. 47 48**과 같고,
변소의 테라죠 스크린 시공도는 **圖49**와
같이 시공한다

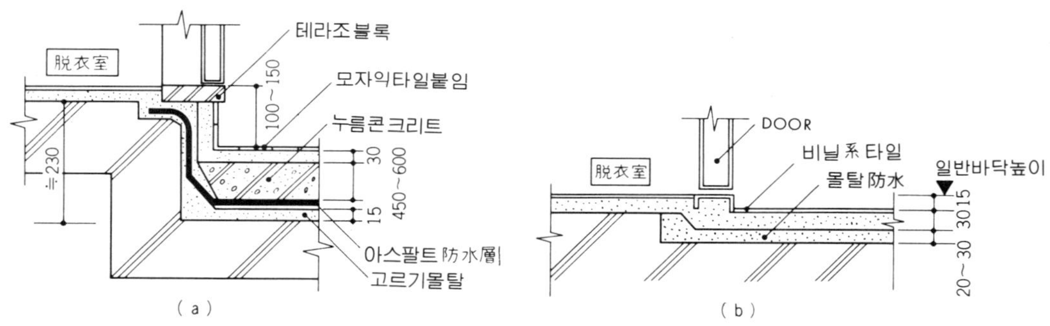

圖 4·48　浴室과 脱衣室의 防水

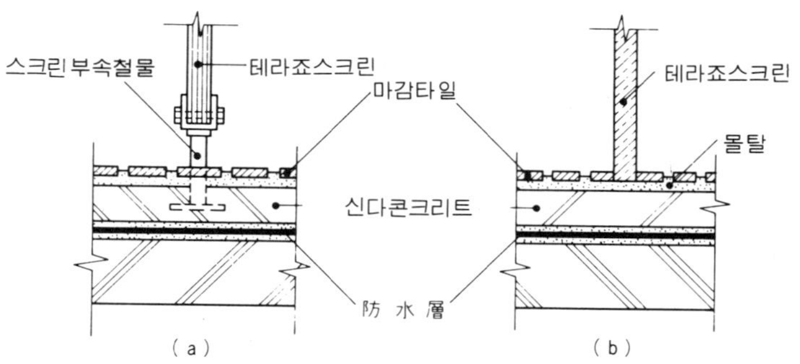

圖 4·49　便所 스크린의 상세도

〔3〕 지하실의 방수

　지하실의 방수방법은 외부방수 (**圖4·50**) 와 내부방수 (**圖4·51**) 가 있다. 외부방수는 **圖4·50**와 같이 외부를 방수층으로 싸는 방법이고 수압에 대하여 유리하나 시공뒤의 보수는 거의 불가능하다. 내부방수는 구조주체의 안쪽에 방수층을 만드는 방법이고 시공도 쉽고 공사비도 싸고 시공뒤의 수리도 가능하지만 수압에 대하여는 불리하니까 수압에 대한 충분한 방수누름이 필요하다. 또한 **圖4·51**과 같이 외벽이나 기초 스라브를 2중으로하여 침투수를 2중 바닥안의 핏드에 집수하여 폼푸배수하는 방법이 쓰인다.

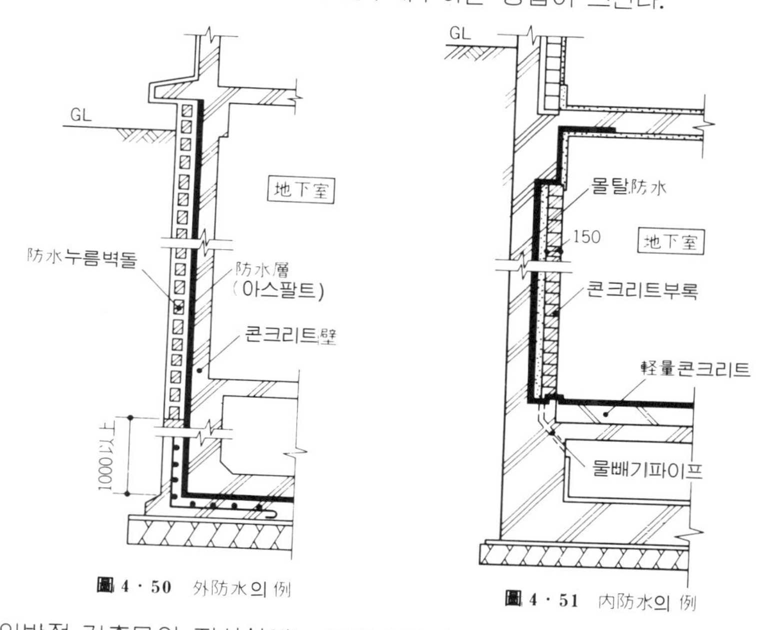

圖4·50　外防水의 例　　　　**圖4·51**　內防水의 例

　일반적 건축물의 지하실에는 급배수관계의 기계실 공조설비 기계실   전기관계의 기계실을 설치하는 경우가 많으므로 주단면도 구조상세도를 검토하고 기계류의 위치 및 방수층의 관통부에 대하여는 **圖4·52~54**와 같은 충분한 대책을 강구하지 아니하면 아니된다.

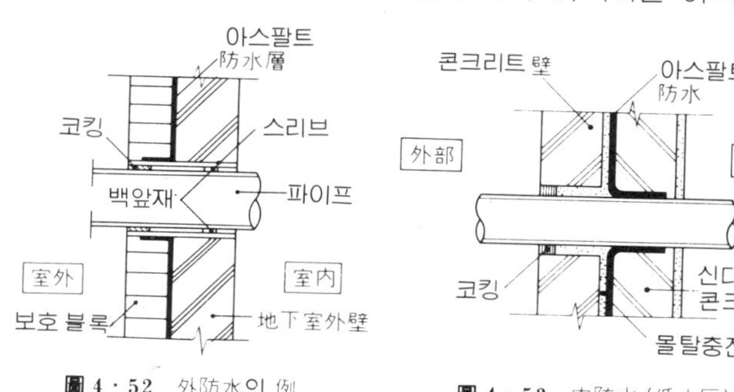

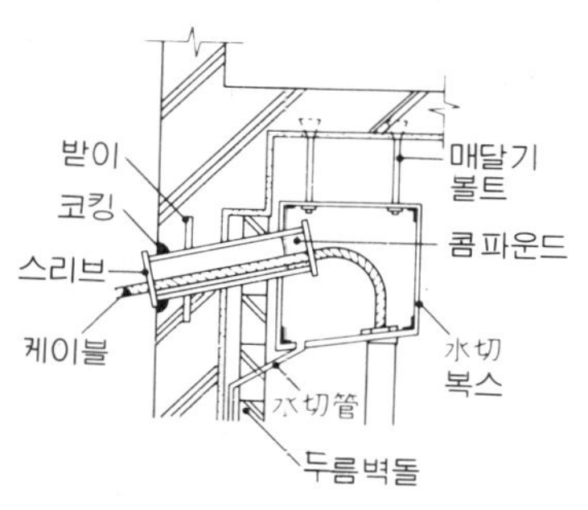

圖4·52　外防水의 例　　**圖4·53**　內防水 (低水圧) 의 例　　**圖4·54**　電気 케이블 引込部의 例

4-3·5 개구부

출입구나 창 등을 개구부라 부르며 개구부의 치수를 안치수라고 하며 주
단면도나 상세도에는 반드시 표시되는 치수이다. 또한 건축물의 출입구외문
이나 창은 그 종류 모양이 수없이 많으므로 여기에 대하여 창호표 (p. 37)로
한곳에 모아서 창호의 재질, 치수, 모양, 창, 문의 개폐방법이나 유리의 종
류등 일체를 이 창호표에 기입한다. 따라서 주단면도나 상세도는 기준이 되
는 치수만이 도시된다. 또 샷슈주위의 상세도 축척½₀~⅕₀의 도면에 표시하
기가 어렵기 때문에 **圖4·55**와 같은 공작도가 별도로 작성된다.

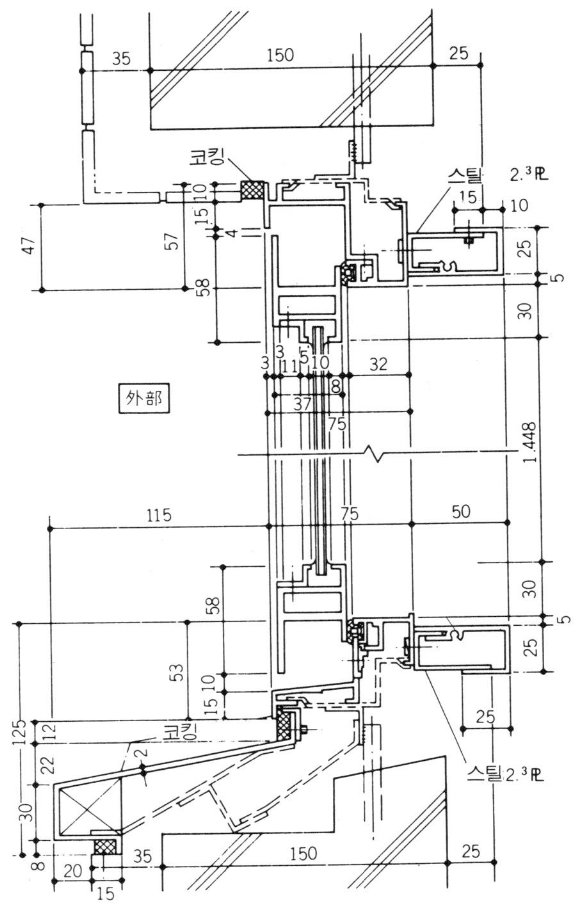

圖 4 · 55　開口部의 斷面詳細圖

4-3·6 배관용 스페이스

급배수위생설비의 배관용 스페이스는 평면도 혹은 평면상세도에 도시되어 있지만 평면도는 축척⅟₁₀₀~⅟₂₀₀이니까 배관용 스페이스(파이프샤후트 : ps)의 위치와 개략의 치수밖에 표시되어 있지 않으므로 평면상세도와 함께 검토할 필요가 있다. 배관의 종류 관경 본수등은 건축물의 용도규모에 따라 다르니까 급배수관 통기관을 비롯하여 소방법에 의한 소방설비관계의 배관 및 공조설비등과 함께 종합적으로 검토하고 건축설계담당자와 설비담당자와의 상호 긴밀하게 연락하여 둘 필요가 있다.

파이프 샤후트의 스페이스는 그 구조 점검구의 위치등에 의하여 한마디로 말하기 어려우나 통상 샤후트의 1면을 개방상태로 하여두고 배관시공한 다음 배관완료후에 블록유로 막는 방법이 채용되고 있다. **圖4·56**에 파이프샤후트의 필요면적의 예를 표시한다. 또 **圖4·57, 58**은 화장실주위와 천정속의 관계를 표시하는 도예이다.

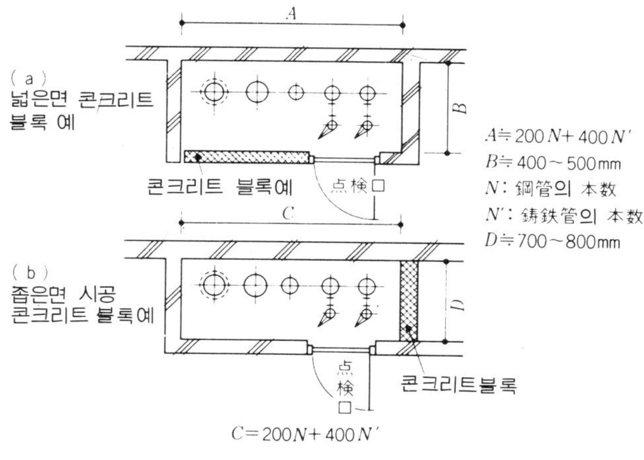

圖 4·56

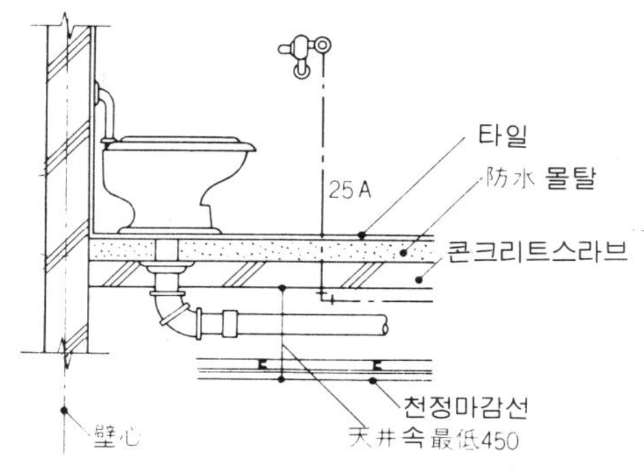

圖 4·57 양식 트랩 便器의 경우

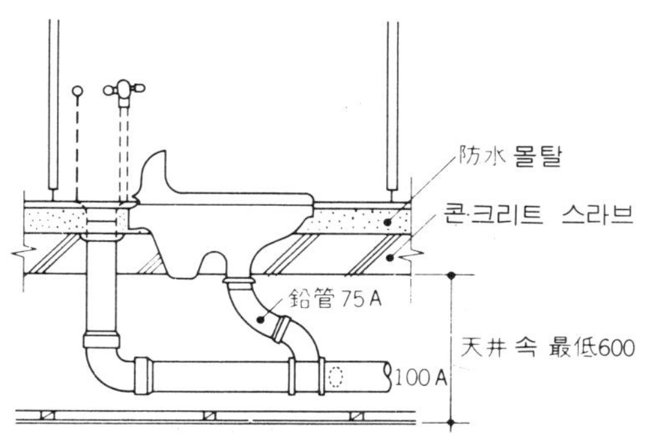

圖 4·58 화식트랩대변기의 경우

4 -4 상세설계도

4-4·1 천정복도

圖 **4·59**는 4층의 천정복도이고 천정의 매달음법이나 재료 및 공기조화용의 취출구 매입조명기, 점검구의 위치 크기등이 표시된다.

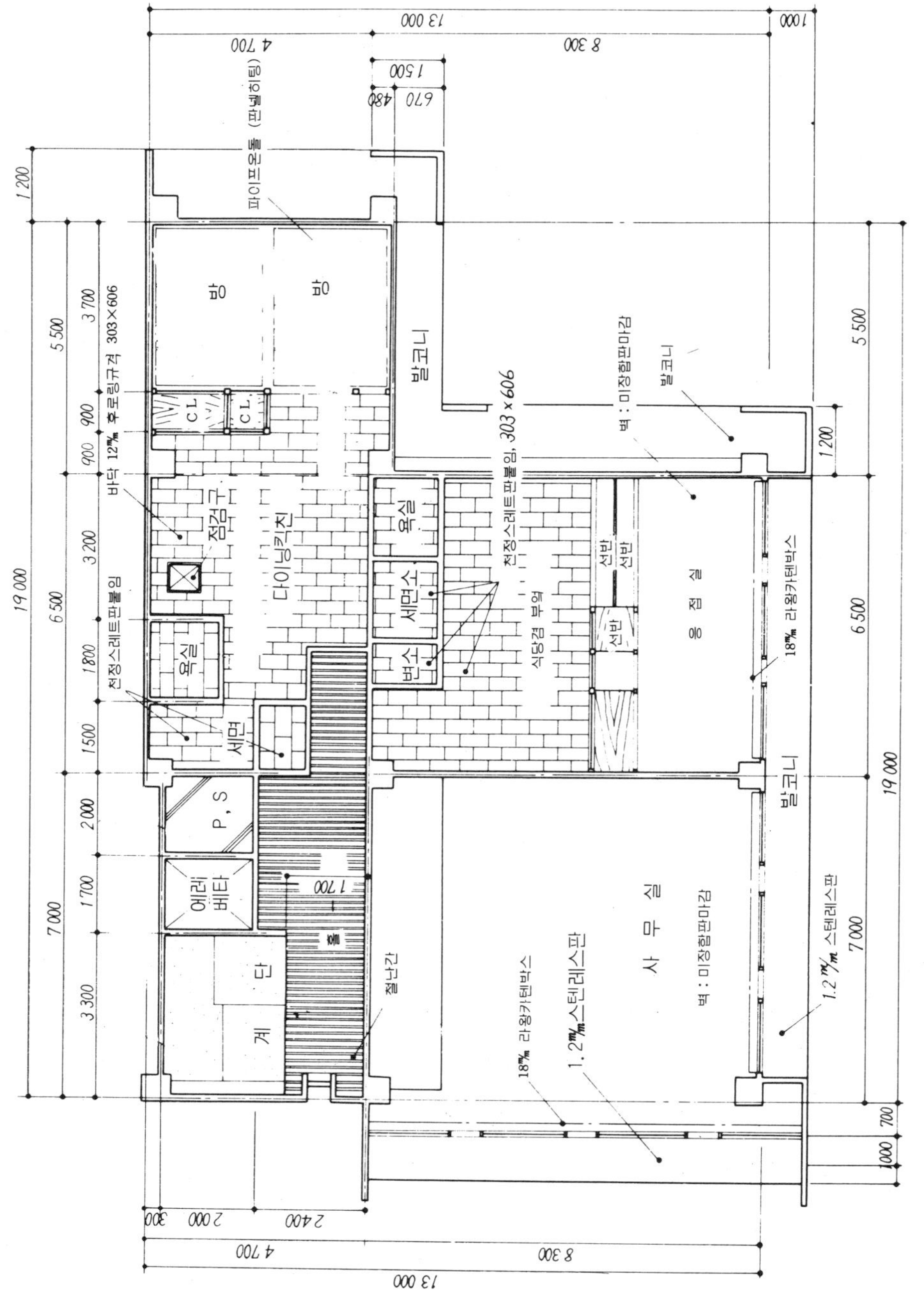

圖 4·59 천정복도 (4층 : 縮尺 $R^1/_{100}$)

4-4·2 바닥복도

圖 4·60은 4층의 바닥복도이고 사무소 주택을 병용하는 경우 각실의 바닥 마감법이 달라지므로 바닥바탕의 상태가 표시된다.

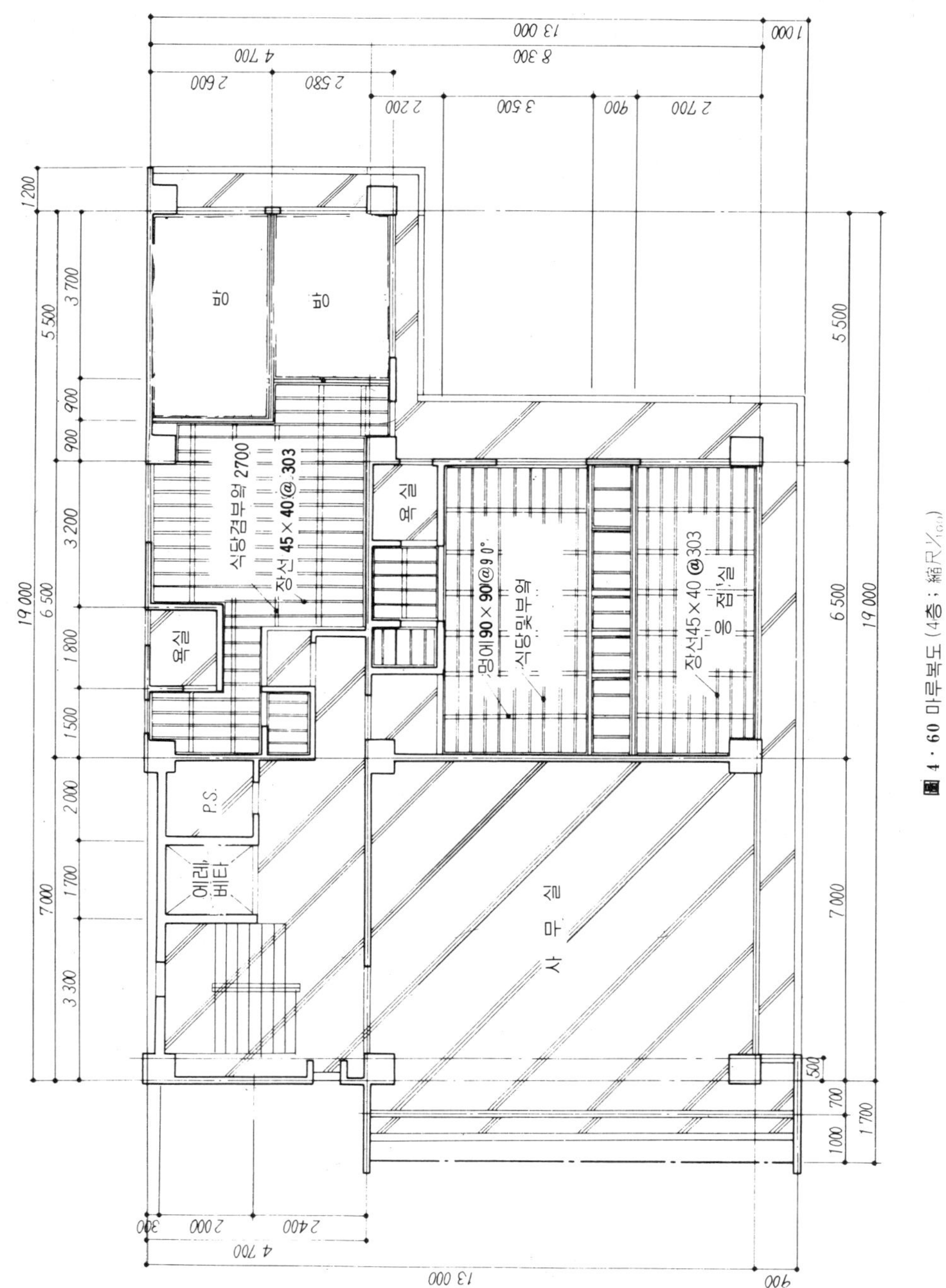

圖 4·60 마루복도 (4층 : 縮尺1/100)

4-4·3　전개도

　　전개도는 실내의 의장을 표시하는 것이고 붙임가구 설비용 기구류의 위치나
치수가 도시된다. **圖 4·61**은 4 층주택의 방이다.

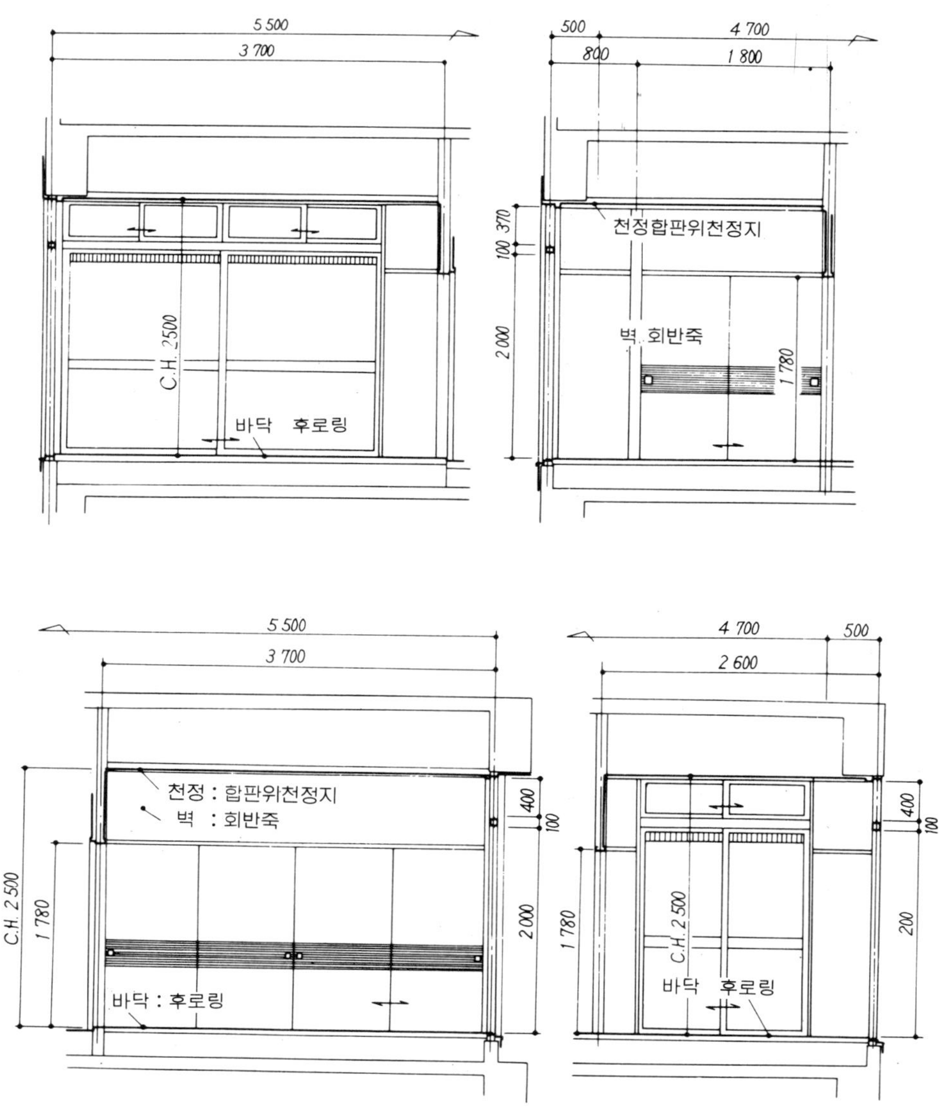

圖 4 · 61　展開圖 (4 층；縮尺 1/100)

4-4·4 설비도

  圖4·3 (P 48) 의 4층 부분의 급배수위생설비도 (**圖4·62**) 공조설비 배기설비 배관도 (**圖4·63**) 전등배선도 (**圖4·64**) 를 참고도예로서 표시한다.

  圖4·65, 66은 공조기기와 천정속의 상세예를 표시한 것이다.

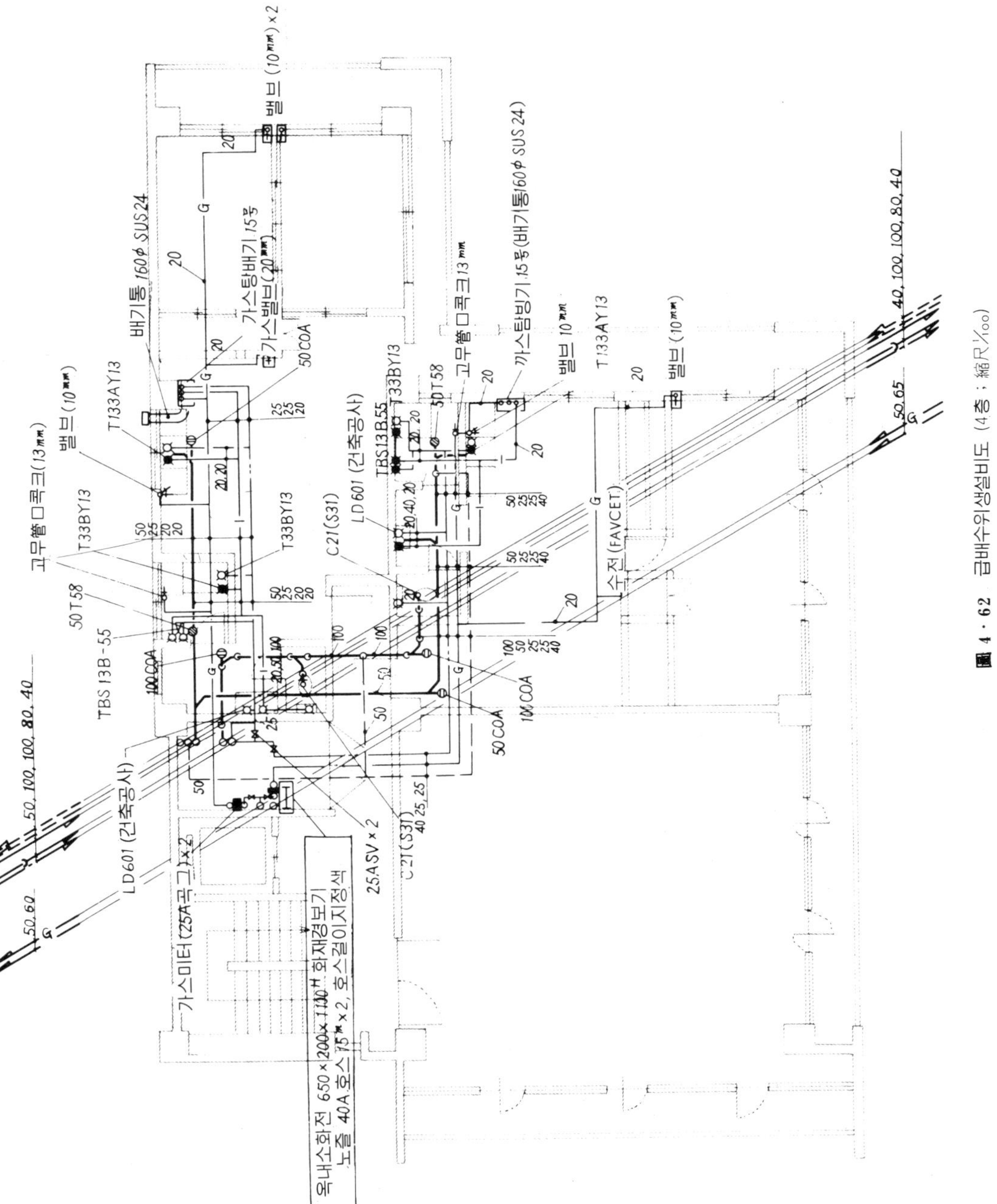

圖 4·62 급배수위생설비도 (4층 : 縮尺 1/100)

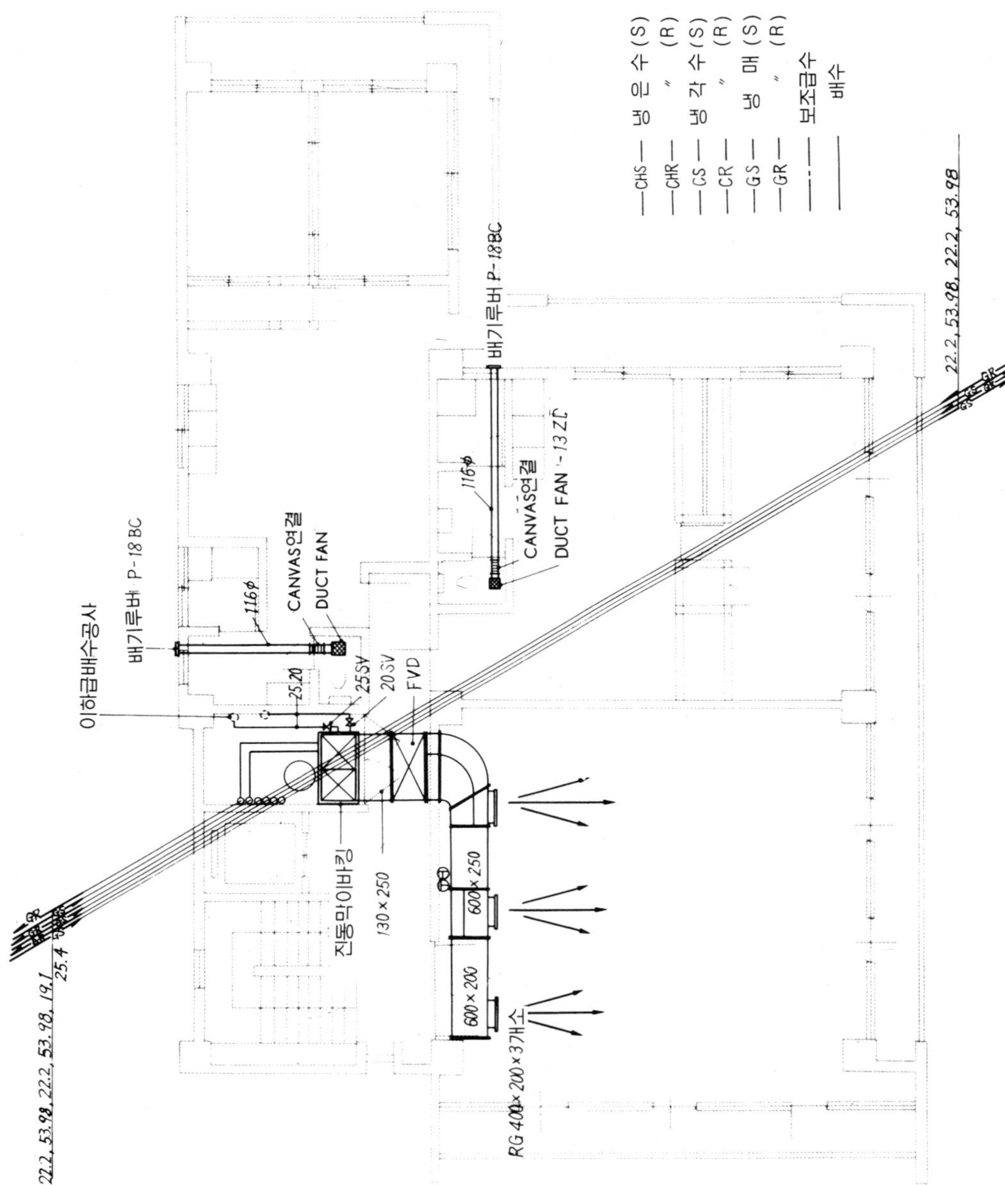

圖 4·63 空調設備·排気設備配管圖 (4층 ; 縮尺 ¹⁄₁₀₀)

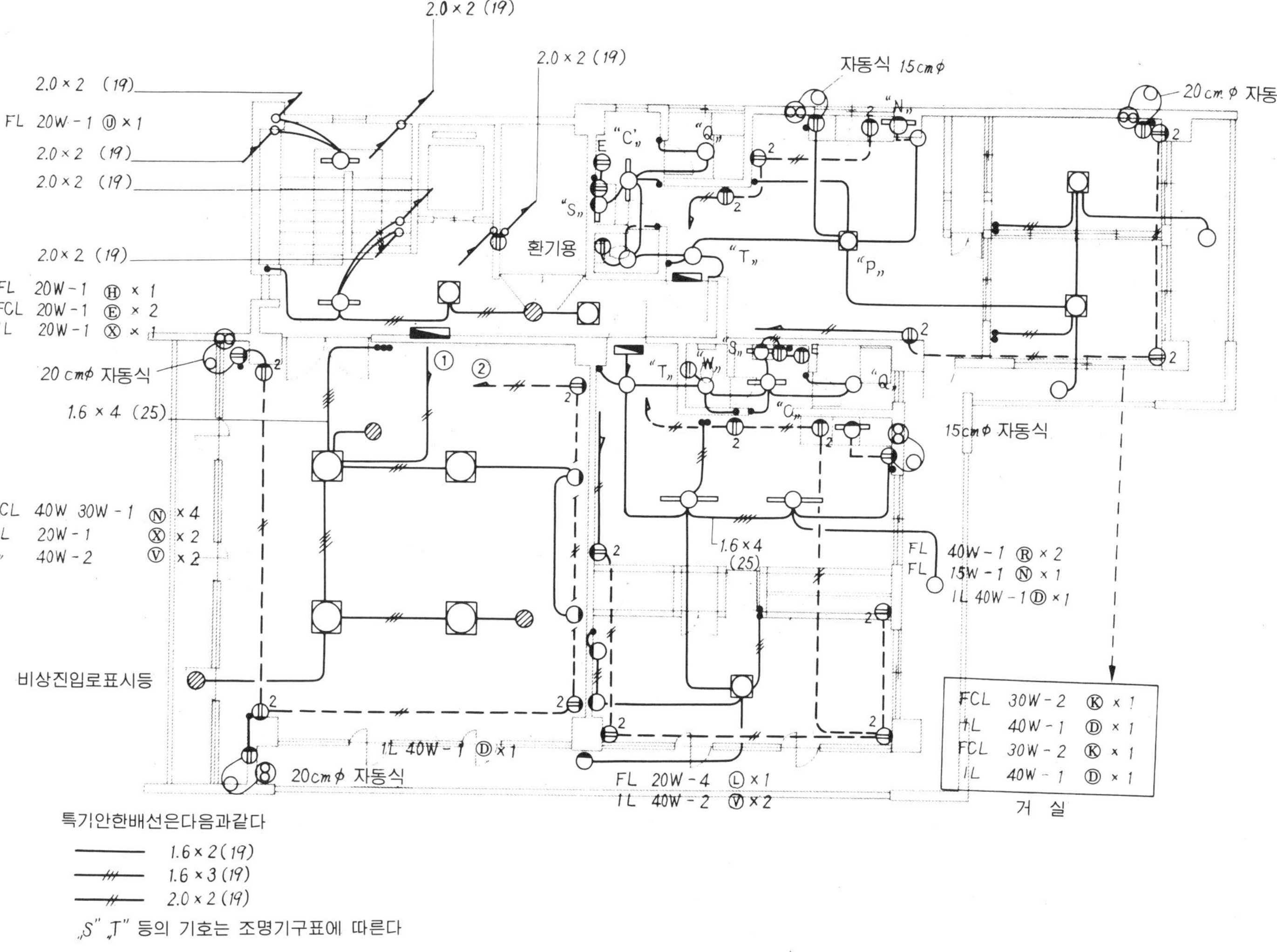

圖 4 · 64　전등배선도 (4층; 縮尺 $\frac{1}{100}$)

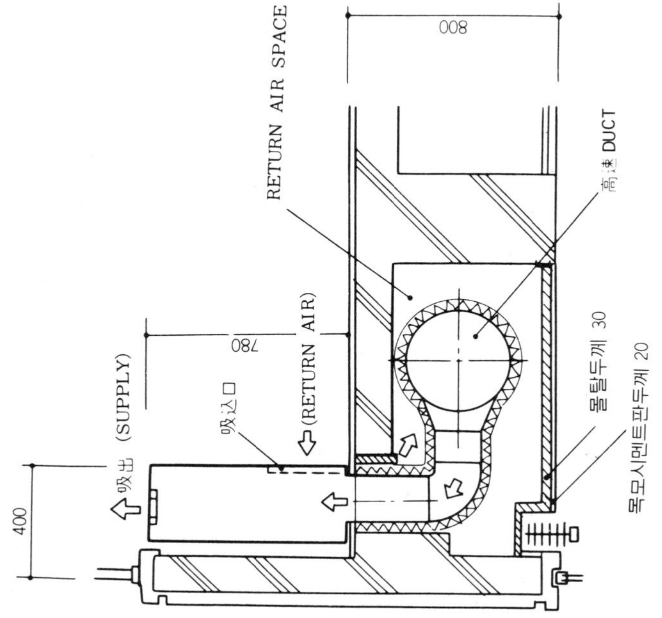

圖 4·66   INDUCTION UNIT의 주위상세

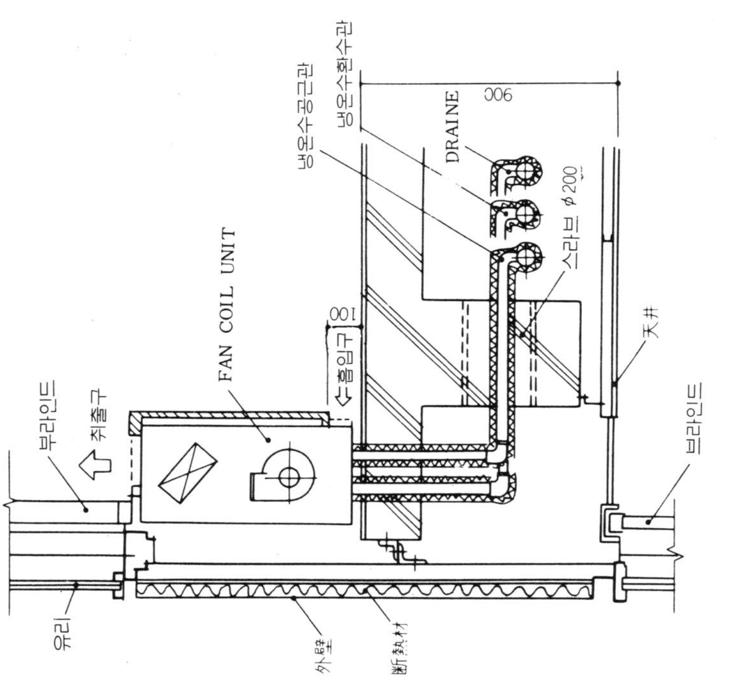

圖 4·65   FAN COIL UNIT의 주위상세

4-5 배근도와 배근 기준

배근도는 건축물 골조의 구조와 철근의 배근 및 철근의 치수, 수량, 종별 등을 표시하는 것이고 구조 계산에 의하여 산출한 콘크리트의 단면 및 철근량은 건축법 시행령 및 철근 콘크리트구조 계산기준에 맞추어 작성되며 배근조에는 아래와 같은 도면들이 있다.

① 라멘 배근 상세도

② 스라브 배근 상세도

③ 기초, 벽, 계단 배근 상세도

④ 단면표

⑤ 옹벽, 굴뚝, 닥트스페이스의 배근도

이와같이 건축물의 각부분의 배근 상태 및 콘크리트의 치수등을 상세히 표시한 도면이고 설비설계 및 설비도, 설비시공도의 작성에 필요한 도면이다.

4-5·1 배근의 기준

〔1〕 정 착

철근콘크리트 구조는 보나 기둥의 부재가 일체로 구성된 구조방식이고 이 때문에 보 끝의 철근이 **圖4·67**과 같이 기둥의 콘크리트 중에 충분히 넣어져 기둥에서 빠지지 않도록 하여둘 필요가 있다. 이와같이 한쪽 부재의 철근이 다른쪽의 부재의 콘크리트 중에 넣어서 빠지지 않도록 하는것을 철근의 정착이라 하며 철근의 정착 길이는 철근의 종별, 콘크리트의 품질등에 의하여 정한다. **표4·5**는 건축공사 표준시방서에 의한 기준이다.

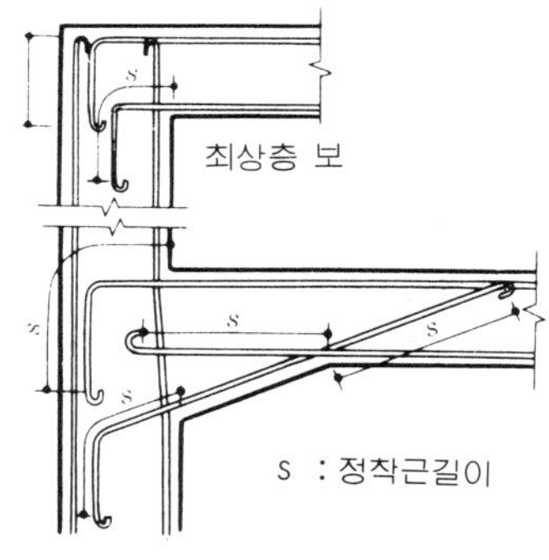

圖 4·67 정착길이

표 4·5 정착 및 이음의 최소길이

콘 크 리 트 강 도			250kg/㎠ 이하		250kg/㎠ 이상	
혹 크 의 유 무			무	유	무	유
철 근	원 형	S B C 24	—	25 D	—	20 D
		S B C 30	—	30 D	—	25 D
	이 형	S B D 24	25 D	15 D	20 D	15 D
		S B D 30	30 D	20 D	25 D	15 D
		S B D 35 S B D 40	35 D	25 D	30 D	20 D

〔2〕 이 음

철근은 한개로 된것을 쓰는것이 바람직 하지만 규격에 따라 환강의 표준길이(정척)는 보통 3.5m 에서 10m 까지의 11종이고 이중에서 적당한 길이의 것을 이어서 쓰인다. 철근의 이음은 상호의 재단을 소용되는 길이에 늘여서 단순히 포겔뿐인 겹침이음과 아크용접, 가스용접등에 의한 용접이음이 있다.

겹침이음의, 겹침길이의 기준은 표4·5에 의한다. 이음의 위치는 가능한한 응력의 큰곳을 피하고 또한 동일장소에 집중하지 아니하도록 한다.

〔3〕 구부림 (벤딩)

철근의 말단은 갈구리 모양으로 접어 굽히고 (접어 굽힌 부분을 훅(HOOK)이라부른다) 콘크리트에서 빠져나오지 아니하도록 가공한다. 철근의 종류와 사용 장소에 따라 **표4·6**과 같이 규정되어 있다.

단 이형 철근을 사용하는 경우에는 기둥, 보(지중보를 제외한다), 보의 구석부분 굴뚝을 제외하고 반드시 훅을 만들 필요는 없다.

표 4 · 6

	$r \geqq 1.5d$ (SBR 24) $r \geqq 2d$ (SBR 30)		
말 단 부	직경 16mm 이상으로 구부림 각 180°의 경우	직경 13mm 이하로 구부림 각 135°의 경우	직경 13mm 이하로 구부림 각 90°의 경우
例	보·기둥의 주근	늑근·대근	스라브근·벽근

	$r \geqq 6d$ (SBR 24) $r \geqq 8d$ (SBR 30)	
중 간 부	모든 철근에 있어서 구부림 각 90°의 경우	모든 철근에 있어서 구부림 각 90° 이하의 경우
例	보·스라브근의 정착	보의 주근의 절곡부분

〔4〕 철근의 간격과 피복두께

철근 콘크리트 부재의 철근과의 거리를 철근간격이라 하고 콘크리트 타설시의 콘크리트의 유동을 좋게 하기 위한 것이고 **圖4·68**과 같이 규정되어있다.

또, 철근은 고온에서는 항복점이나 강도가 현저히 저하하고 콘크리트의 중성화에 따라 부식하기 쉽게된다. 이 때문에 철근에 대한 콘크리트 피복의 두께를 철근의 피복두께라 하고, 화재나 콘크리트 중성화의 영향이 철근에 미치지 아니하도록 한다. 시공시의 콘크리트 유동을 생각하여 철근의 피복 두께의 최소치는 부재나 사용 장소에 따라 **표4·7**과 같이 규정한다.

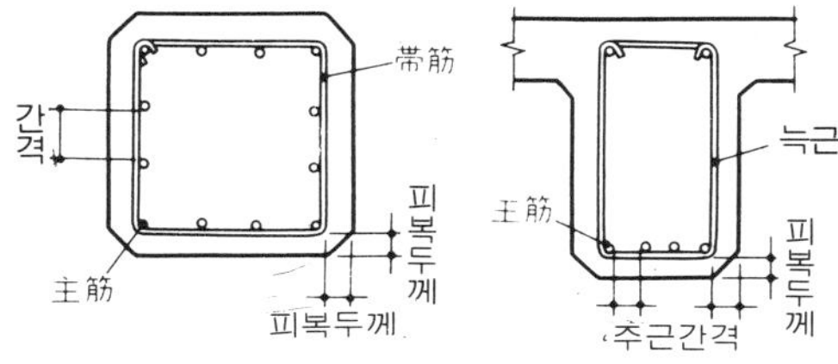

1. 使用骨材의 最大지름의 1.25倍 以上, 또는 2.5cm 以上
2. 使用鉄筋 지름의 1.5倍 以上

圖4 · 68 의 간격 및 피복두께

표4.7　철근의 피복두께의 최소치　　단위 : cm

구조부분의 종별		콘크리트의 종별		보　통 콘크리트
흙에 접 하지 아 니하는 부분	바 닥 스 라 브 지 붕 스 라 브 내력벽이외의벽	마 감 있 음		2
		마 감 없 음		3
	기　　　둥 보	옥　내	마감 있음	3
			마감 없음	3
	내 력 벽	옥　외	마감 있음	3
			마감 없음	4
	옹　　벽			4
흙에 접 하는부분	기둥, 보, 바닥스라브, 내력벽			4
	기초, 옹벽			6

4-5·2　각부의 배근 기준

보, 기둥, 벽, 바닥 각부의 치수 및 철근의 수량은 전술한 바와 같이 구조계산에 의하여 산출되는 외에 최저의 구조 기준이 정하여져 있다.

〔주〕 보의 배근

圖4·69와 같은 라멘구조의 보에는 보의 중립축 방향으로 주근을 버근한다. 중립축보다 상측을 상부조, 중립축보다 하측을 하부근이라 부르고 주로 구부

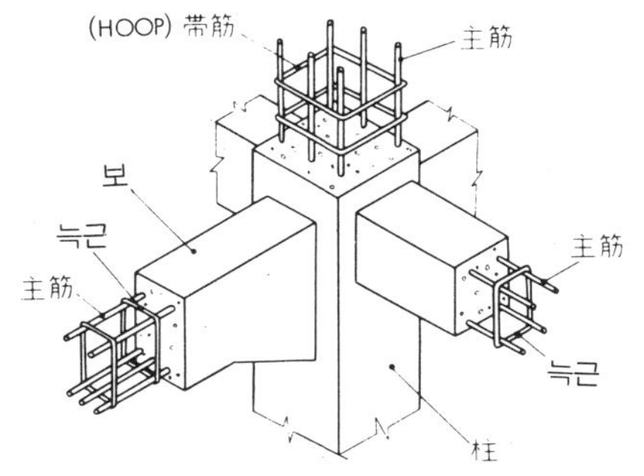

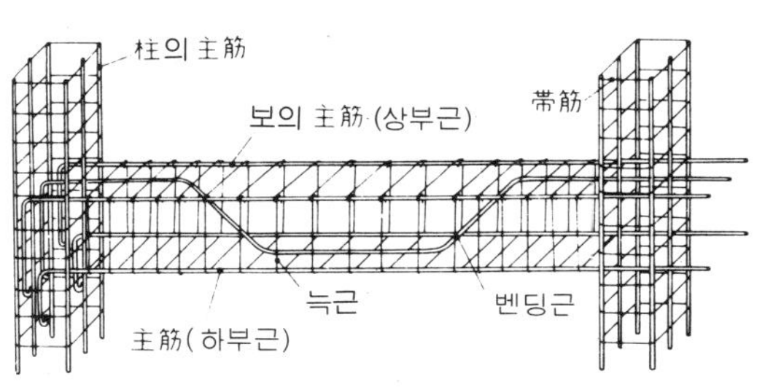

圖4 · 69　기둥보의 배근

린 모멘트에 저항한다. 구부린　모멘트에 의하여 일반적으로 중앙부에서는 하측에 양단에서는 상측에　인장력이 생기는 것이 보통이다. 콘크리트는　인장력에 약하으로 인장력이 생기는 부분에는 반드시 철근을 배치하여 인장력을 부담시킨다. 이 때문에 **圖4·70**과　같이 보 중앙부와 단부에서는 배근 상태가 달라지는 것에 주의한다.

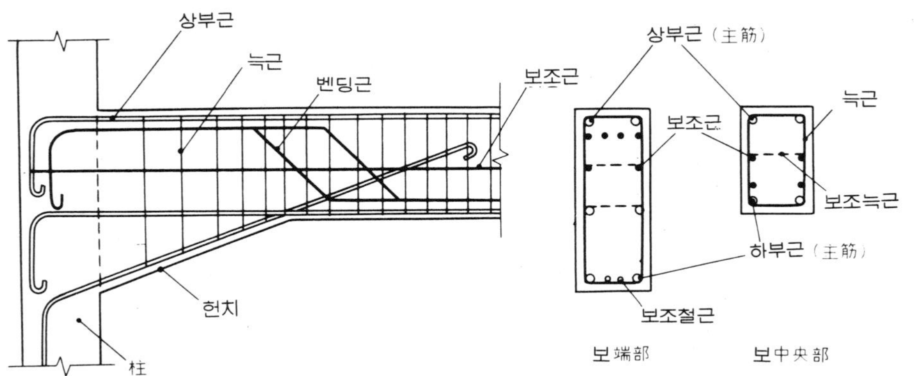

圖 4 · 70　보의 配筋

　다시 주근에 대하여 직각방향의 철근을 늑근이라 하고 보에 생기는 전단력에 대하여 저항시키기 위하여 배치한다. 주근 및 늑근의 구조계산에　의하여 그수량,굵기,　간격은 산출되지만 계산이외의 규정은 다음과 같다.

가) 장기하중을 받을 때 正·負 최대 휨모우먼트가 작용하는　부분의 인장철근 단면적은 0.004bd, 또는 존재응력으로 인하여 필요로 하는 양의 4/3배 중 작은 값 이상으로 한다.

나) 주요한 보는 전 스팬을 복근으로 한다.

다) 주근은 12 ϕ 또는 D 13 이상으로 한다.

라) 주근의 순간격은 특별한 경우를 제외하고 다음 값 이상으로 한다.

　　① 2.5 cm 이상

　　② 공칭직경의 1.5배 이상

마) 주근의 배치는 특별한 경우를 제외하고 2 단 이하로 한다.

바) 철근의 피복두께는 3 cm 이상으로 한다.

〔2〕 **기둥의 배근**

　기둥은 재축방향으로 주근을 배근한다. 주근은 재축방향의 구부림　모멘트에 저항하므로 중심축에 대하여 대칭으로 배근한다. 또 기둥에 생기는 전단력에 대한 보강과 함께 주근의 위치를 고정하고 압축력 때문에 주근이 삐져 나오는 것을 막기 위하여 배근을 배치한다. 단면이 큰 기둥에는 배근 수단마다 보조대근을 넣는다 원형단면의 기둥에는 대근 대신에 나선형의 철근을 감은 나선근을 쓰는 경우도 있다 (圖**4·71**).

계산외의 규정은 다음과 같다.

가) 기둥의 단면 최소치수는 20cm 이상이고, 최소단면적은 600㎠ 이상으로 하여야 한다. 다만, 창문틀 기둥은 제외한다.

나) 기둥의 주근은 13mm이상으로 하고 주근의 갯수는 장방향 기둥은 최소 4개이상, 원형기둥은 6개이상이어야 한다.

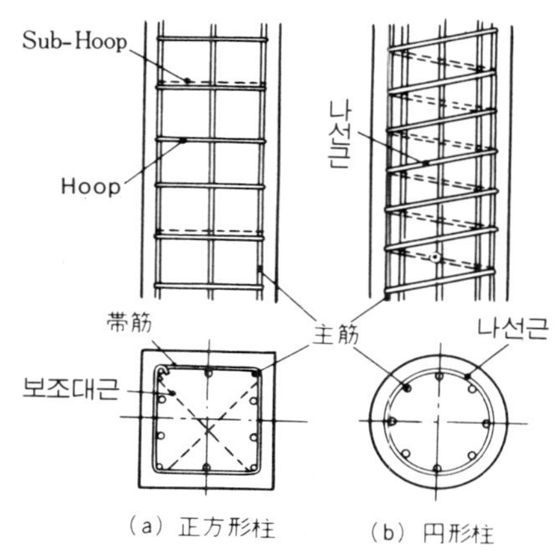

圖 4·71 柱의 配筋

다) 기둥의 최소 및 최대철근비는 최소폭과 유효높이의 비 h/D 및 콘크리트의 강도에 따라서 다음 표와 같이 한다. 다만, h/D 의 값이 Table 6—1의 중간치일 때는 직선보간에 의하여 최소철근비를 산정할 수 있다.

表 4 · 8

h/D	최소철근비
≤ 5	0.4 %
>10	0.8 %

表 4 · 9

콘크리트의 종류	최대철근비
$F_c < 180\mathrm{kg/cm^2}$	4 %
$F_c \geq 180\mathrm{kg/cm^2}$	6 %

라) 띠철근은 직경 6mm이상의 철근을 쓰며 띠철근의 간격은 다음 값중 작은 것으로 한다.

① 축방향 철근 직경의 16배

② 띠철근 직경의 48배

③ 기둥의 최소폭

④ 30cm

다만, 기둥의 上·下단에서 기둥 최대폭의 길이 부분 사이의 띠철근 간격은 위의 값의 $\frac{1}{2}$로 한다.

마) 나선철근은 직경 6mm 이상의 철근을 쓴다. 나선철근의 정착길이로서 이음과 目比端에서는 1.5회로 여분으로 감는다.

나선철근의 간격은 다음 값 이하로 한다.

① 8 cm

② 기둥유효직경의 $\frac{1}{6}$

그리고 다음 값 이상으로 한다.

① 3 cm

② 굵은 골재의 1.5배

바) 철근의 피복두께는 3 cm 이상으로 한다.

〔3〕 스라브의 배근

　장방형 스라브의 단변방향의 철근을 주근이라 하고 (**圖 4·72, 73**) 장변 방향의 철근을 배력근이라 한다. 스라브는 보와 마찬가지로 구부림　모멘트를 받음으로 주근 및 배력근도 중앙부에서는 하단에 배치하고 단부에서　구부리는 위치는 각 방향 모두 단변 방향의 길이 l_x에 ¼의 위치로 한다. 주근　및 배력근 함께 ϕ 9　D 10 이상으로 하고 ϕ 12　D 13을 혼용하면 좋다. 철근의 간격은 보. 기둥과 마찬가지로 계산에 의하는 외에 **표 4·10**의 규정에 의한다.

表 4·10　스라브配筋의 規準

스라브引張鉄筋의間隔	短辺方向	20cm 以下, 지름 9mm 未満의 용접철망사용 에는 15cm 以下
	長辺方向	30cm 以下, 또한 스라브두께의 3倍 以下, 지름 9mm 未満의 용접철망사용 에는 20cm 以下

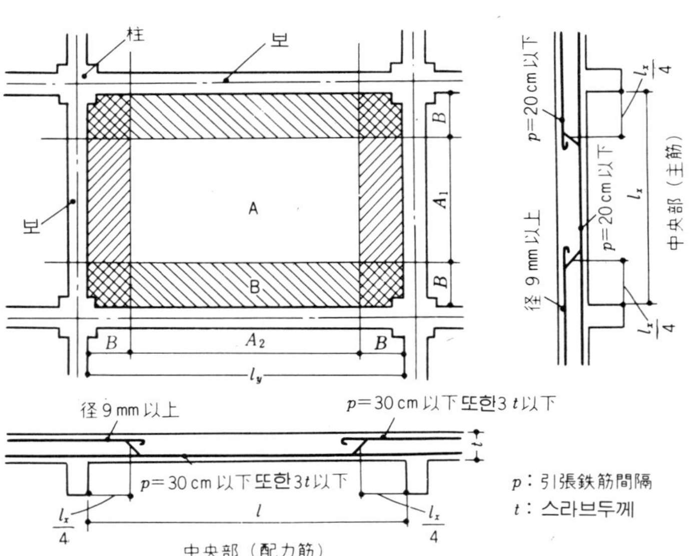

圖 4·72　스라브配筋

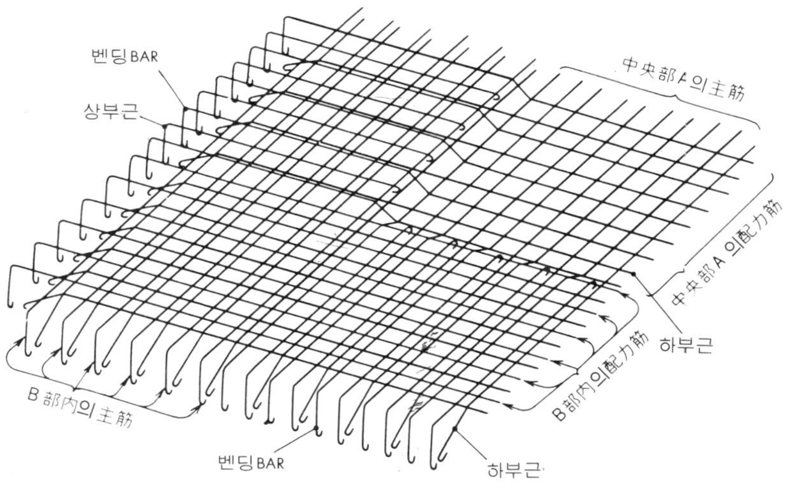

圖 4·73 스라브의 철근배근도 이음 위치

〔4〕 내진벽의 배근

　　내진벽은 지진력등의 수평하중을 부담하는 것이고 벽두께는 12㎝ 이상으로 하고 보통 종근과 횡근을 격자상으로 짠다. 벽두께가 엷은경우에는 벽심을 끼고 일면으로 짠 단조식으로 하나 두꺼운 경우에는 벽심을 끼고 이중으로 짠 복근식으로 한다. 철근은 ϕ 9이상의 것을 쓰고 그 간격은 단근의 경우는 30㎝이하로 하고 복근의 경우에도 한쪽 45㎝를 넘지 아니하도록 배근한다. 이밖에 벽면의 대각선 방향에 사근을 넣고 연성을 증대시키는 경우도 있다. 또 개구부를 만들때에는 **圖 4·74**와 같이 주변 및 구석에 ϕ 13이상의 철근을 보강한다.

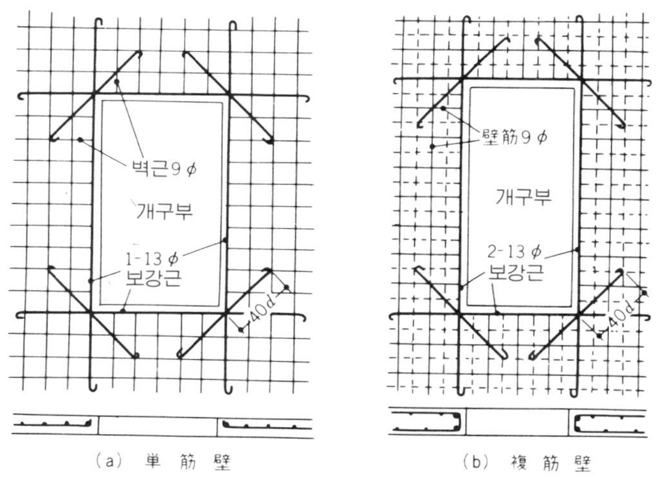

圖 4·74 開口部 주위의 配筋例

4-5·3 배근도의 요점

〔1〕 철근의 표시법

한건물에 사용하는 철근의 종류는 시공상으로 보아서도 가급적 적게 한다. 배근도 혹은 구조도에 철근을 표시하는 경우는 **圖4·75**와 같이 대체로 3종류 정도로 구분하여 표현하지만 틀리지 않을 경우에는 굵은 철근을 **圖**와 같이 복선이 아닌 굵은 단선으로 그릴수도 있다.

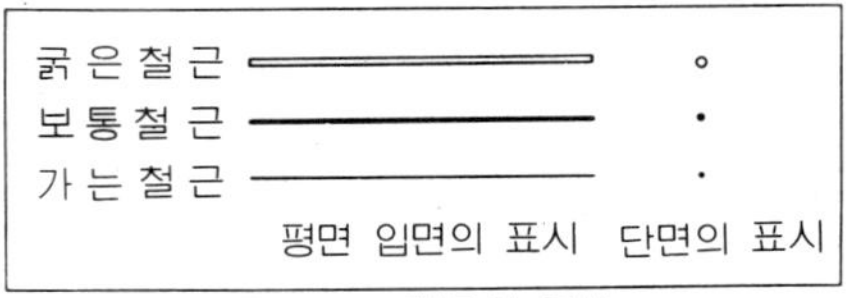

圖 4 ·75 철근의 표시

철근의 혹, 중간부의 구부림, 이음 및 정착은 모두 배근 규정에 의하여 시공도를 그려서 표시한다. 용접 이음을 사용할때에는 ——●—— 혹은 ——✕—— 의 기호를 쓰고 철근의 용접 위치가 도면에 표시된다.

철근의 치수표시는 환강은 ϕ을 이형 철근은 D의 기호가 쓰이며 그 뒤에 사용하는 철근의 지름이 표시된다. 또 같은 굵기의 철근을 여러개 줄세워 놓을 경우에는 ϕ 또는 D의 앞에 본수와 수량을 쓰고 4—ϕ16(16mm의 환강, 4본 사용), 6—D10(지름 10mm의 이형 철근 6본 사용) 등이라 표시된다.

더욱 혹의 내경 이음의 길이, 정착길이, 구부림, 반경등은 배근 규정에 따라 공작됨으로 특별한 경우를 제외하고 도면상에는 도시 되지 않는다. 이들은 보통 시방서 도면 내에 주기로서 표시된다.

〔2〕 부재단면의 표시

단면의 윤각은 구조계산상의 단면치수에 의하여 표시된다. 따라서 상세도나 주단면도에 있는것과 같이 마감재료의 두께는 쓰지 않는다. 철근의 표시법은 **圖4·76**의 방법에 의하고 있다.

늑근이나 대근, 보강근등은 가는 실선으로, 폭마감근 등은 파선으로 표시한다. 이들의 보강근은 동일직경(ϕ 9 또는 ϕ 13등)으로 통일되는 경우가 많음으로 거개의 도면에 보강근의 치수를 표시하지 아니하고 도면중에 주기사항(예를들면 늑근 ϕ 13, 대근 9를 사용)으로 하여 표시되는 경우가 많다.

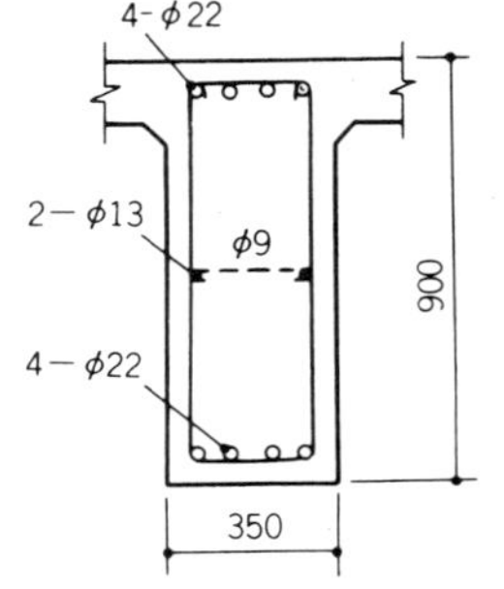

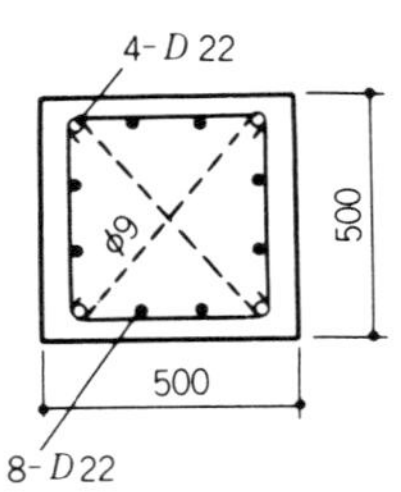

圖 4 · 76 斷面의 表示

4-6　구조상세도

4-6·1　라멘배근도

라멘 배근도는 기초 밑에서 옥상 스라브 상단까지의 라멘배근도이고 기초, 지중보, 기둥, 큰보, 적은보 등의 모양과 철근이 표시된다. 축척은 $\frac{1}{20}$ 또는 $\frac{1}{50}$이 많다. 또 라멘배근도는 철근콘크리트구조의 구체가 되는것으르 라멘배근도는 다음것이 표시된다.

① 기준 지반면에서 1층 상단까지의 치수

② 각층 스라브 상단간의 치수(각층의 높이의 기준이 된다)

③ 옥상스라브에서 파라펠 상단까지의 치수(기준 지반면에서 파라펠 상단까지의 치수가 건물의 총높이가 된다)

④ 스판, 기둥, 보의 단면치수, 철근의 치수

⑤ 늑근 대근의 간격 및 치수

⑥ 기타 공통사항으로서의 특기 주의사항

높이에 대하여는 라멘배근도는 콘크리트면에서 상층의 구조체까지의 치수가 표시되어 있으므로 주단면도와 구조상세도와 같이 마감두께(벽, 바닥 등의 마감재료의 두께)를 가상한 치수와 달라지므로 주의해야한다.

단면표는 단면 리스트라고도 불리며 기둥보등의 단면치수, 철근량 등을 표시한 것이고 철근콘크리트구조 특유의 도면이다(**圖4·78**).

이 단면도에 **圖4·79**와 같이 각층(기본복도 포함)의 보복도를 그리고 기초, 기둥, 보, 스라브등의 배열을 표시하고 여기에 약기호를 붙여서 단면의 표시 또는 각종의 구조도와의 관련을 가지게 하므로써, 복잡 다양한 도면을 보기 쉽고 또한 읽기쉽게 되어 있다.

철근 콘크리트구조의 각부재의 약기호는 다음과 같다.

C : 기둥　　**G** : 큰보　　**B** : 적은보　**F** 기초

S : 스라브　**W** : 벽　　**FG** : 지중보

각기호 공히 여기에 층의 위치 및 종류를 나타내기 위하여 $_2C_1$, $_2G_3$ 과 같이 표시하고 좌하에 부기된 기호 또는 수치는 층의 위치 우하에 부기된 기호 또는 수자는 보복도와 관련하여 그종류를 표시할 경우도 있다. 층의 위치의 약기호는 다음과 같다.

B : 지층　　1, 2 : 1층, 2층　　**R** : 옥상층　　**P** : 옥탑

圖4·77~84는 사무소, 주택병용건축(P 46)의 구조상세도이다.

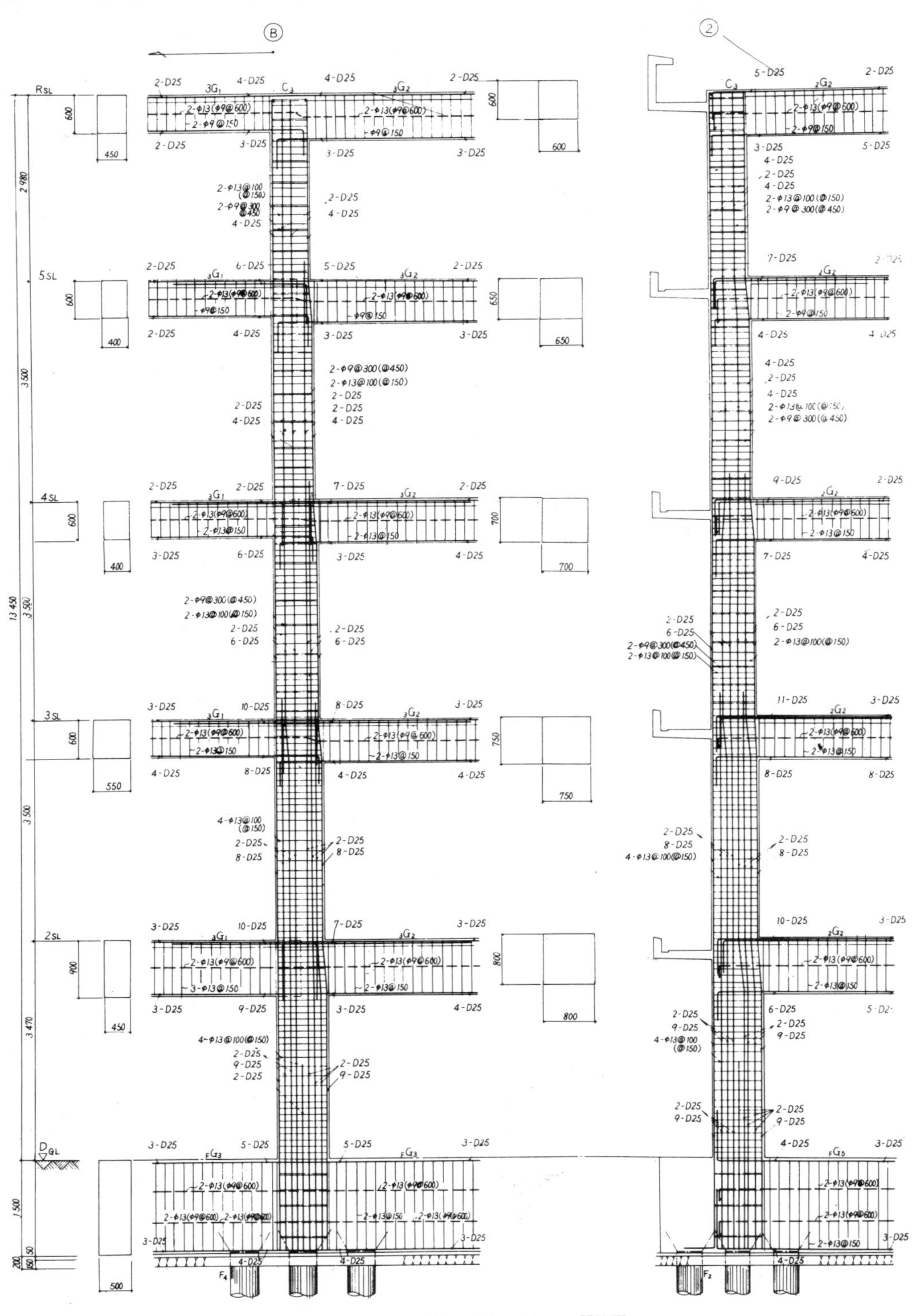

圖 4·77   라멘 配筋圖

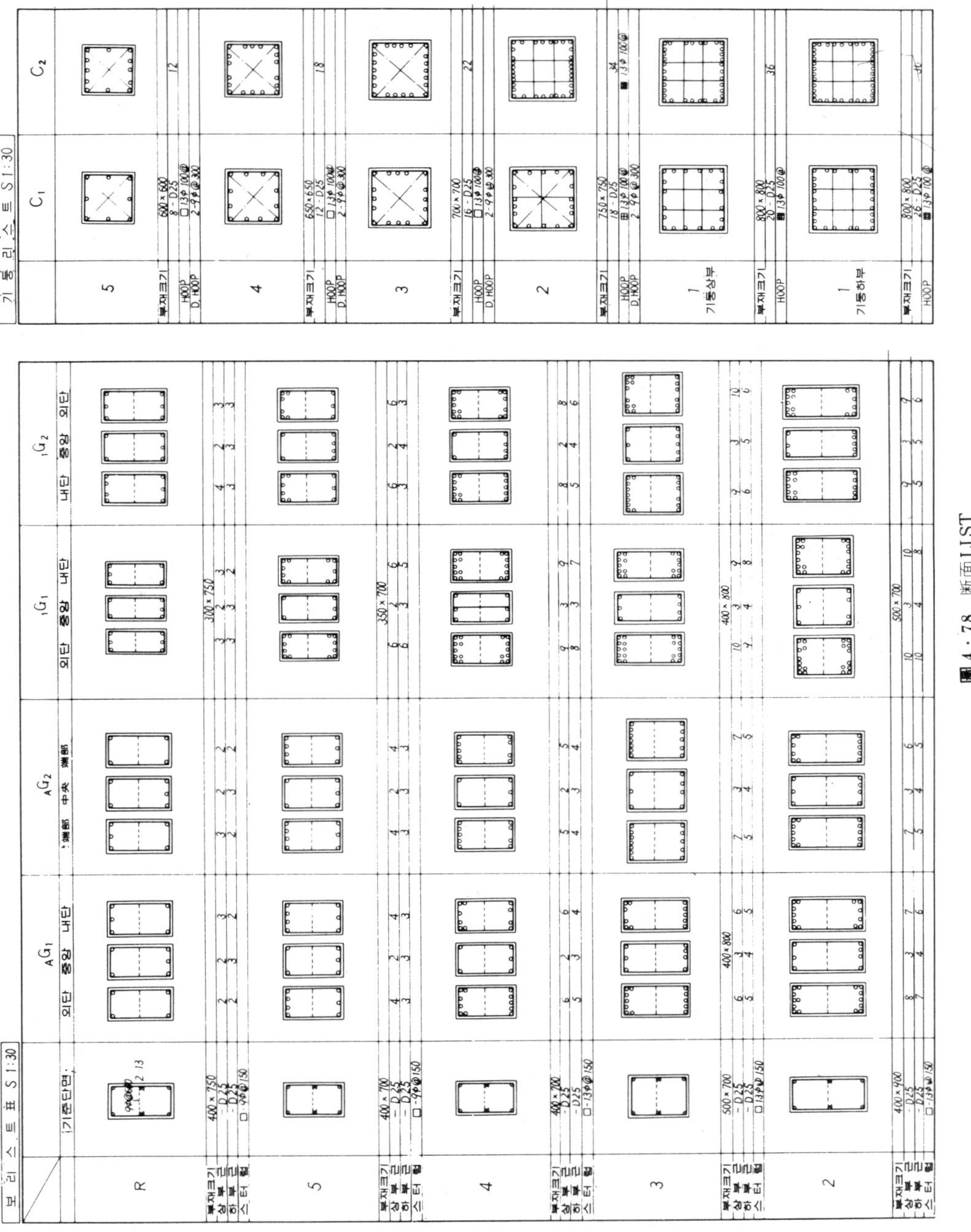

圖 4·78 斷面 LIST

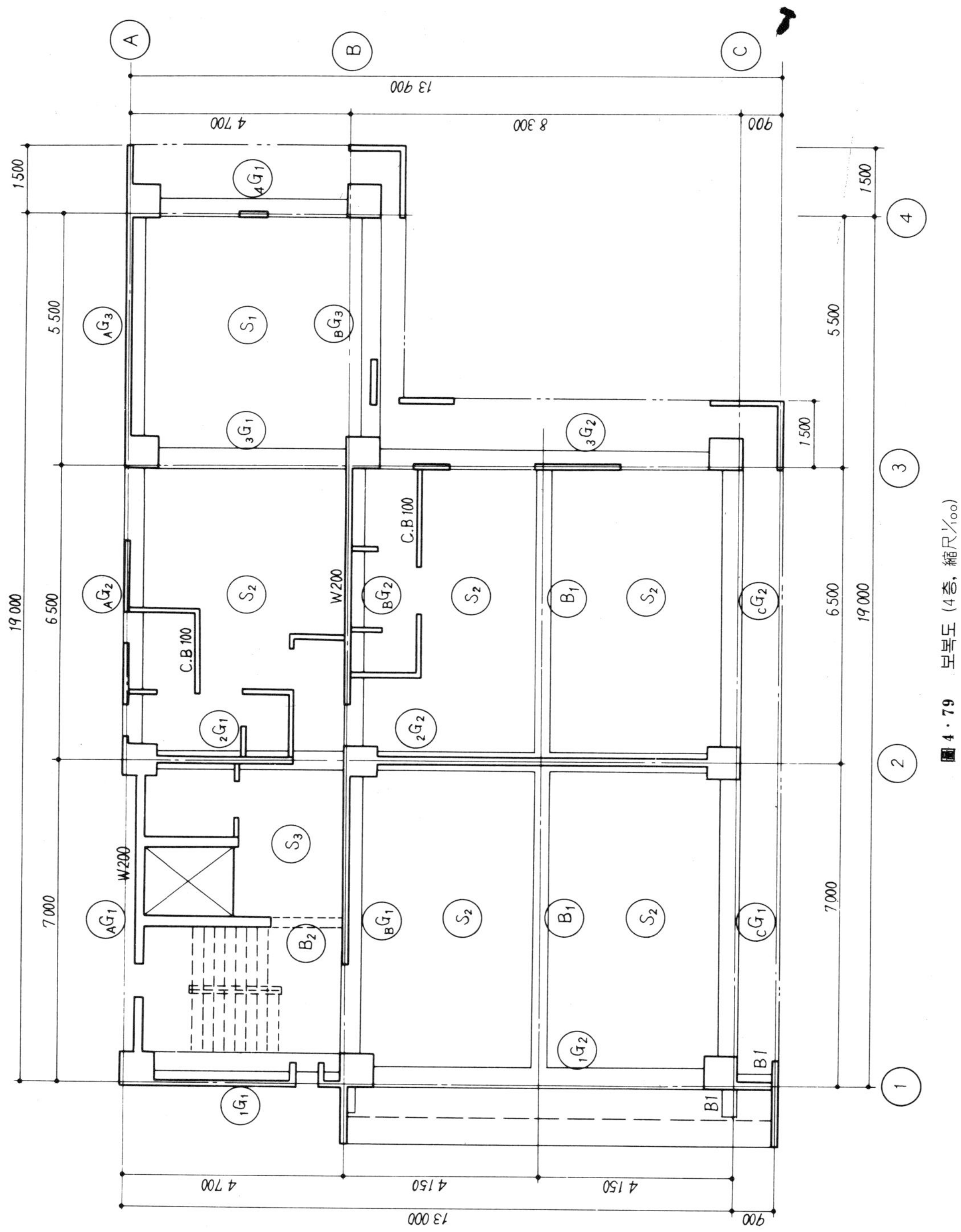

圖 4 · 79　보복도 (4층, 縮尺 1/100)

4-6·2 스라브 배근 리스트

스라브 배근도 리스트는 **圖4·80**과 같이 스라브 배근을 도시한 것이다. 4변고정의 스라브 배근은 종횡 공히 중심축에 대하여 대칭이 되는것이 보통이고 중심선을 경계로하여 단변방향, 장변방향을 중심부에서 절단하여 단면의 배근이 도시되며 축척은 $\frac{1}{20} \sim \frac{1}{100}$이 쓰인다.

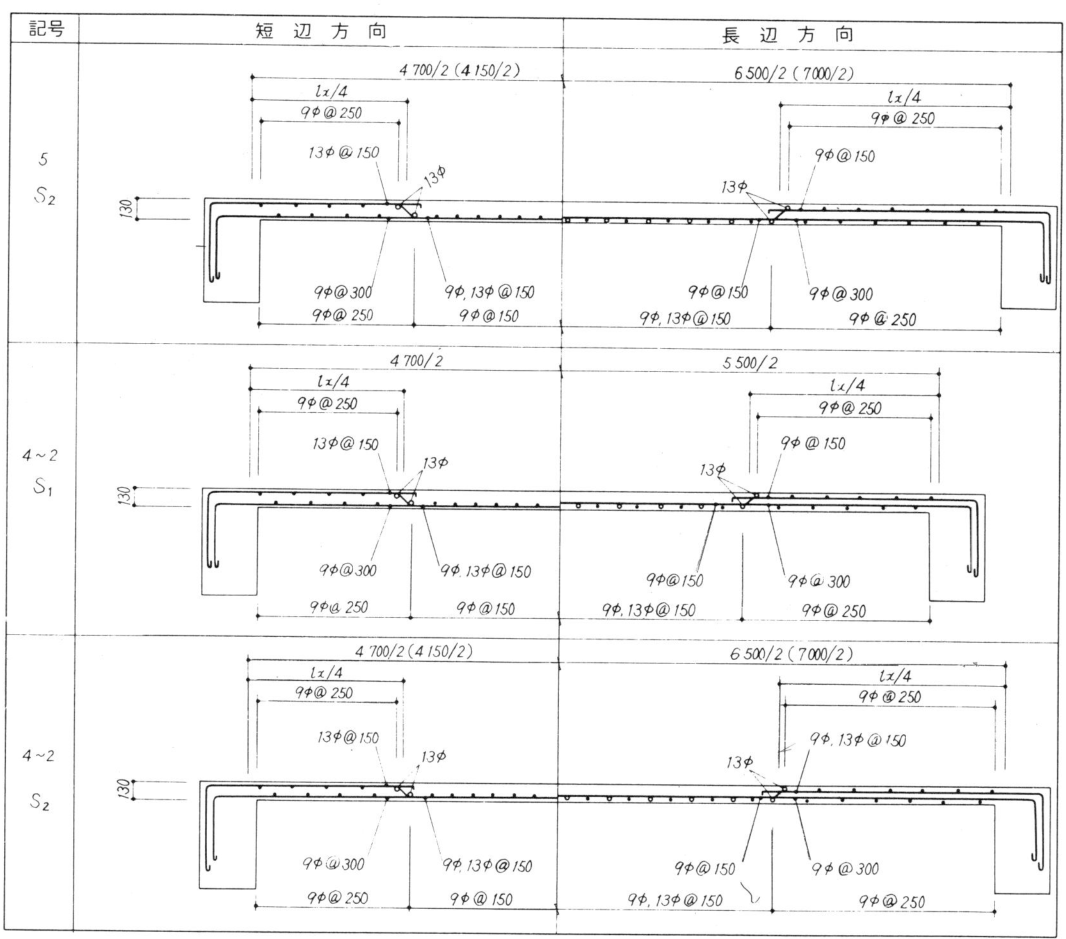

圖4·80 스라브 배조도.

4-6·3 기초복도 기초배근도

기초복도는 바닥복도와 같이 지중보, 말뚝, 바닥스라브의 배치의 상태
와 크기가 도시되고 여기에 부호 번호를 붙여서 다른 상세도와의 관련을 쉽
게 알아볼 수 있게 한 도면이다 (**圖4·81**)

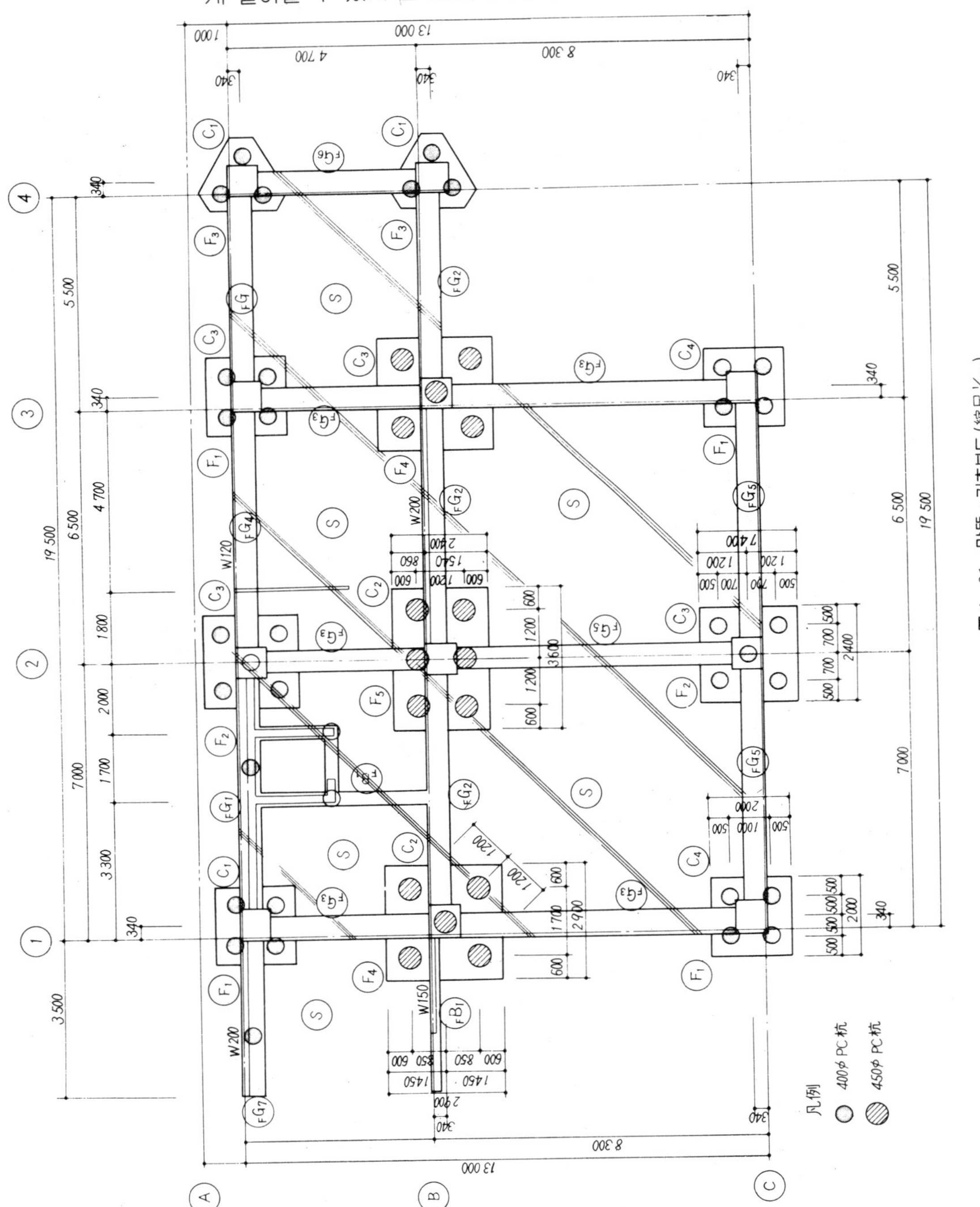

圖 4·81 말뚝·기초복도 (縮尺 ¹⁄₁₀₀)

기초배근도는 기호의 배근상태를 도시한 것이고 평면도와 단면도에   의하여 철근의 치수 간격이 도시된다. 보통 평면도는 기초의 하측근은 실선으로 바구니형 배근의 상측근은 파선으로 표시된다. 이밖에 지중보,   기초공사의 말뚝 버림 콘크리트 잡석등의 치수 간격이 표시된다 (**圖4·82**). 축척은 딴 도면과의 관련을 고려하여 $\frac{1}{20}\sim\frac{1}{50}$ 정도가 많다.

또한 기초의 모양을 건물의 규모 더우기 지반의 경연에 의하여 독립기초, 복합기초, 연속기초, 말뚝기초 및 특수기초 등이 있다.

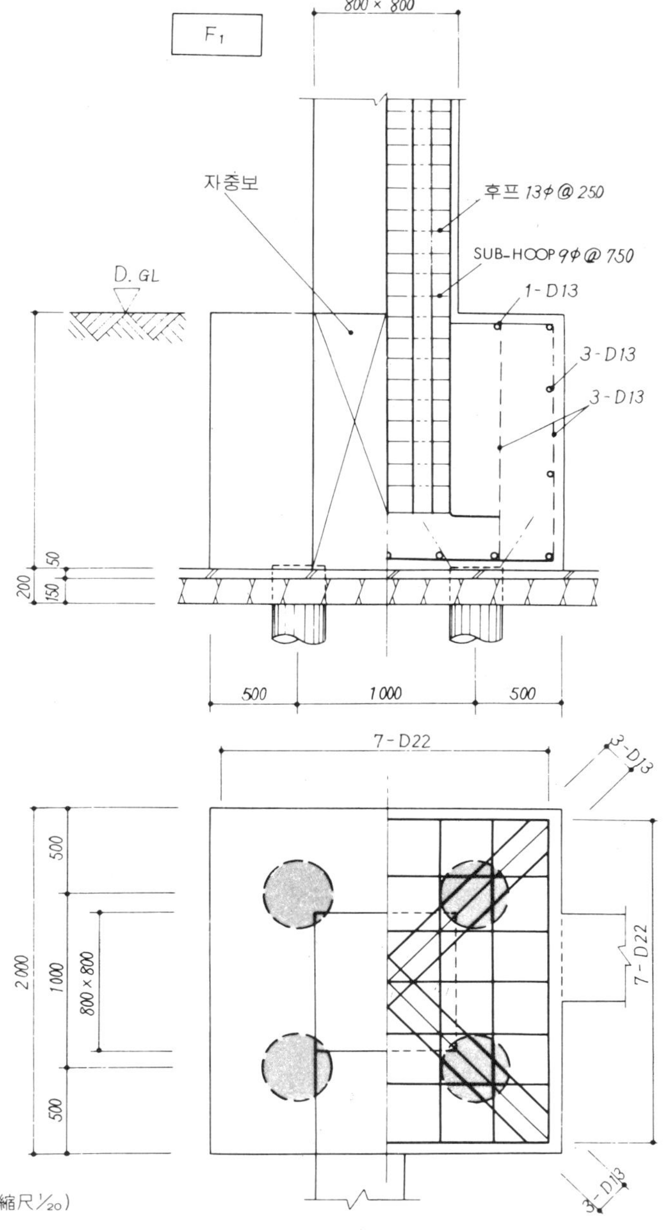

圖4·82 基礎詳細圖 (縮尺 $\frac{1}{20}$)

4-6·4 벽배근 리스트

전술한 라멘배근도에 병기하는 경우도 있지만 **圖 4·83**과 같이 벽의 배근상태가 도시되고 특히 개구부 주위는 보강근의 삽입상황이 명시된다. 벽두께가 두꺼운 경우는 복근이 된다. 도면에는 벽두께, 철근치수, 간격, 기타 필요한 치수가 도시된다. 축척은 ½₀∼⅕₀이 많다.

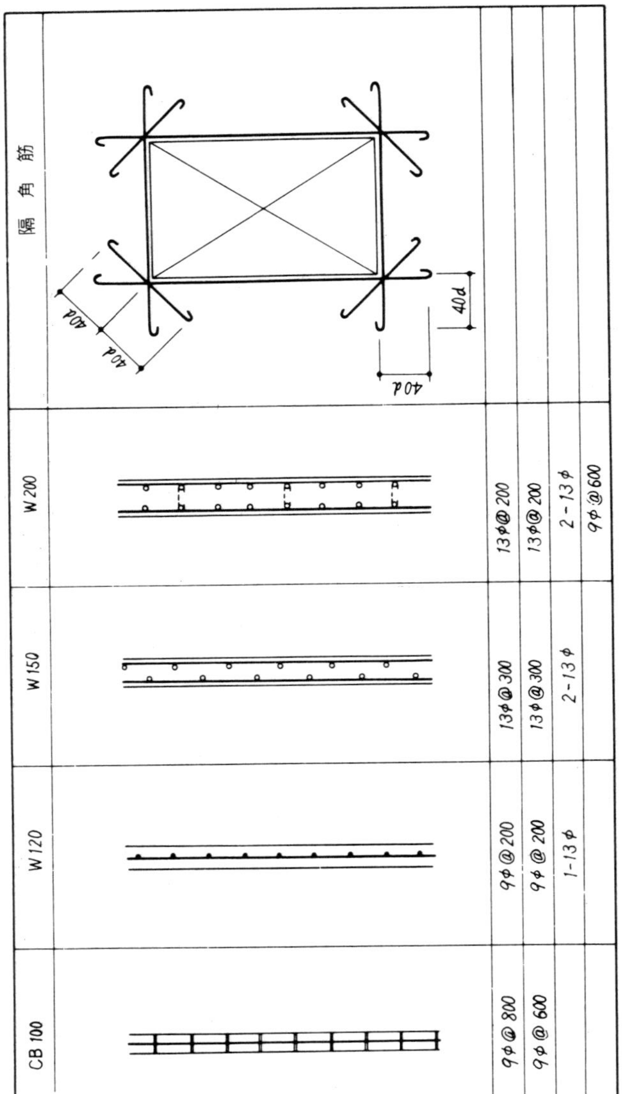

記 號	CB 100	W 120	W 150	W 200	隅角筋
수직근	9φ@800	9φ@200	13φ@300	13φ@200	
수평근	9φ@600	9φ@200	13φ@300	13φ@200	
보강근		1-13φ	2-13φ	2-13φ	
보조보강근				9φ@600	

圖 4 · 83 壁斷面表 (縮尺 ¹⁄₃₀)

4-6·5 계단배근도

계단의 형식에 따라 그 배근법은 다소 차이가 있으나 일반적으로 스라브 배근과 같은 생각으로 계단스라브의 배근상태가 도시되고 계단스라브 두께 철근치수 간격등이 표시된다(**圖4·84**). 축척은 ⅟₂₀～⅟₅₀이 많다. 철근콘크리트 구조의 계단형식은 **圖4·85**와 같이 각종이 있다.

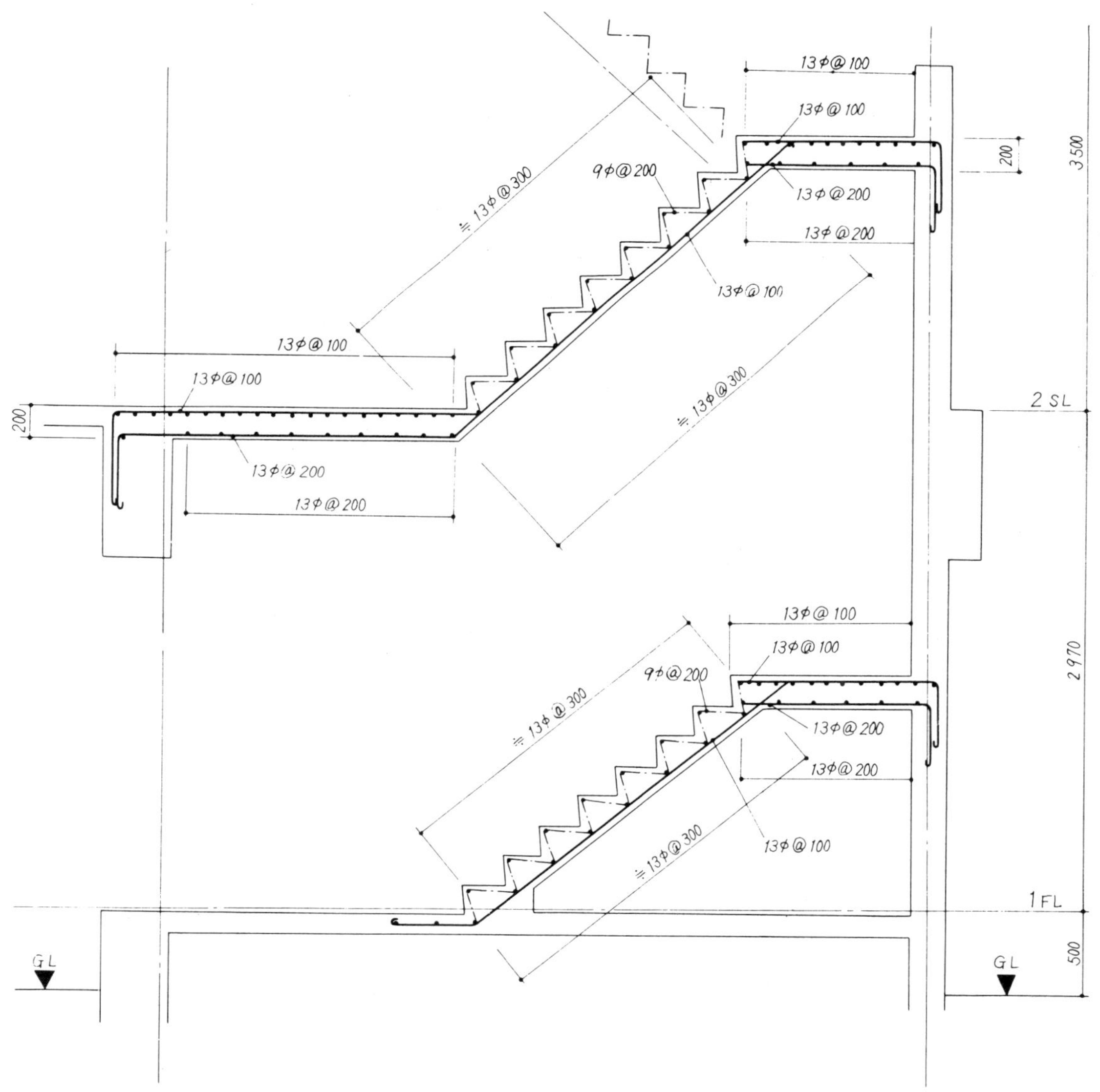

図 **4·84** 階段配筋圖 (縮尺⅟₂₀)

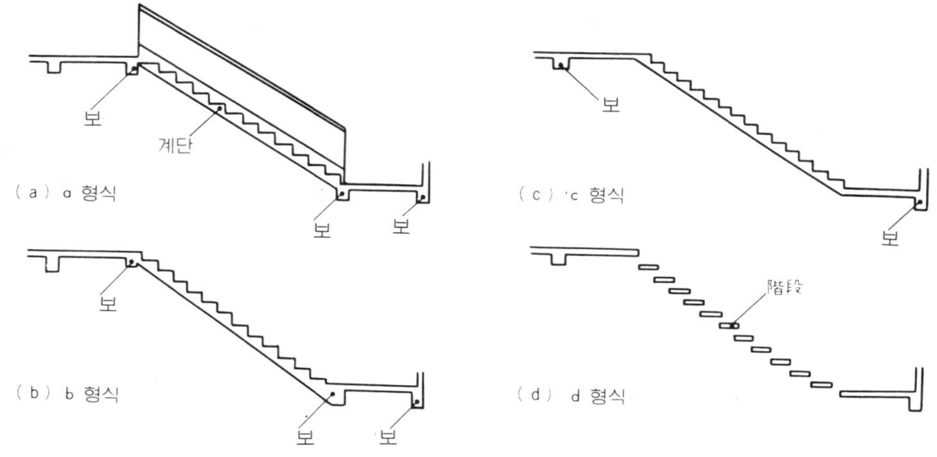

圖 4·85 階段의 形式

4-6·6 보 관통구멍의 보강

건축물의 벽, 바닥, 보등을 관통하여 배관하는 경우 미리 스리브를 넣어서 공사를 진행하지만 관통공이 한곳에 2개이상 또는 1개라도 큰 구경의 스리브를 넣을 때에는 구조체를 보강하지 아니하면 안될 수가 있기때문에 전술한 각부의 배근도를 검토하고 건축관계 공사자와 잘 타협할 필요가 있다. 특히 보를 관통하는 경우는 원칙으로 **圖4·86**과 같이 사선간의 위치에 정하고 스리브의 최대구경 D 는 보높이 H의 ⅓ 이하로 하고 중심보다 상부에 넣는 것이 좋다. 이와 같이 큰보를 관통하는 경우에는 관통부를 철근으로 충분히 보강할 필요가 있으므로 사전에 건축구조계산 담당자와 설계단계에서 타협하여

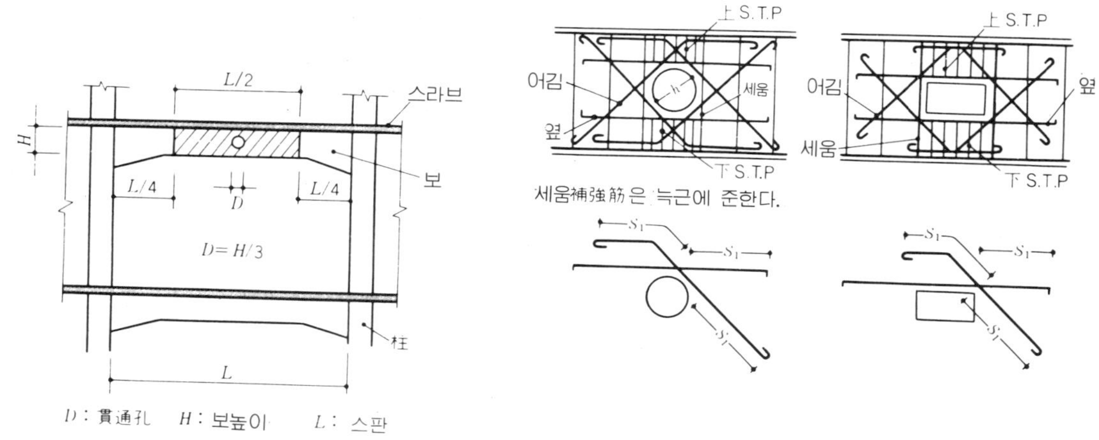

圖 4·86 보貫通孔의 位置   **圖 4·87** 貫通部의 補強

보강대책을 충분히 검토하여 두어야 한다. 보관통부의 보강은 **圖4·87**에 의하지만 또는 **표4·11**의 보강기준에 의한다.

표 **4·11** 보강의 기준

($h \leqq D/3$,   보폭 $\leqq 400$)

配筋 種別	適 用 範 圍	孔 周 補 強 筋	配　筋　図
A 1	$h \leqq 100$	경 사　　2-2-D13 수 직　　2-2-D13 가 로　　철근필요없음 上下 S.T.P 없 음	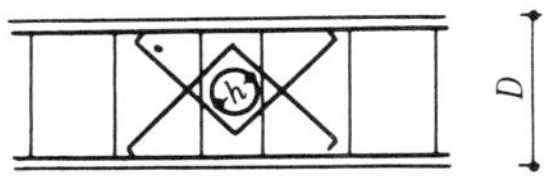 多孔並列의 경우 수평 2 - 2 - D13
A 2	$100 < h \leqq 200$	경 사　　4-2-D13 수 직　　2-2-D13 가 로　　2-2-D13 上下 S.T.P　3-2-D13	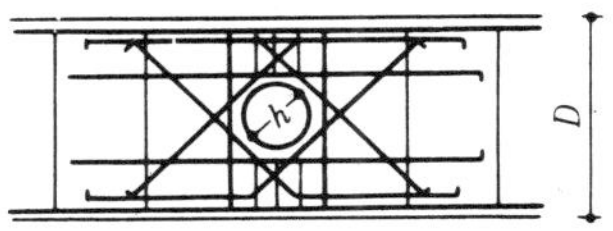
A 3	$200 < h \leqq 300$	경 사　　4-2-D16 수 직　　2-2-D16 가 로　　2-2-D13 上下 S.T.P　4-2-D13	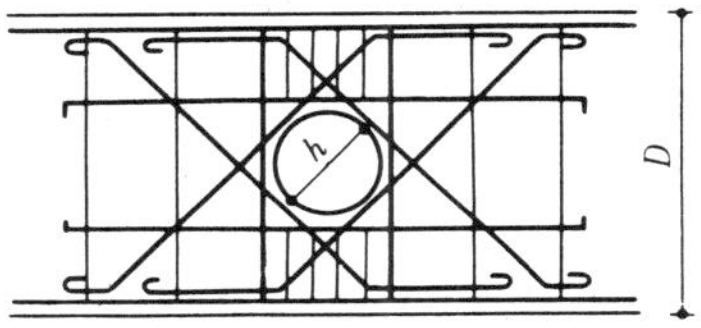
A 4	$300 < h \leqq 400$	경 사　　4-2-D19 수 직　　2-2-D19 가 로　　2-2-D16 上下 S.T.P　6-2-D13	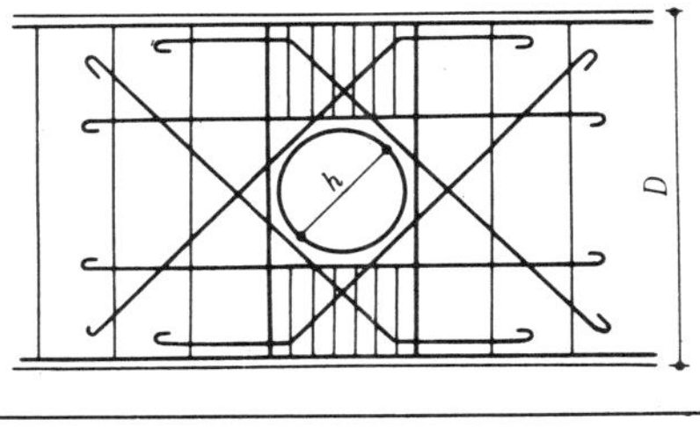

5장

철골구조도의 보고 익히는 법

철골구조의 구조방식은 트라스방식과 라멘방식으로 대별할 수 있고 전자는 주로 공장체육관 격납고 창고등의 대공간을 필요로하는 건축물에 후자는 사무소건축을 위시하여 각종 용도의 건축물에 쓰이고 있다. 설계 및 시공에 있어서는 철근콘크리트구조와 마찬가지로 건축법과 대한건축 학회 「강구조계산기준」 및 「건축공사표즌시방서」에 의한다.

철골구조는 강재의 강도가 크고 탄성이 많으며 질긴 특성을 이용한 구조법이고 철근콘크리트구조에 비하여 중량이 가벼워지며 내진적 구조로 만들어진다. 반면 강재는 녹슬기 쉽고 열에 약한 결점을 가지고 있고 건축물의 규모용도에 따라서는 강재를 내화 피복하지 않으면 안된다.

본장에서는 라멘방식에 의한 건축물을 중심으로 구조도의 요점에 대하여 설명한다.

5-1 강재의 모양과 성질

　　보통 철골구조에 쓰이는 강재는 주로 일반구조용 압연강재이고 봉강·평강·형강·강판이 있고 이밖에 경량형강 강관등이 있다. 이 강재를 써서 구조물이 만들어진다. 종래 가장 널리 쓰이고 있는 형강 및 경량형강의 명칭·모양을 **圖5·1** 및 **圖5·2**에 표시한다. 이 형강의 강도·치수·단면의 성질은 KS규격에 의하여 **표5·1** 및 **표5·2**와 같이 규정되어 있다.

　　건축물에 사용하는 강재는 주로 연강이고 탄소함유량 $0.15{\sim}0.28\%$　인장강도 $40{\sim}50\mathrm{kg/mm^2}$ 항복점 $22{\sim}30\mathrm{kg/mm^2}$ 이다. 강재는 온도의 상승에 따라 그 강도가 저하하고 약500℃에서 상온의 약½ 1000℃가 되면 강도는 거의 0가 된다. 이때문에 내화피복을 하지아니한 철골구조는 화재를 만나면 큰 피해를 받는다. 이밖에 강재는 공기중에서 산화되고 녹이 쓴다. 이 때문에 표면을 몰탈피복, 콘크리트피복, 아연도금·도장등의 방식이 필요하다. 근년 특수성분을 함유한 내후성강이 개발되고 이내후성강은 일반탄소강에 비하여방식성이 뛰어나고 도장의 유지가 좋고 때로는 무도장으로 쓰일때도 있다. **圖53**은 기둥의 내화피복의 예이다.

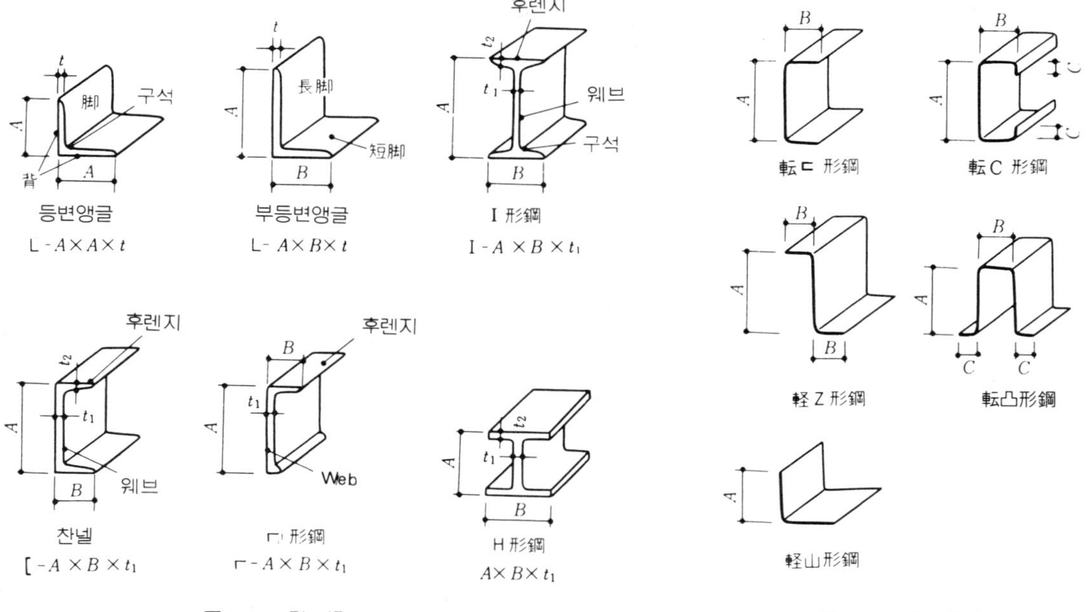

圖 5·1　形　鋼　　　　　圖 5·2　輕量形鋼

表 5 · 1　形鋼의 形狀 · 治數

名　　稱		등변앵글	부등변앵글	I 形 鋼	ㄷ 形 鋼	H 形 鋼
形　狀		(그림)	(그림)	(그림)	(그림)	(그림)
治	$A \times B$ 또는 $H \times B$ [mm]	40×40～ 250×250	90×75～ 150×100	100×75～ 600×190	75×40～ 380×100	100×50～ 900×300
	t 또는 t_1 [mm]	3～35	7～15	5～16	5～13	4.5～45
數	t_2 [mm]			8～35	7～20	7～70
	길이 [m]	6～15				

表 5 · 2　輕量形鋼의 形狀 · 治數

名　　稱		輕 ㄷ 形鋼	輕 Z 形鋼	등변앵글	轉 C 形鋼
形　狀		(그림)	(그림)	(그림)	(그림)
治	$A \times B$ 또는 $A \times B \times C$ [mm]	19×12～ 450×75	40×20～ 100×50	30×30～60×60	60×30×10～ 250×75×25
數	t [mm]	1.6～6.0	2.3～3.2	2.3～3.2	1.6～4.5

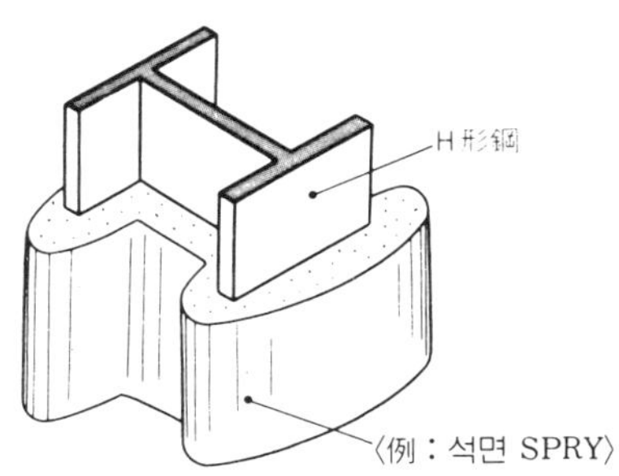

圖 5 · 3　耐火被覆

5-2 철골구조의 기본사항

5-2·1 부재의 구성

철골구조의 골조를 구성하는 기둥·보등의 부재에는 형강을 그대로 쓴 단일재와 형강·강판등을 리벧 또는 용접 볼트류로 조합한 조립재(**圖5·4**)가 있다. 종래는 주로 조립재가 쓰여왔으나 최근은 H형강에 의한 골조의 구성이 많아지고 있다. 또한 단면이 부족할 경우에는 **圖5·5**와 같이 프렌지 측에 커버프레이트를 붙여서 보강할때도 있다.

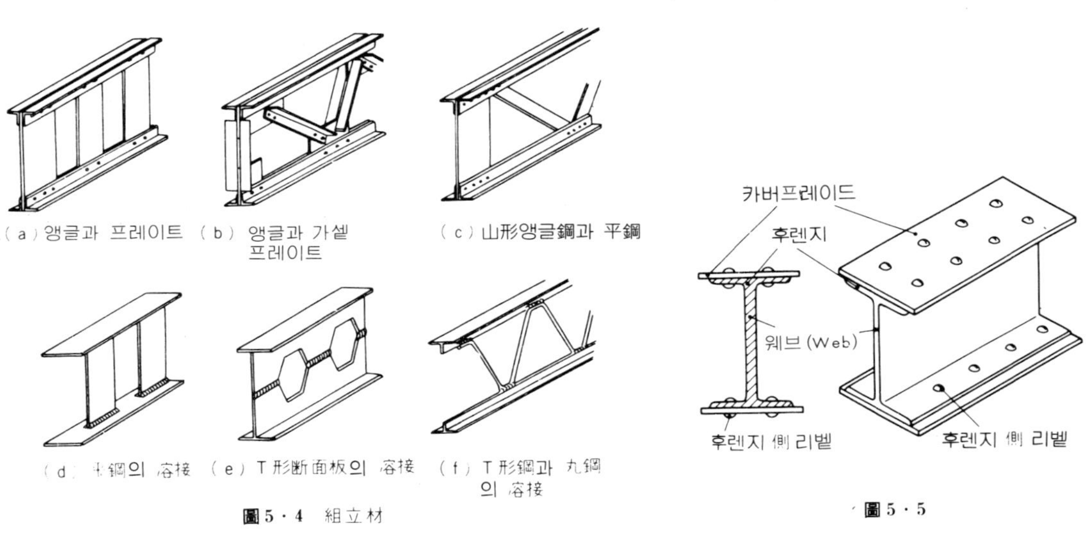

5-2·2 각부의 구조

〔1〕 보·기둥

전술한 바와같이 철골구조의 부재에는 단일재와 조립재가 있고 보는 단일재로하여 H형 I형강을 쓴 형강보 조립재로 쓰는 하니캄보·프레이트보·라치스보가 많이 쓰인다(**圖5·6**)

기둥도 마찬가지로 I형강 H형강을 사용한 형강주·조립주로서 플레이트주·트라스주·라치스주·대판주가 쓰인다.

기둥과 보의 접합부 각부의 이음상세를 **圖5·7~9**에 표시한다.

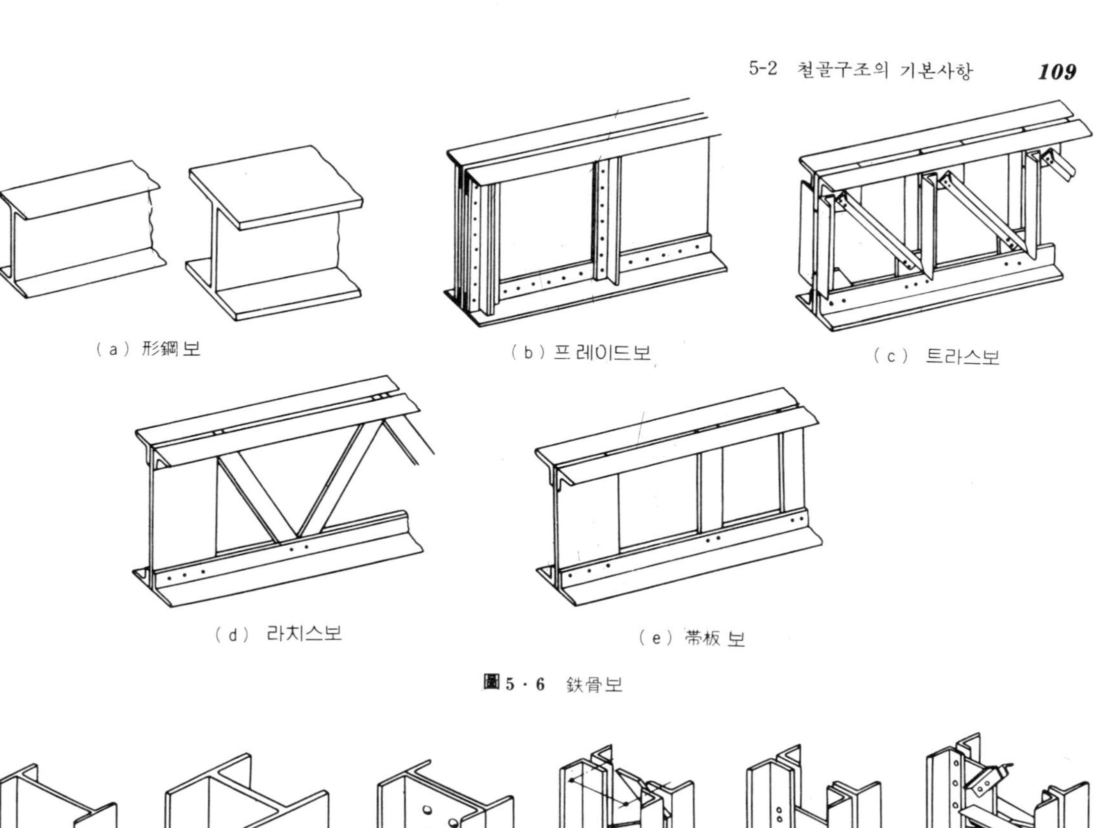

圖 5 · 6　鉄骨보

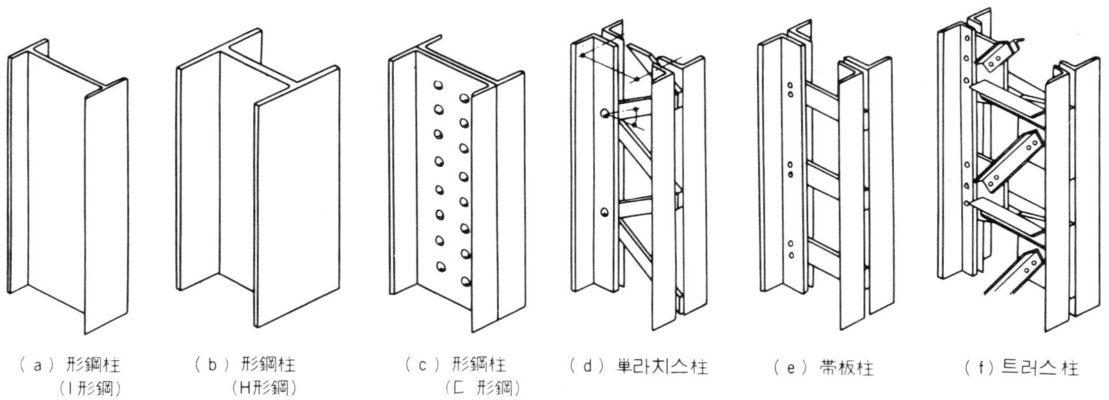

圖 5 · 7　鉄骨柱

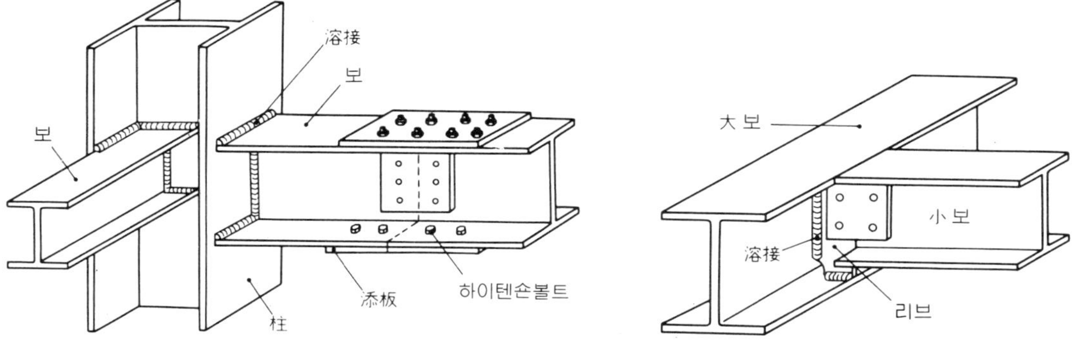

圖 5 · 8　柱와 보의 接合　　　　**圖 5 · 9**　大보와 小보의 접합

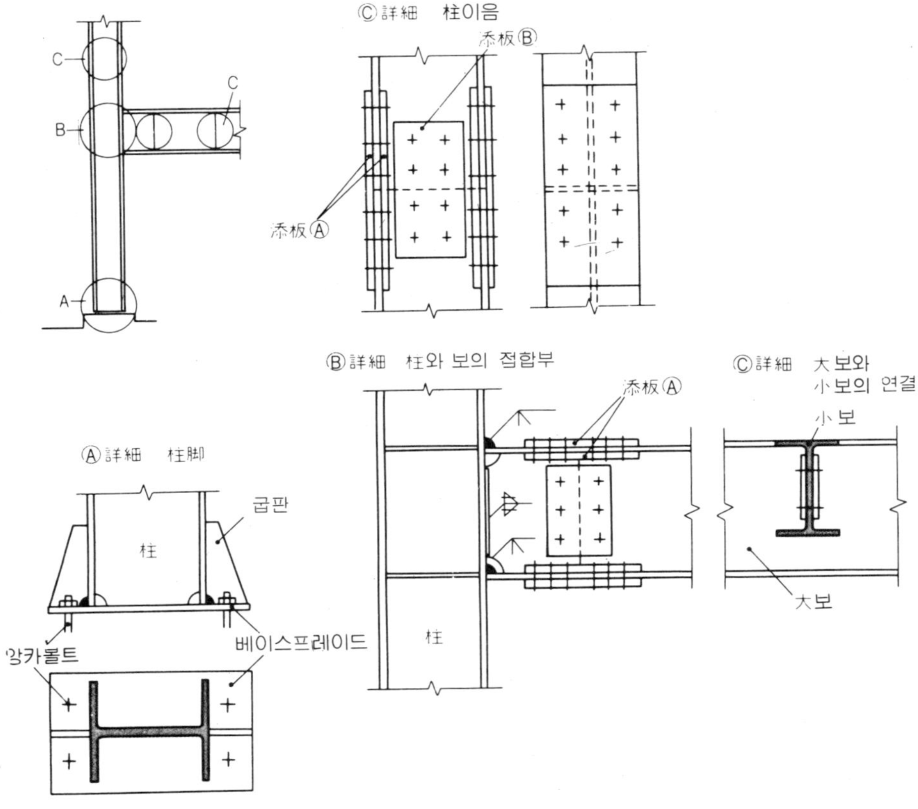

圖 5 · 10   接合部의詳細

〔2〕 기초 · 주각

기초는 **圖**5·11과 같이 독립기초가 많고 철근콘크리트구조에 준한다. 주각은 **圖**5. 12와 같이 기초 콘크리트에 박아넣은 앙카볼트에 기둥을 몰트조임한다.

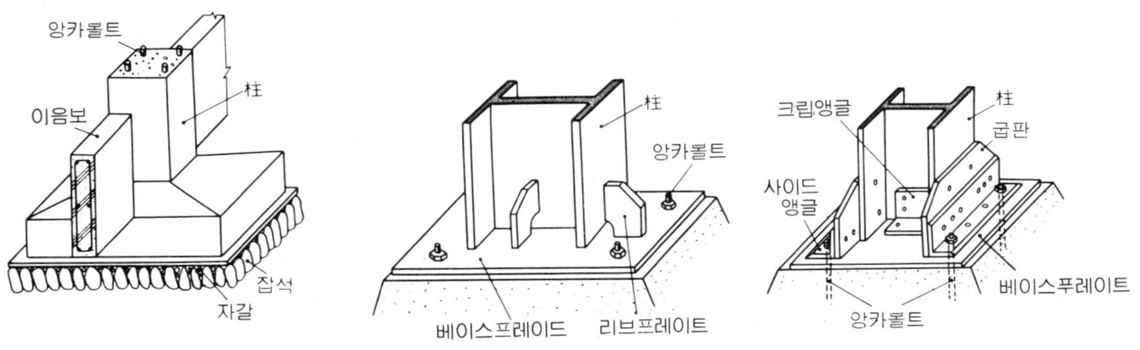

圖 5 · 11   독립기초   圖 5 · 12   柱 脚

5-2·3 단면모양의 도시와 치수표시

부재의 단면도시법은 **圖5·13**과 같이 사용하는 형강의 모양을 도면의 축척에 따라서 복선이나 단선으로 표시한다. 또한 단면·형상기호와 치수의 표시는 **圖5·3**에 의하고 있다.

부재의 형·수량·치수는 **圖5·14**와 같이 기입표시한다. 조립 부재로는 조립되어있는 소재의 단면형상기호 및 치수가 표시됨과 함께 단면

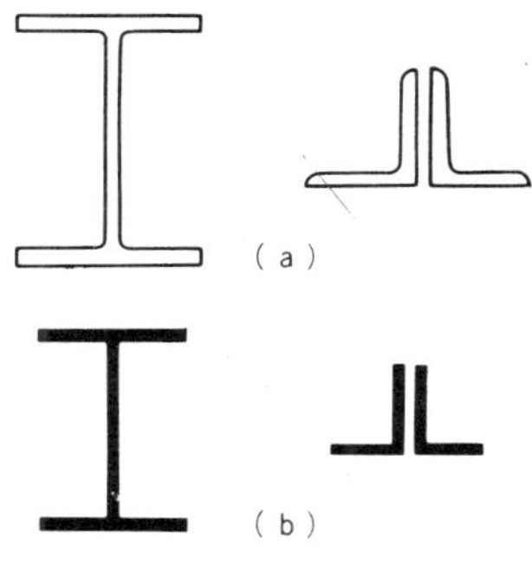

圖 5 · 13 部材斷面의 表示

表 5 · 3   斷面形狀記號의 치수 表示法

種　別	斷 面 形 狀 記 號 의 치 수 表 示 法				例
丸　鋼	ϕd				$\phi 16$
平　鋼	$FB\ b \times t$				$FB\ 65 \times 6$
形　鋼	等辺 앵글鋼 $L\text{-}A \times B \times t$	不等辺 앵글鋼 $L\text{-}A \times B \times t$	H 形鋼 $H\text{-}H \times B \times t_1 \times t_2$	⊏ 形鋼 $\sqsubset\text{-}H \times B \times t_1 \times t_2$	L-65×65×6 L-90×75×9 H-346×174×6×9 ⊏-125×65×6×8
鋼　板	Pl 두께				$Pl\ 9$
輕量形鋼	輕 ⊏ 形鋼 $\sqsubset\text{-}A \times B \times t$	輕山形鋼 $L\text{-}A \times B \times t$	립 輕⊏ 形鋼 $\sqsubset\text{-}A \times B \times C \times t$	輕凸形鋼 $\Pi\text{-}A \times B \times C \times t$	⊏-150×50×3.2 L-60×60×3.2 ⊏-100×50×20×3.2 Π-60×30×25×2.3

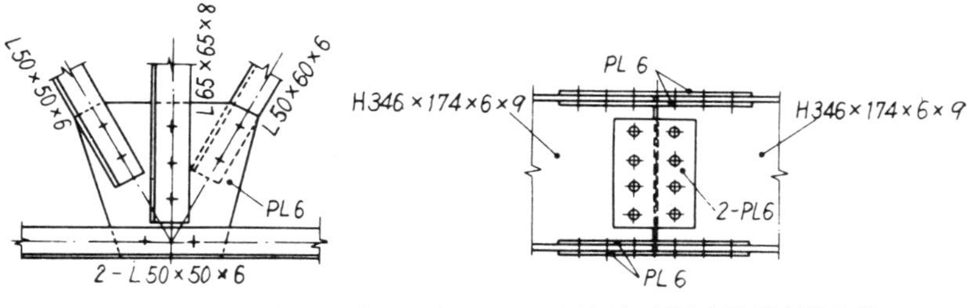

형상기호의 앞 숫자는 부재수를 표시
L형강 50×50×6을 2개 사용한다.

2—PL6의 2는 부재수를 표시하며 즉
두께 6mm의 강판 2매를 사용한다.

圖 5 · 14 部材의 表示法

형상기호 앞에 사용 강재의 수량을 표시하는 숫자를 부기한다.   철골구조에
는 보통 상세도에 의하여 현척도를 그리고 판뜨기를 하고나서 공작하므로
부재길이나 가셋트플레이트 크기는 도중에 기입하지 않는다.   구조도 혹은
구조계산서에   기입하는 강재의 재질규격 및 약기호의 주요한 것은 **표5·4**와
같다.

표5·4 강재규격과 기호

기 호	규격명칭 및 강재의 종류
S B41, S B50등	일반구조용 압연강재
	강판 · 평강 · 봉강 · 형강
S W S41 S W S50등	용접구조용압연강재
	강판 · 평강 · 봉강 · 형강
S P S41	건축구조용 냉연성형 경량 형강
	경량 · 형강
H8B H10B H11B	마찰접합용 고장력 육각볼트
	고장력볼트
SBV34, SBV41등	리벳용 강재
	리벳 압연

5-2·4 접합부의 표시

철골구조에서 강재를 접합하는 방법은 리벳접합 · 용접접합 · 고장력볼트접
합 등이 있다. 접합의 방법은 구조상 중요한 요소이고 도면에도 특히 접합
부의 상세가 도시되는 경우가 많다.

〔1〕 리벳접합

리벳머리의 모양에 의하여 둥근머리, 평머리, 미머리 리벳등의 종류가 있
으나 건축공사는 보통 둥근머리리벳을 쓰고 지름은 16, 20, 22, 24mm의 것이
많다. 리벳배치는 **圖 5·15** (b)와 같이 구조상 주요한 접합부에는 이본이상
의 리벳이 배치된다.

또 리벳은 재축에 평행한 직선(게이지라인) 상에 규칙적으로 배열한다. 게이

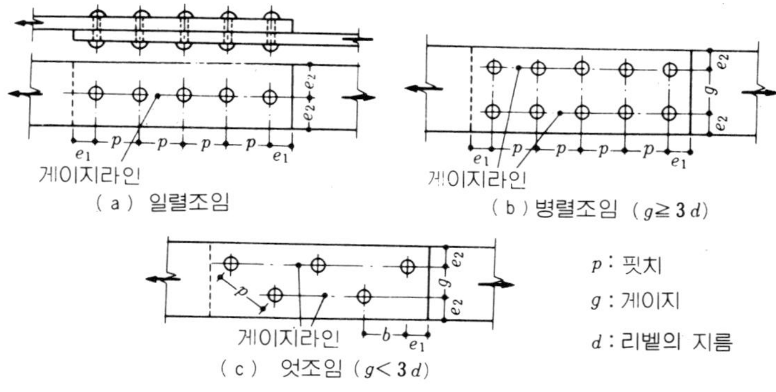

圖 5 · 15 리벳의 配置

지라인상의 리벹상호간격을 피치(P)라 부른다.

도면상에는 그축척에 따라서 표시방법이 다르나 보통 **圖5·16**에 의한다.

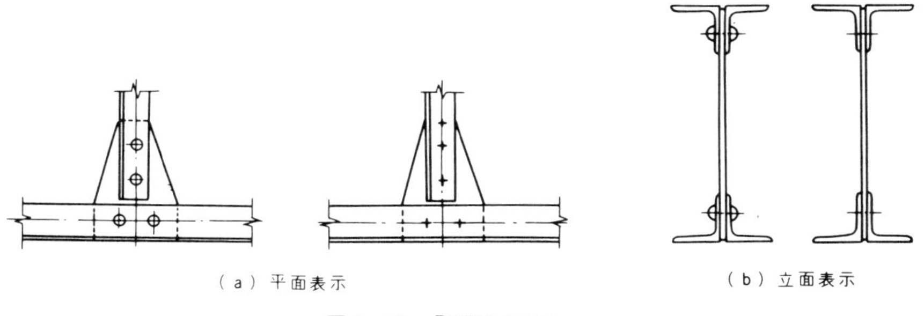

圖5·16 리벹의 表示法

〔2〕 고장력볼트 접합

고장력볼트접합은 인장내력이 대단히 큰 고장력볼트를 쓰고 강재를 강하게 조여서 강재간에 생기는 마찰력에 의하여 접합하는 방법이고 리벹접합에에 비하여 소음도 없고 시공도 비교적 쉽고 또한 이음의 강도도 높으므로 이용도가 많다. 도면상에는 리벹에 준한 표시법이 채용되고 있으나 고장력볼트를 평면도시하는 경우는 ⊕의 약기호가 쓰인다. 고장력볼트는 그성격상볼트·넛트·와셔를 셋트로 쓰도록 되어있고 규격과 볼트의 지름을 쓴다. 예를들면 H10B M16(고장력볼트이종×볼트경 16mm)이라 도시. 된다.

〔3〕 용 접

용접에는 일반적으로 아크용접이 쓰인다. 이음의 종류와 모양의 대표적인것은 **표5·5**와 같다. 용접방법의 도시는 용접기호 규정에 의하고 있다.

表5·5 용접의 종류

용접의 種類	形 狀	용접의 종류	形 狀
맞대기용접		모서리용접	
겹치기용접		변두리용접	
T 형 용 접			

5-3 철골구조의 도면

철골구조의 도면은 구조계산 완료후 건축물의 골조 사용강제·접합법   및 각부의 상세가 작성되지만 일반도외에 다음의 것이 있다. 특히   구조도에는 구조법이나 규약을 잘 이해하여둘 필요가 있다.

라멘형식의 것은
    ① 라멘골조도
    ② 구조상세도
    ③ 주단면도
    ④ 각부 상세도
    ⑤ 기초복도
    ⑥ 바닥복도

트라스형식의 것은
    ① 구조상세도
    ② 주단면도
    ③ 각부상세도
    ④ 지붕복도
    ⑤ 기초복도
    ⑥ 바닥복도
    ⑦ 종횡단도

5-3·1 평면도

圖5·17 및 **圖5·18**에 평면도예를 표시한다. 설계도는 모 석유회사의 가스스탠드겸 사무소이고 H형에 의한 라멘형식이다.

철골구조도의 일반도에 대하여는 전장의 「철근콘크리트구조」에 준하지만 평면도에는 주심(H형강)과 외벽심(경량 콘크리트판)과의 차이가 있으므로 주의한다. 이 건축물은 말하자면 커텐월식의 구조이고 4층 평면도에 있는바와 같이 외벽, 내벽 공히 커텐월이 쓰이어 있다. 벽의 표시법은 별기의 주기에 의한다.

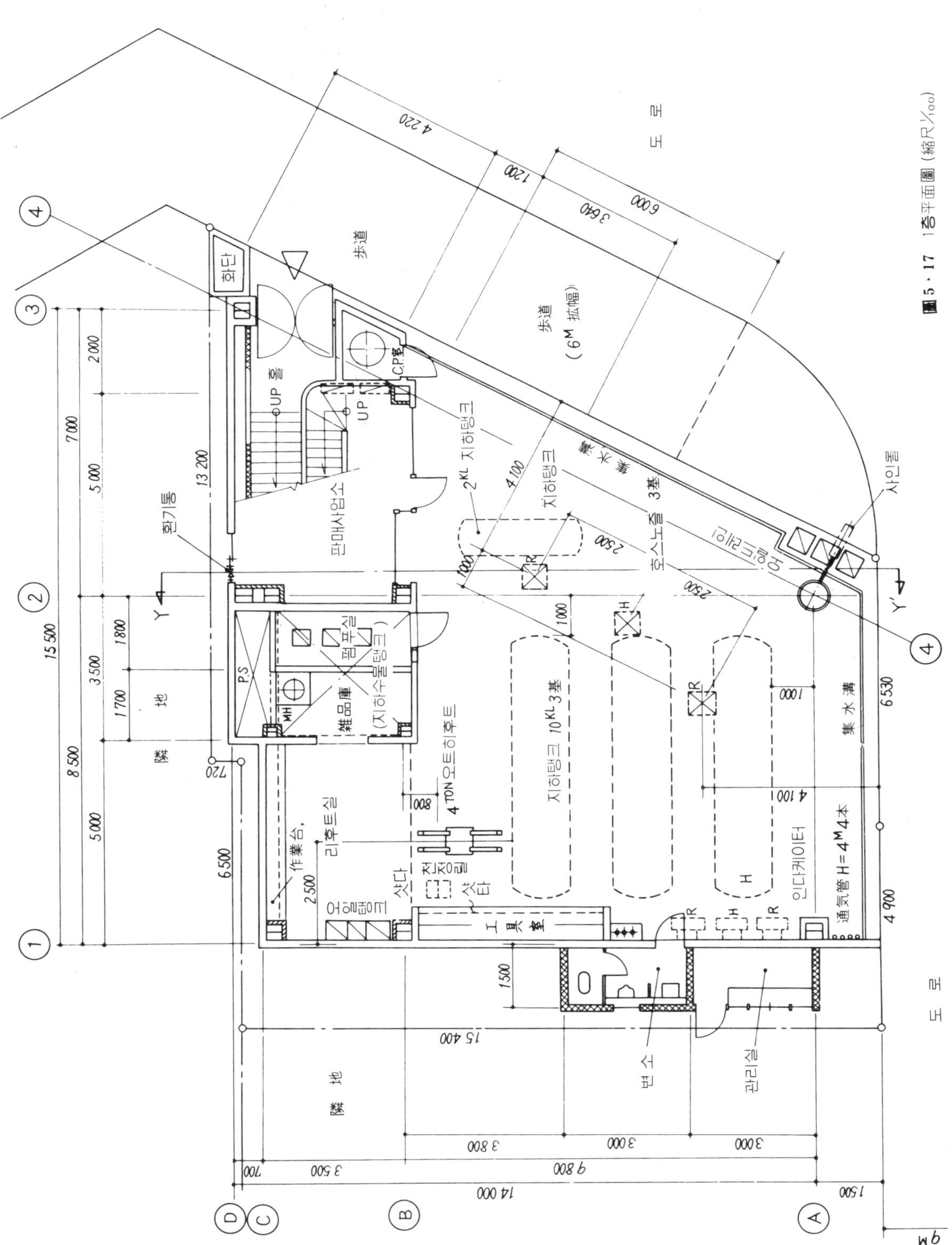
步道
步道
(6M 拡幅)
도로
도로
隣地
隣地
계단
화물통
화장실
엘리베이터
P.S
MH
雜品庫
(지하수물탱크)
작업台
作業台
리후트실
전자릴실
셔터
工具室
工具室
인디케이터
集水溝
通気管 H=4M4本
2KL 지하탱크
지하탱크
호스노즐 3基
지하탱크 10KL 3基
4TON 오토하후트
오일펌프렁
사인폴
C.P室
UP
UP
2 500
1 500
800
720
800
4 100
4 100
1 000
1 000
2 500
2 500
6 530
4 900
1 800
1 700
3 500
13 200
2 000
5 000
7 000
5 000
8 500
6 500
15 500
4 220
1 200
3 640
6 000
3 000
3 000
3 800
9 800
3 500
700
1 500
14 000
15 400
Y
Y'
①②③④
ⒶⒷⒸⒹ
圖 5·17 1층平面圖(縮尺 1/100)

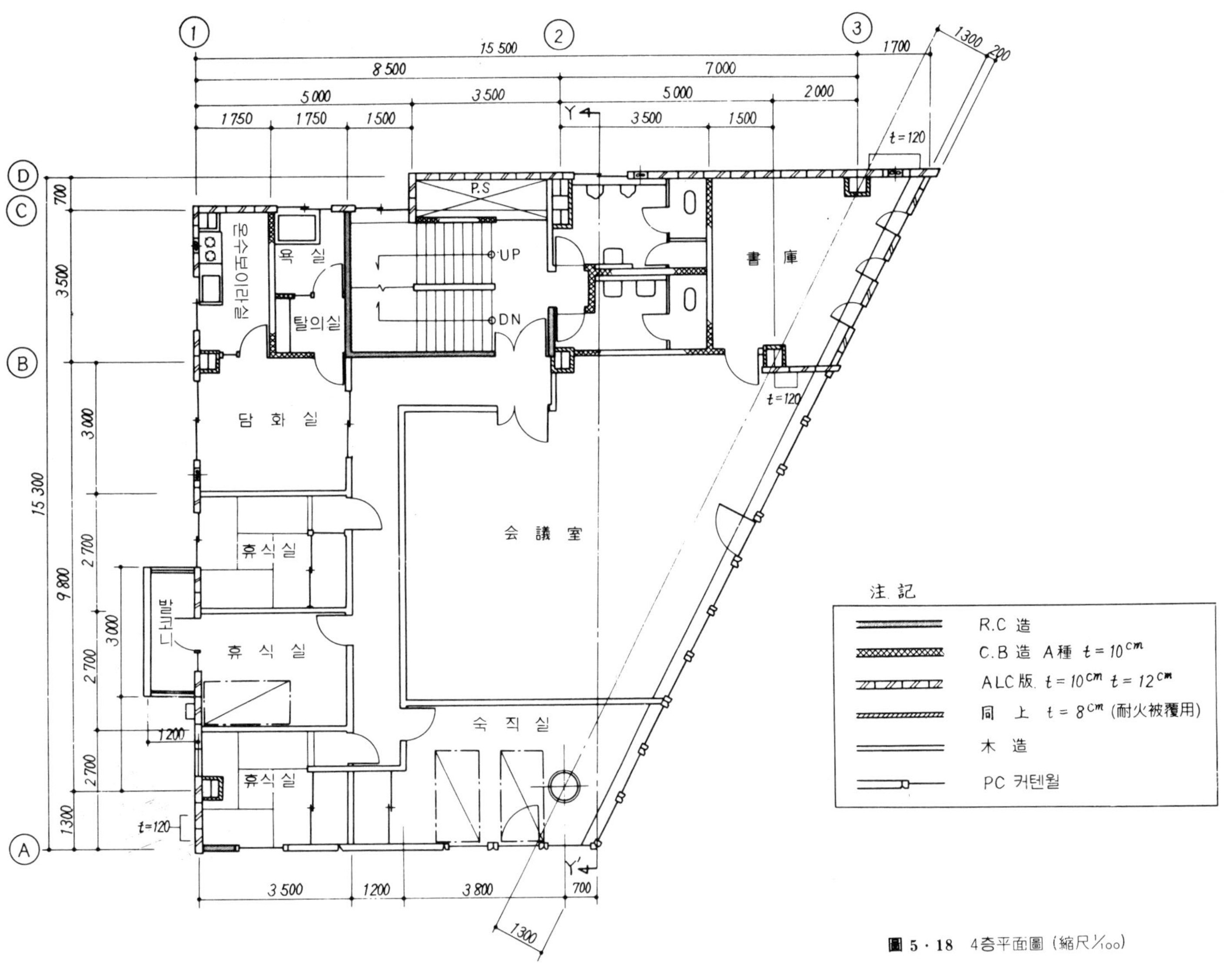

圖 5·18 4층平面圖 (縮尺 1/100)

5-3·2   입면도

　圖5·19의 입면도는 건축물에 가스스탠드 및 사무소가 병용형식을　취하고 있기 때문에 외관의 마감도 다양하므로 간편하고 알기쉽게 하기 위하여 입면도에 외벽의 마감재를 기입한 예이다. 당연히 마감에 대하여는 외부 내부 공히 일괄한 마감도가 작성된다.

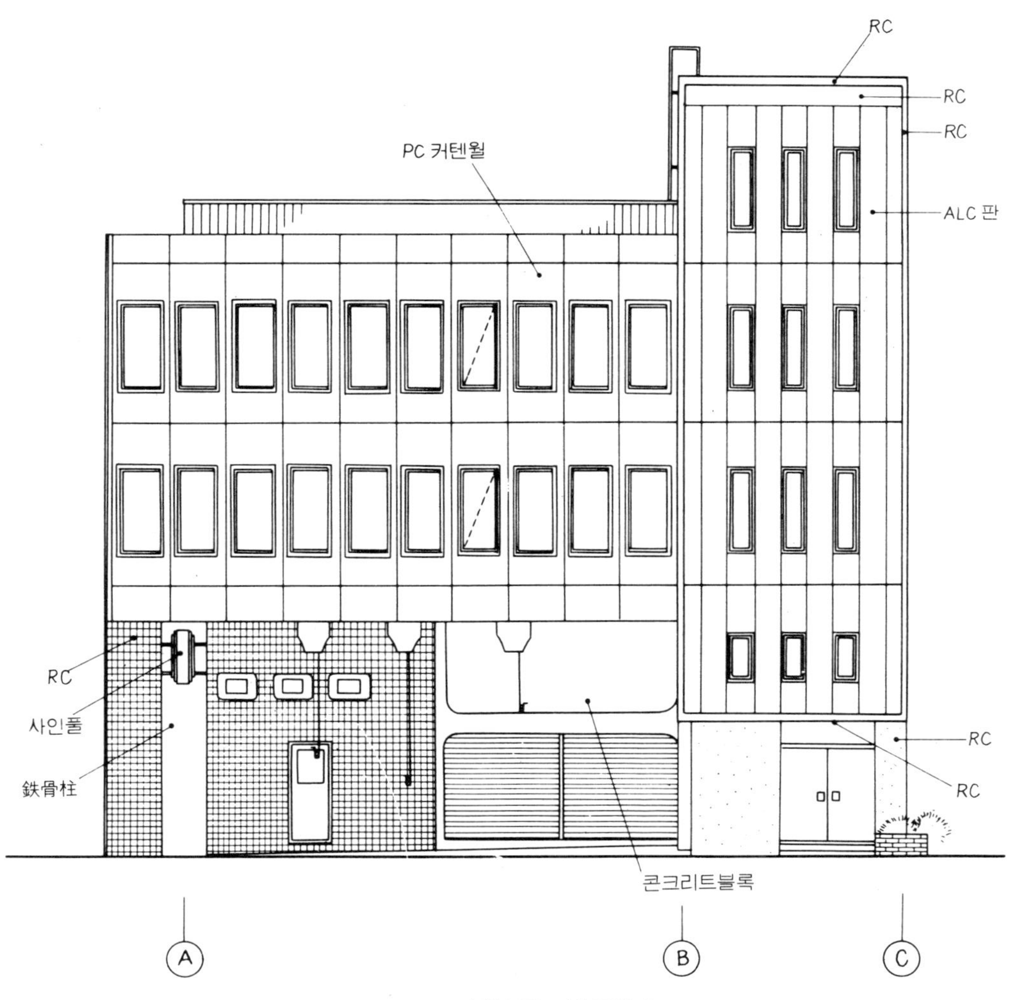

圖 5 · 19　南側立面圖（縮尺 ⅟₁₀₀）

5-3·3 단면도

건물이 변칙적이니까 횡단면 종단면의 2방향을 그리는 것이 당연하지만 치수는 1면만을 **圖5·20**에 표시한다. 철근콘크리트 구조와 마찬가지로 각층의 천정높이 개구부 및 각부의 높이관계를 명확하게 표시한다.

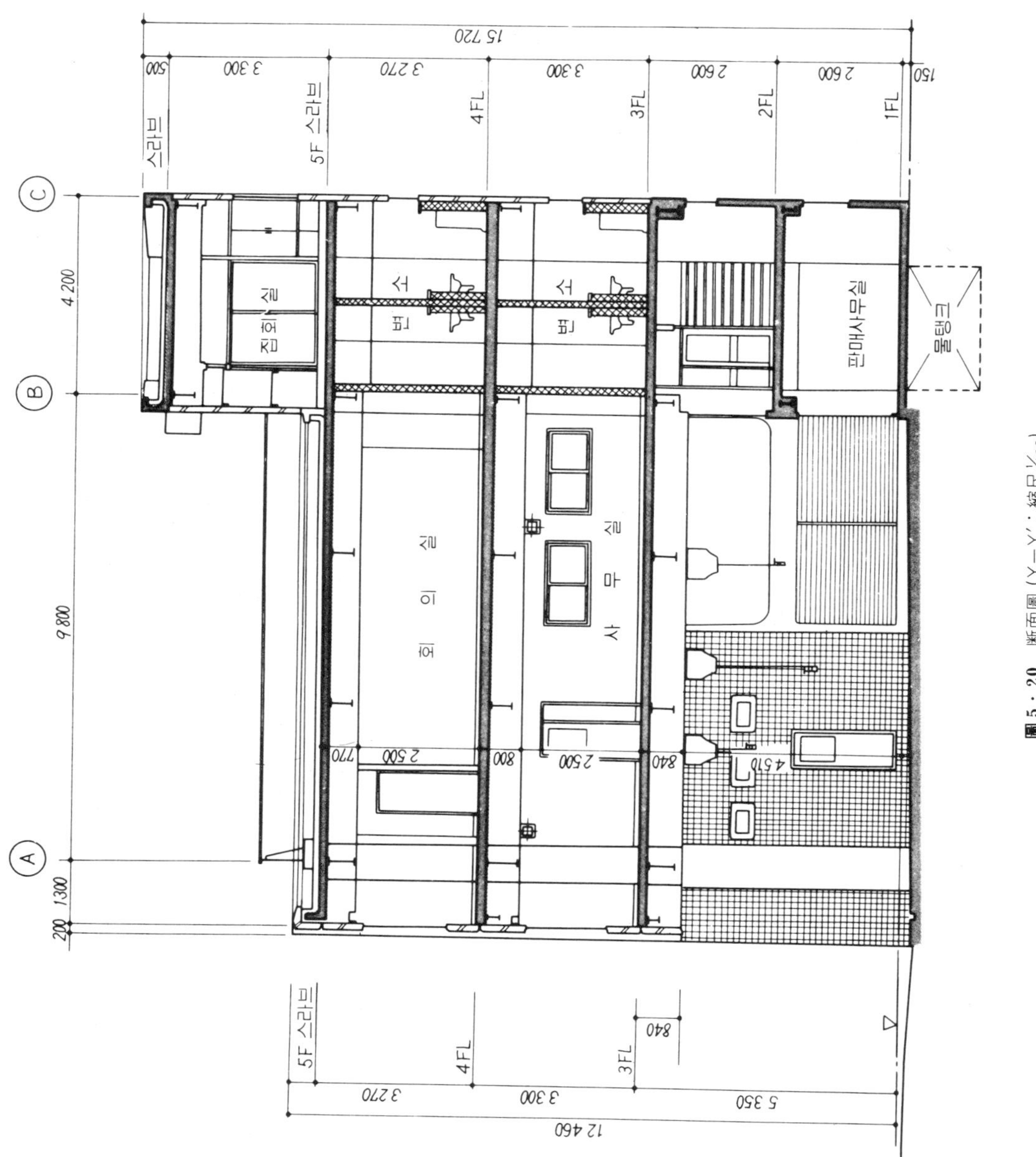

圖 5 · 20 斷面圖 (Y—Y′ : 縮尺 1/100)

5 3·4 주단면도

철근콘크리트 구조의 주단면도와 마찬가지로 외벽부분을 지층에서 최상층 까지를 축척½₀~⅟₅₀₀으로 도시하고 층의 높이 천정의 높이, 건축물의 높이 및 각부의 주요한 치수가 표시된다. (**圖**5·21)

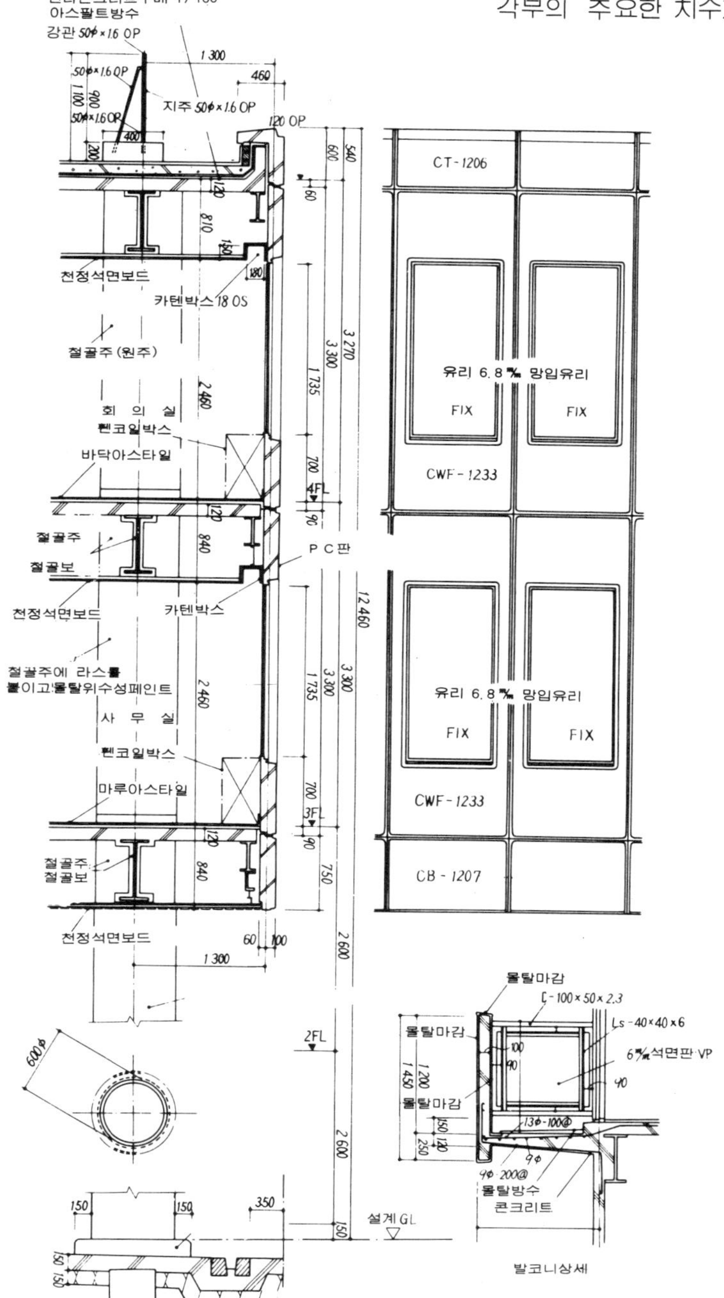

圖 5·21

5-4　각부구조의 상세

철골구조의 벽이나 바닥의 구조는 건축물의 용도에 의하여 여러가지가 있다. 이 대표적인 것을 들어본다.

5-4·1　외　벽

커텐월구조에 의한 외벽은 메탈커텐월 기성 콘크리트 커텐월 경량콘크리트 (ALC 판) 커텐월등 각종이 있고 그 붙임방법도 독자적인것이 개발되어 있다. 또 **圖5·22**와 같이 그 붙임 위치에 따라 외벽 창면에 변화를 주고　디자인상의 요소가 되어 있기도하다. 이 외벽을 공장생산하는 단계에서 창 출입구의 샷슈류는 짜여져 조립되는 것이 보통이고 공사면에 있어서도 극히 간소화되어있다. 따라서 주단면도 외에 외벽파넬붙임도 (할부도)가 그려진다. 붙임상세의 예를 **圖5·23~26**에 표시한다.

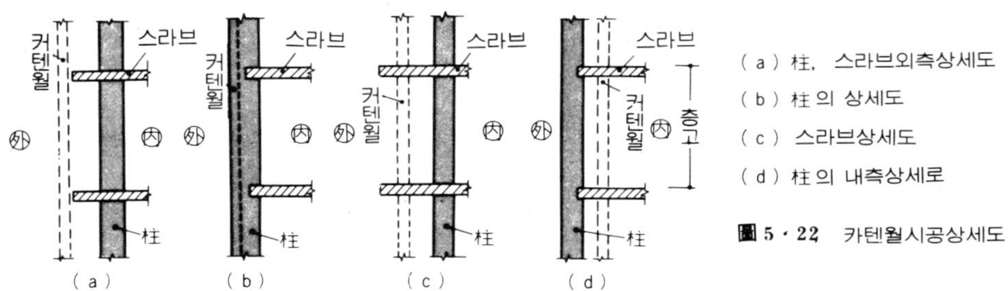

圖 5·22　카텐월시공상세도

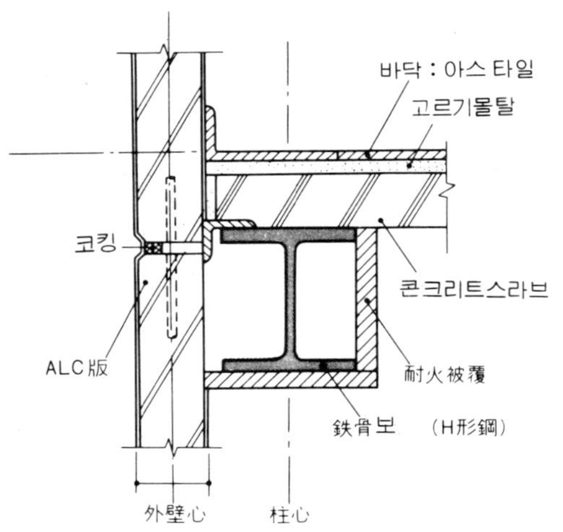

圖 5·23　철골보에 ALC판 붙임시공도

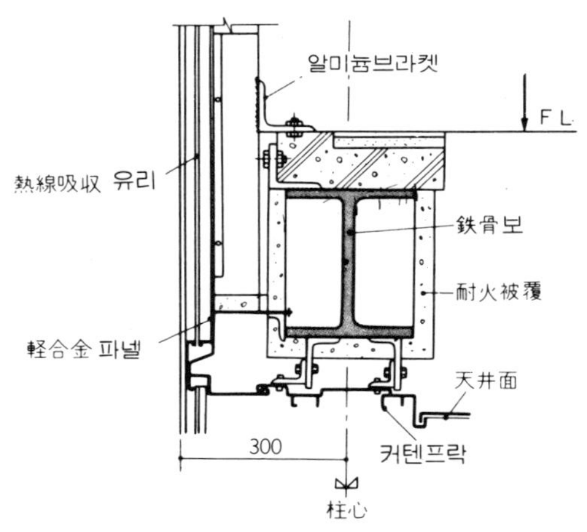

圖 5·24　철골보에 카텐월붙임시공도

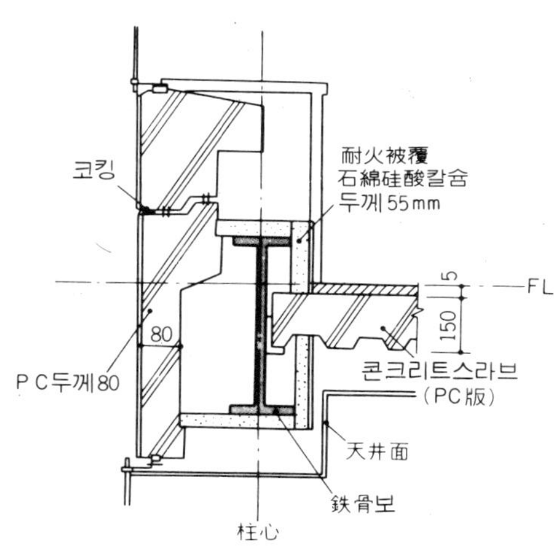

圖 5 · 25   鉄骨 보 PC版의 붙임상세도

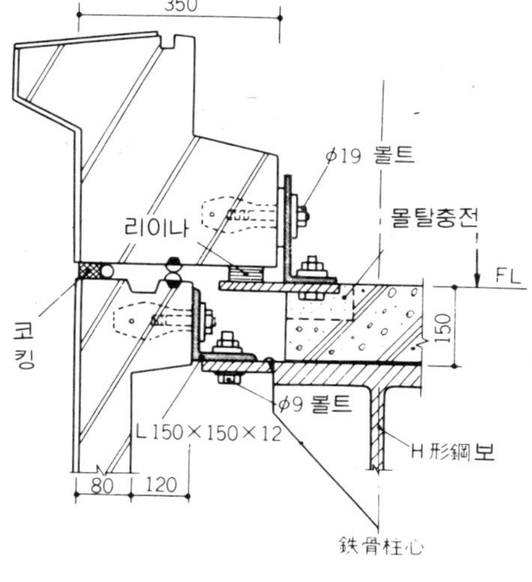

圖 5 · 26   콘크리트파넬붙임 상세도

5-4·2   내   벽

실상호간의 간벽은 철근콘크리트구조와 마찬가지로 이동식 콘크리트블록 혹은 목조간벽에 의하는 것이 있다. **圖5·27~29**에 간벽의 1예를 표시한다.

이외에 트러스형식의 공장 체육관등이나 경량철골구조의 외벽부는 목구조

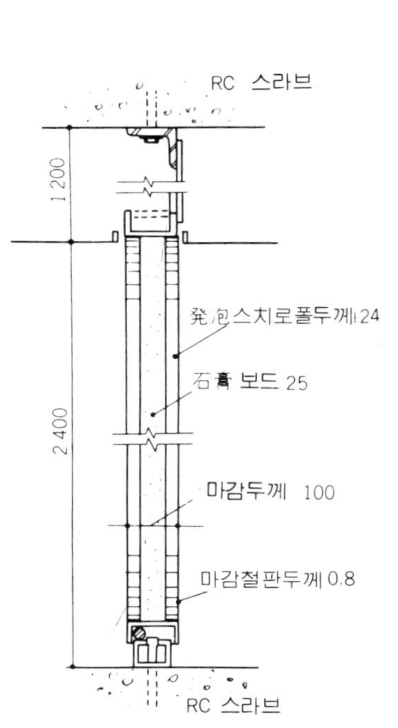

圖 5 · 27   耐火차 音 스틸칸막이벽

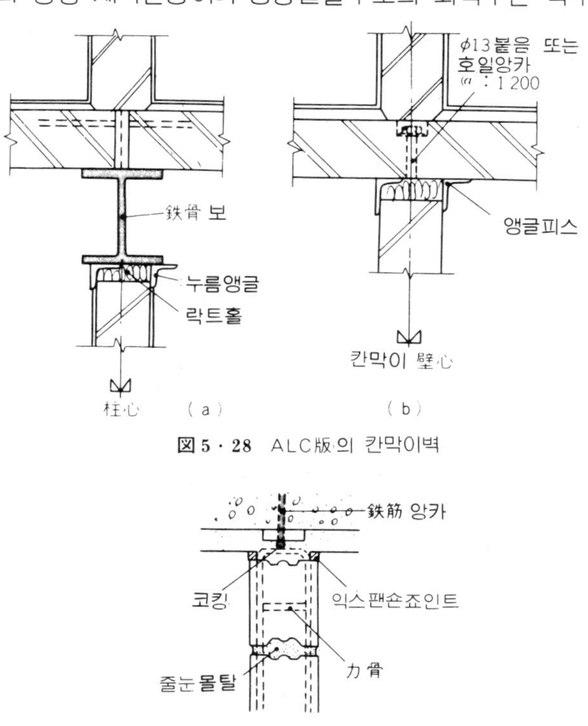

圖 5 · 28   ALC版의 칸막이벽

圖 5 · 29   칸막이벽상세

의 구조법과 같이 간주나 앵글에 벽바탕을 붙이고 벽마감을한 **圖5·30** 및 **圖 5·31**에 참고예를 표시한다.

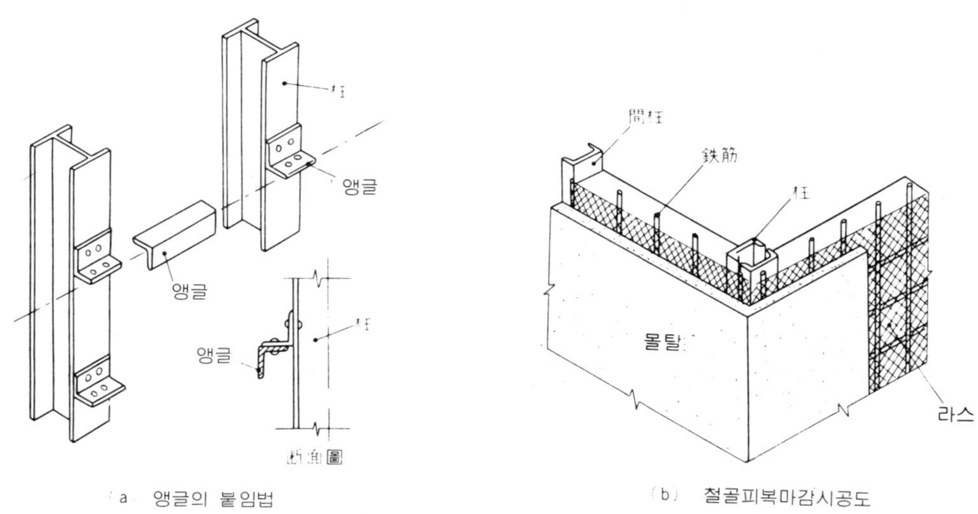

(a) 앵글의 붙임법   (b) 철골피복마감시공도

圖 5 · 30

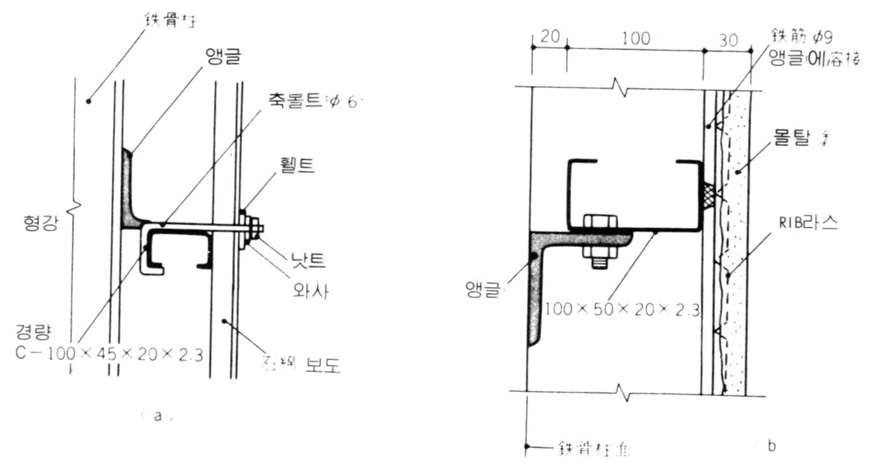

圖 5 · 31 外壁의 마감

5-4·3 바 닥

철골구조의 바닥은 건물을 내화구조로 하기 위하여 불연성의 재료를 쓰는 것을 원칙으로 하고 있다. 일반적으로 바닥은 현장타설 콘크리트 (**圖5·32**) 나 기성콘크리트바닥판 (**圖5·33**) 이 많다. 현장타설콘크리트바닥의 경우 바닥스 라브리스트를 (**圖5·44, p. 130**) 작성하고 배근법 콘크리트두께를 도시한다. 최

근에는 **圖5·34**와 같이 덱크프레이트나 키스톤프레이트에 경량콘크리트를 타
설하는 경우도 있다.

바닥의 마감은 철근콘크리트구조에 준하여 바름바닥 및 붙임바닥이다.

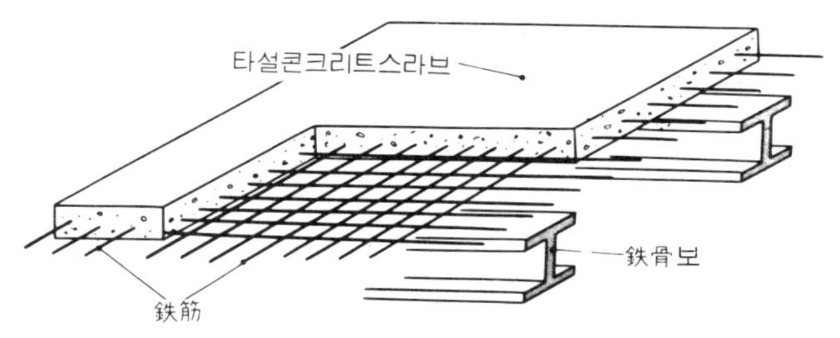

圖 5 · 32   타설콘트리트스라브

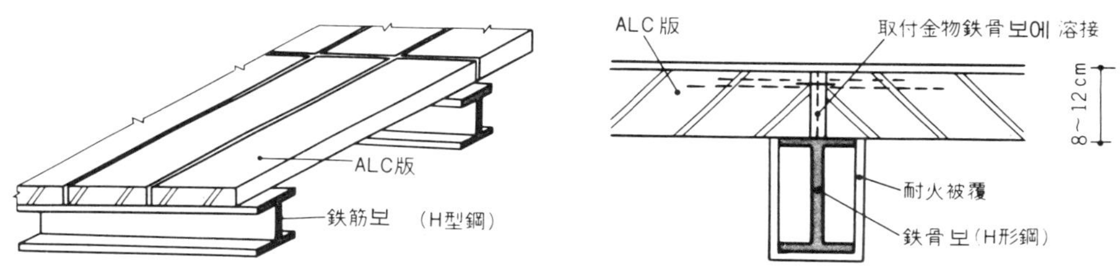

圖 5 · 33   기성제품콘트리트스라브

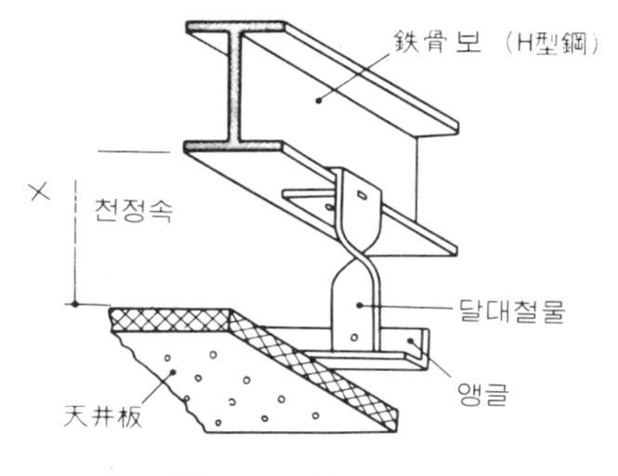

圖 5 · 34   데크프 레이트 스라브〈RC床

5-4·4 각부의 마감

철골구조의 천정 및 천정주위의 예를 **圖5·35** 및 **圖5·36**에 표시한다.

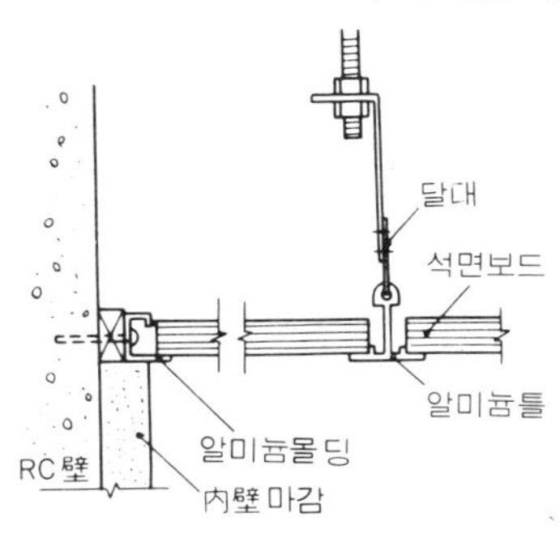

圖 5 · 35   天井 상세도   圖 5 · 36   석면보드 붙임

5-4·5 내화피복

강재는 고온에 접하면 현저히 강도가 저하한다. 이때문에 건축법에 의하여 건축물의 용도규모에 따라 기둥보등의 주요구조는 내화피복된다.

내화피복의 방법은 내화성능을 가진 판류의 붙임(ALC판, 석면성형판 등)이나 스프레이(SPRY)붙임(석면, 암면·석고퍼라이트 등)의 방법이 채택되고 있다(圖5·37). 기둥과 보를 내화피복한 경우는 圖5·38과 같다.

이와같이 철골구조의 라멘형식에 의한 건축물의 구조도는 철근콘크리트 구조와 그렇게 큰 차이는 없다. 건축설비설계, 배관도를 비롯하여 각 부분의 시공도 작성에 있어서는 주단면도 구조상세도에 의하여 소정의 치수나 구조법의 요점을 읽어내어 작성하는 일이 필요하다.

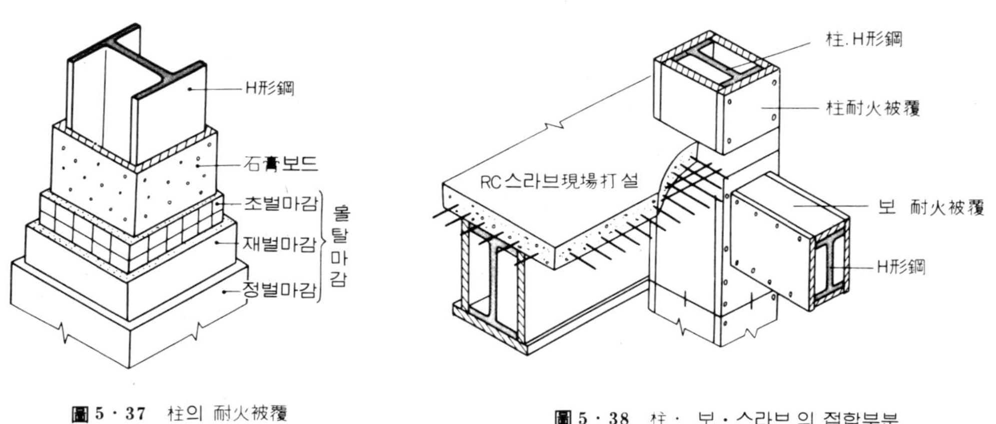

圖 5·37 柱의 耐火被覆   圖 5·38 柱·보·스라브의 접합부분

5-5 구조상세도

5-5·1 바닥복도·기초복도·주단면도

철근콘크리트조에 준하여 각층의 바닥복도 기초복도가 그려진다. 이들 도면중에는 건물전체의 골조구성이 알기쉽게 기둥보 스라브에 번호 및 기호가 붙여지고 주단면도와 관련된다. 圖5·39에 바닥복도를 圖5·40에 기초복도를 圖5·41에는 종횡단도를 예시한다.

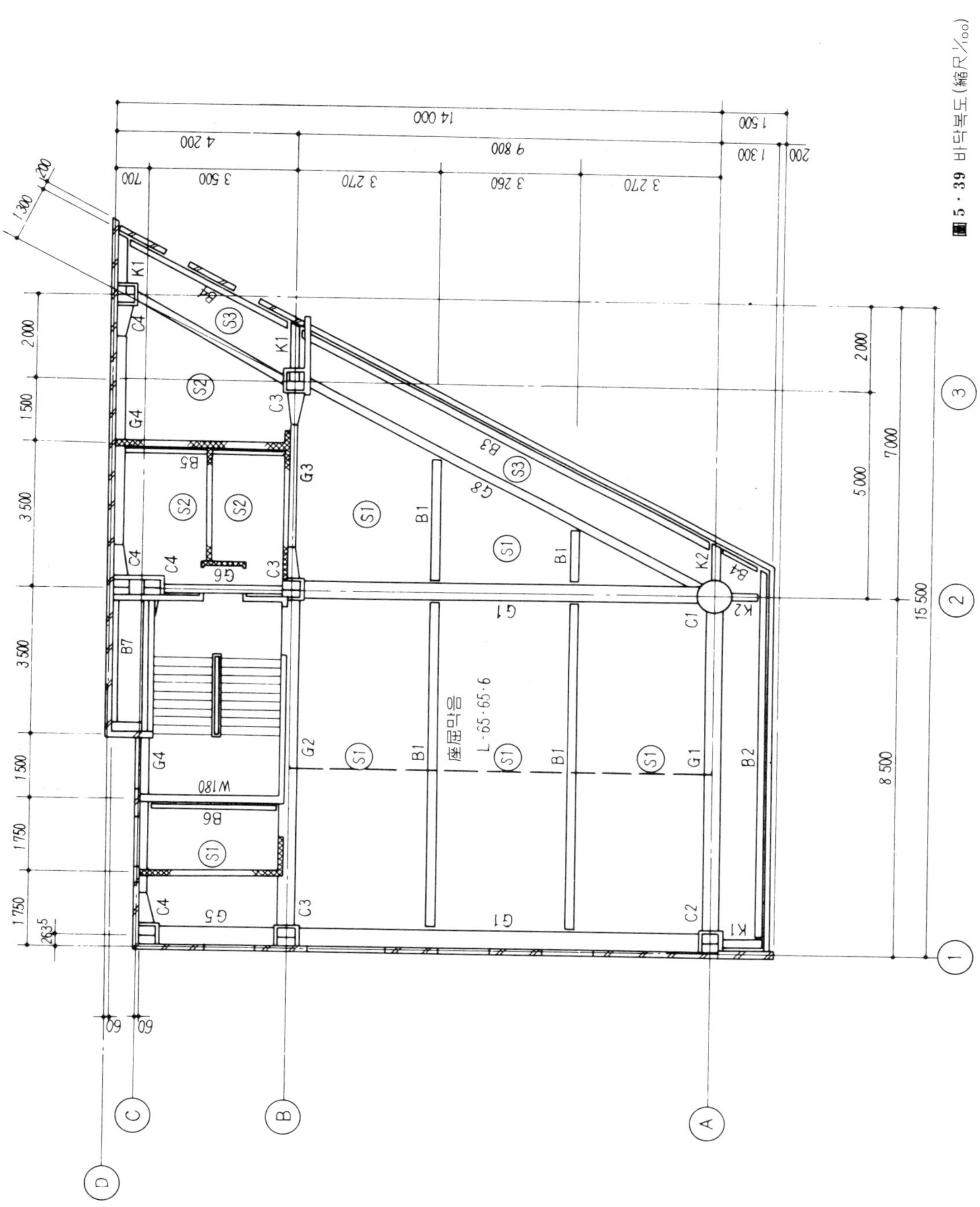

圖 5·39　바닥복도(縮尺 $^1/_{100}$)

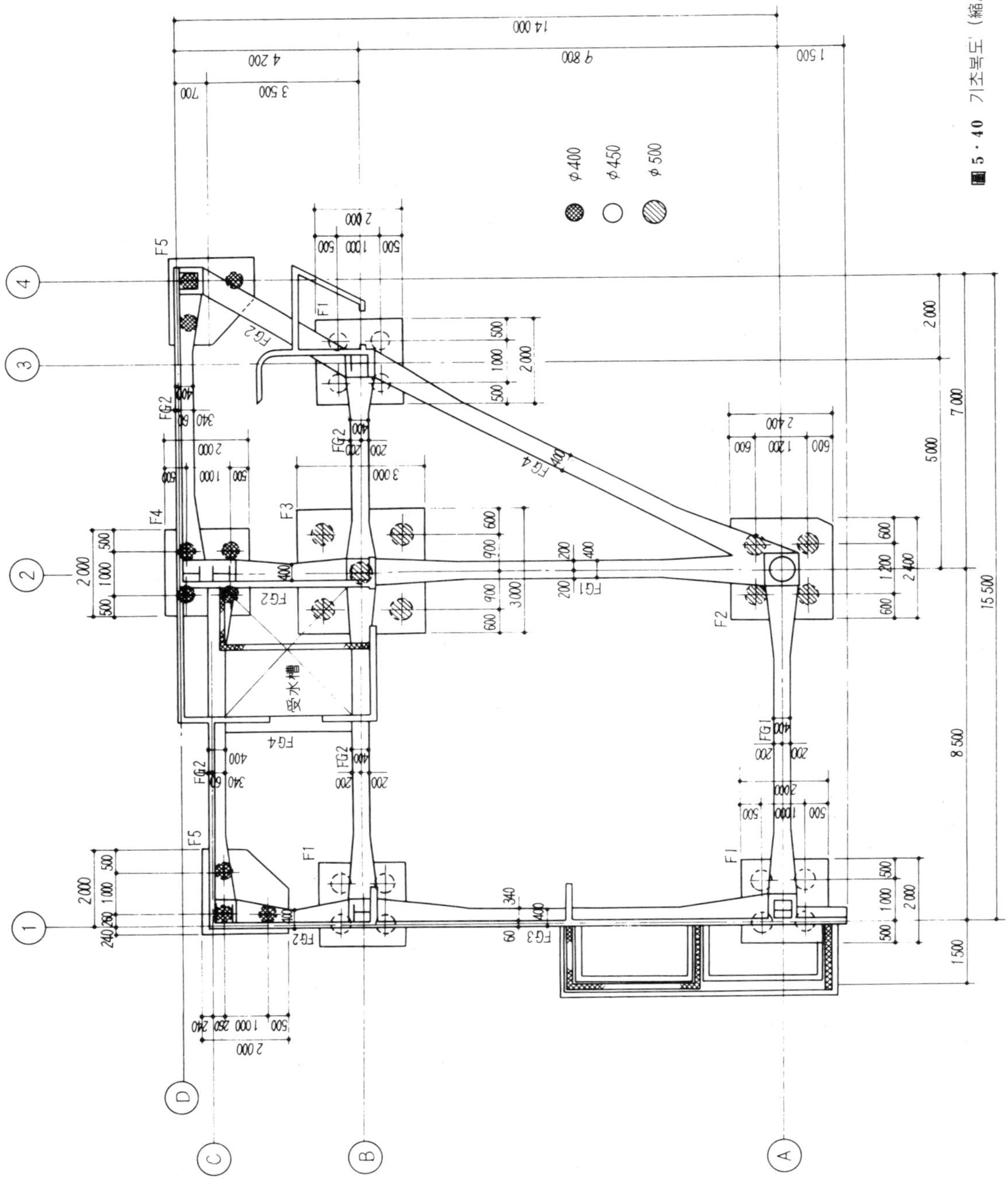

圖 5 · 40　기초복도（縮尺 1/100）

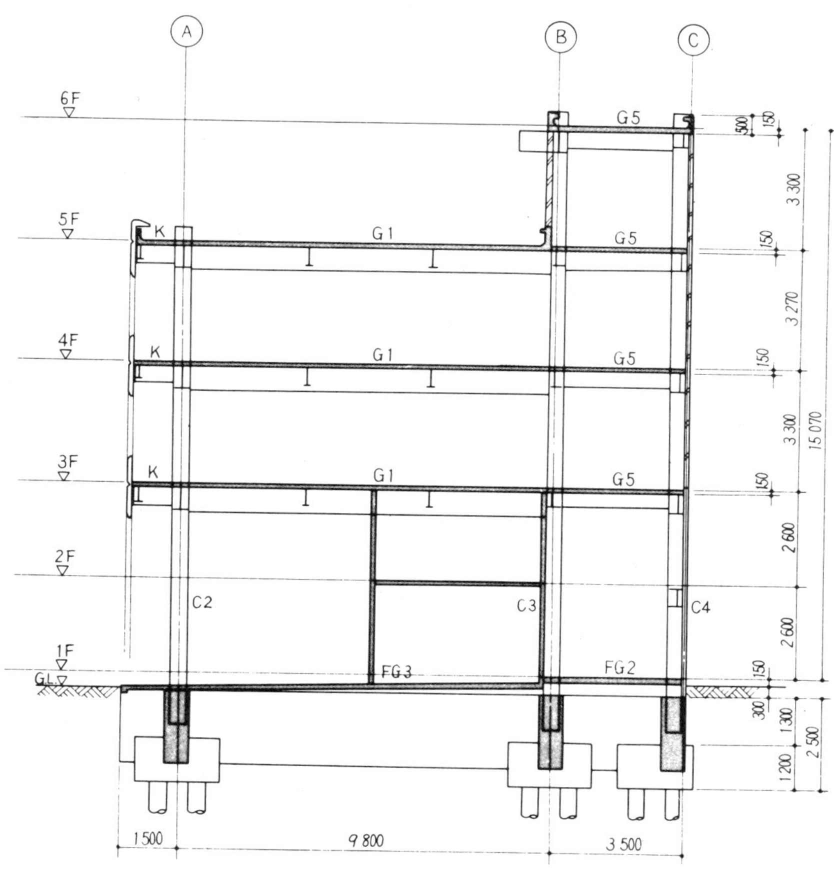

圖 5·41 주단면도(1通, 縮尺 1/100)

5-5·2 라멘골조 상세도

라멘골조상세도는 라멘철골의 상세를 표시한 것이고 기둥간격(기둥중심에서 기둥중심까지의 거리) 층고 및 사용형강의 모양치수 접합부의 이음위치의 상세가 도시된다. 라멘골조도는 주단면도와는 달리 벽·바닥등의 치수 구조 상세도가 도시되어 있지 않다, 도예(**圖 5·42**)와 같이 철골주와 커텐월 철골보와 바닥마감(층고)의 치수표시법에는 주의한다. 또 건축면적이나 바닥면적의 산정에는 외벽중심선이 기준이 되므로 이점에 대하여 도면을 잘못읽지 않도록 주의한다.

더우기 건축설비관계의 배관 및 공조용 닥트류는 천정속에 넣던가 보를 관통시키느냐 아니냐를 사전에 건축설계담당자와 타협하고 만일 보를 관통시키는 경우에는 관통부의 보강을 사전에 가공되도록 하여 두지 않으면 안된다.

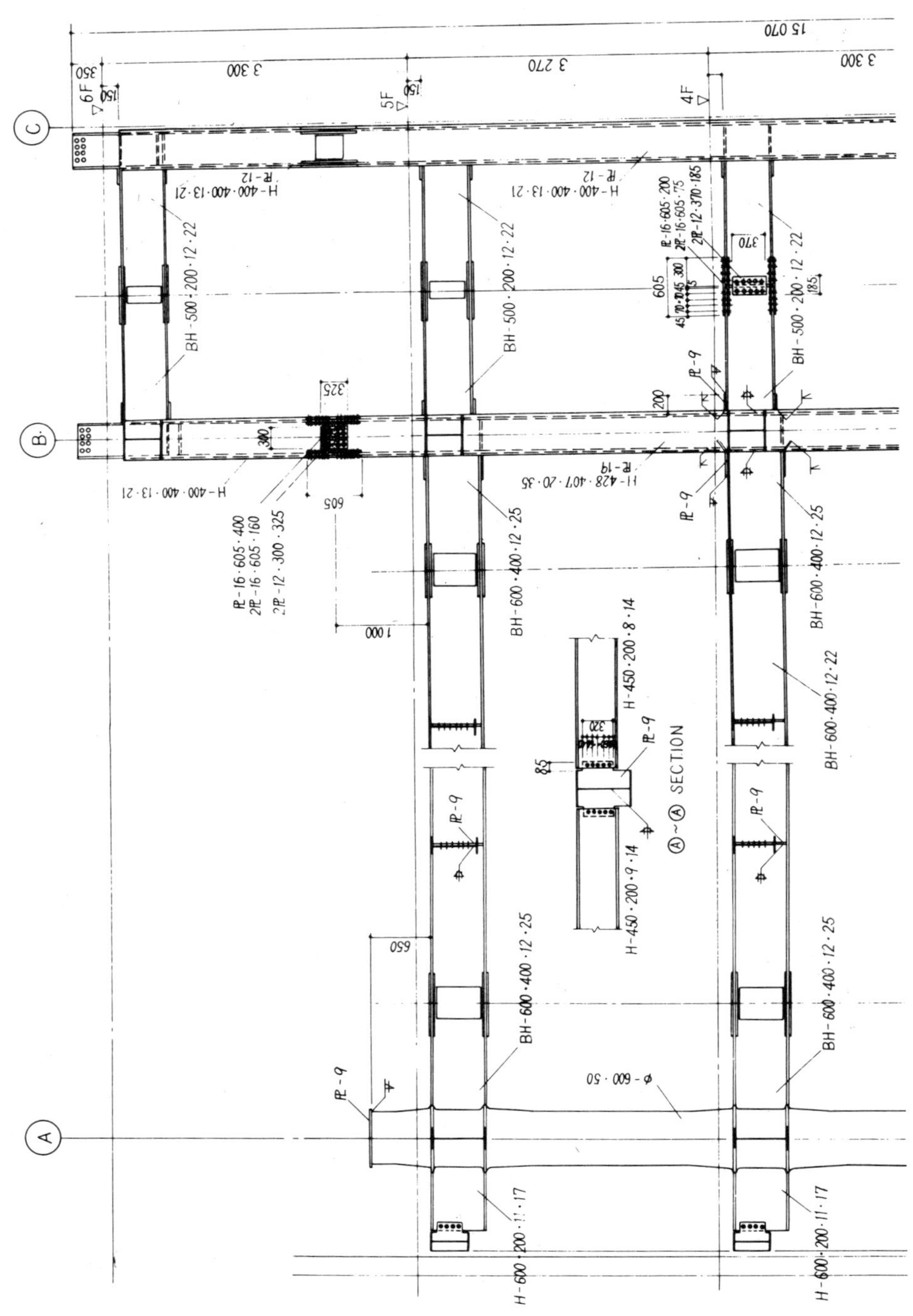

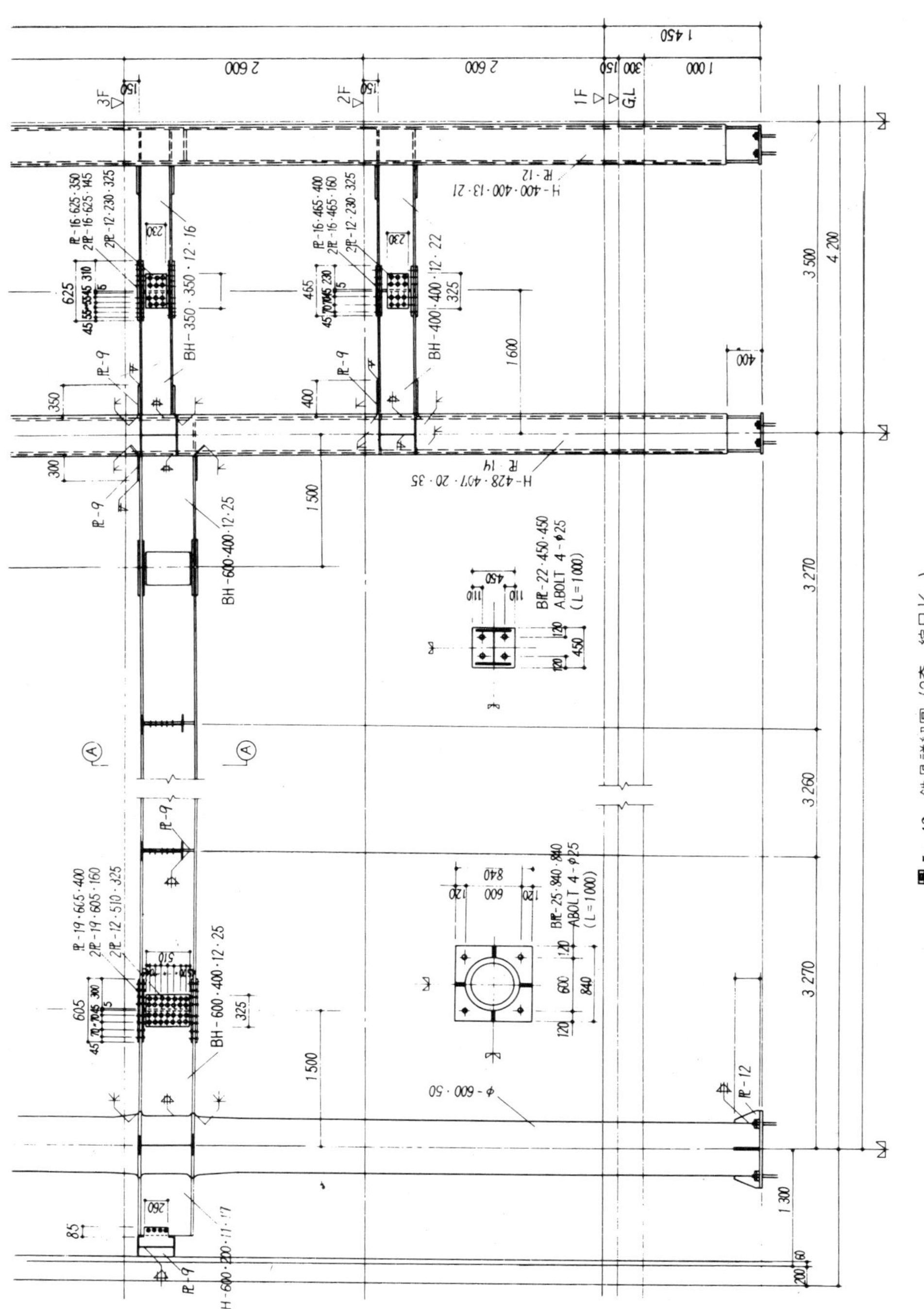

圖 5·42 鉄骨詳細圖 (2층, 縮尺 R1/100)

5-5·3 벽단면리스트 스라브단면리스트 기초상세도

벽단면리스트 스라브단면리스트가 작성되고 각부의 치수배근의 상태가 도
시된다. 또 기초상세는 철근콘크리트구조에 준하여 그려진다. **圖5·43**에 벽
단면리스트를 **圖5·44**에 스라브단면리스트를 **圖5·45**에 기호상세도를   예시한
다.

기　　호	W 180	W 120	CB 100	개 구 부 보 강 요 령
SECTION				
세로筋	$\phi13 - 200@D$	$\phi9 - 200@S$	$\phi9 - 800@$	
가로筋	$\phi13 - 200@D$	$\phi9 - 200@S$	$\phi9 - 600@$	
보조筋	$\phi9 - 1000@$			

圖 5 · 43   壁斷面리스트

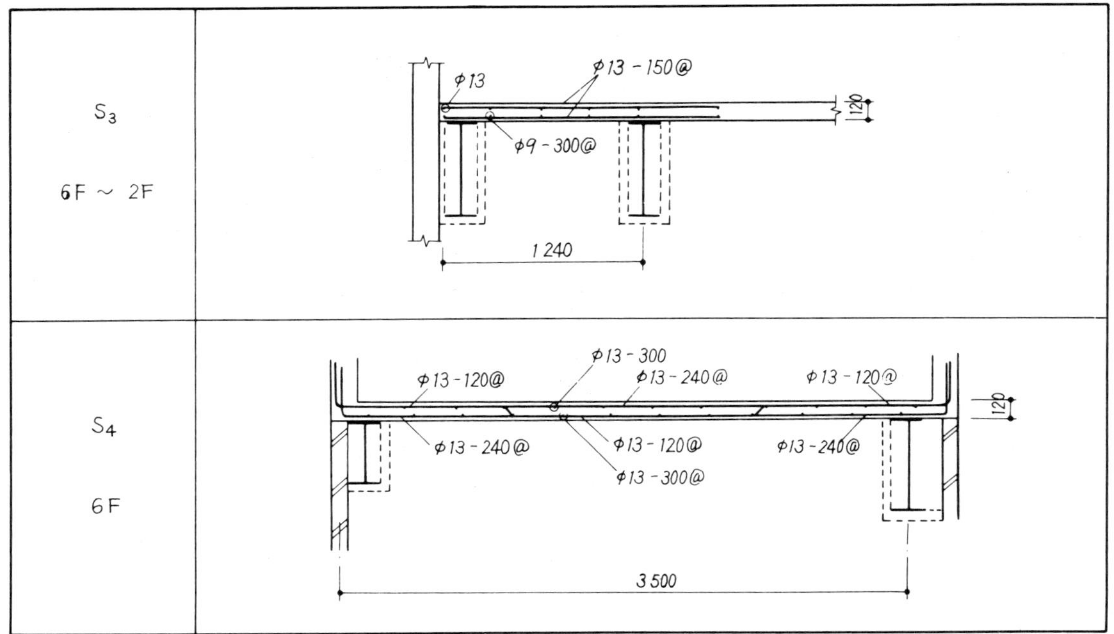

圖 5 · 44   스라브리스트

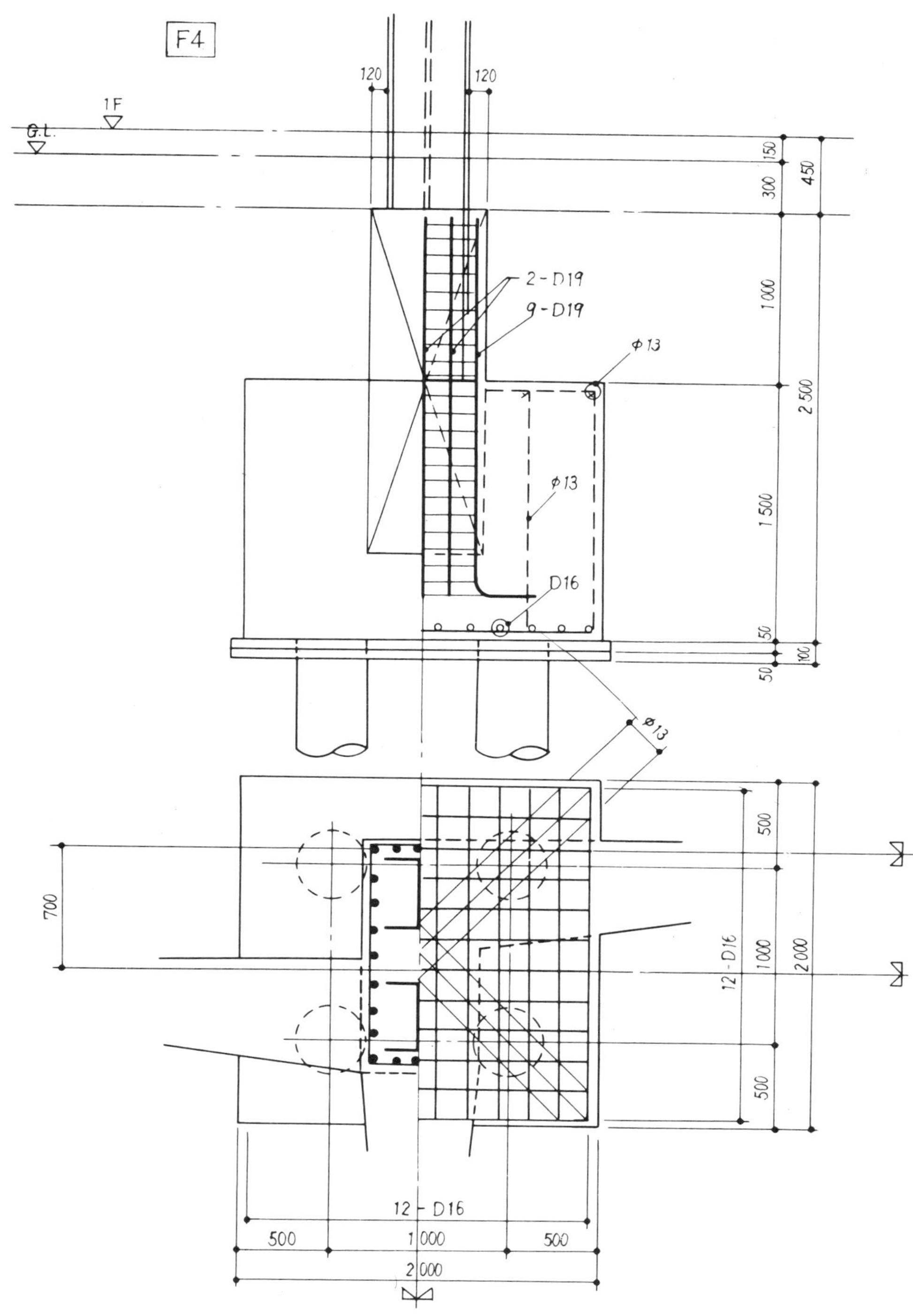

圖 5・45 基礎詳細圖 (縮尺 ½₀)

5-5·4 설비도

圖5·46에 급배수관계 배관도(4층)의 예를 표시한다.

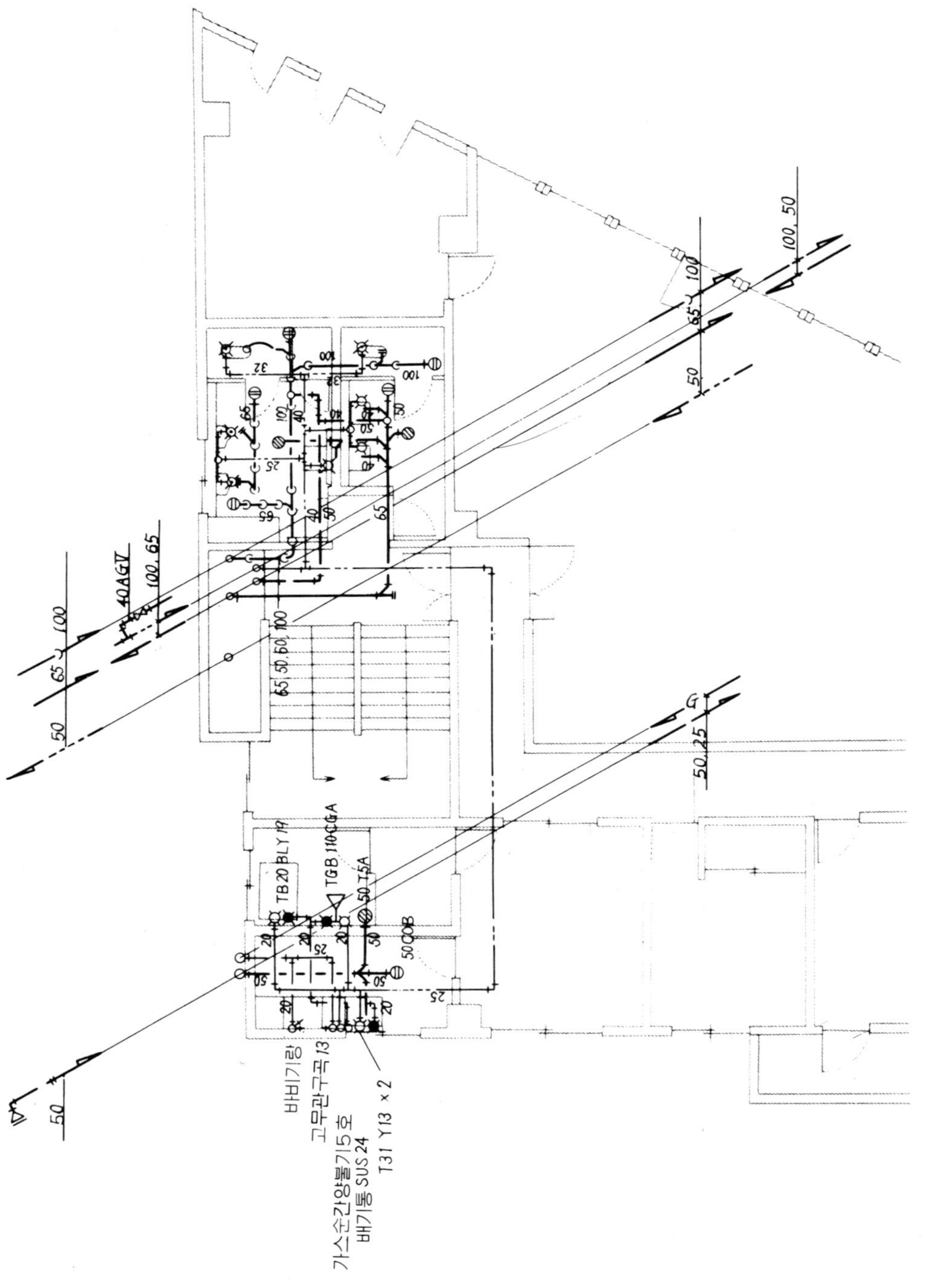

圖 5 · 46   配管圖 (4층, 縮尺 1/100)

5-6 철골철근콘크리트구조

5-6·1 구 조

철골철근콘크리트구조(약호 SRC)는 철근콘크리트구조와를 병용한 구조법
이고 비교적 적은 단면내에 강재를 대량 넣어서 강고한 골조를 만들고 내진
내화성이 뛰어나고 중고층의 건축물에 사용되고 있다. SRC의 구조는 철골
보다 기둥(圖5·47)의 골조주위에 철근을 배치하고 콘크리트를 타설하여 굳힌
구조로서 철골골조로서는 라치스기둥이나 대판보등이 쓰인다. 圖5·48에 보
및 기둥의 단면을 표시한다.

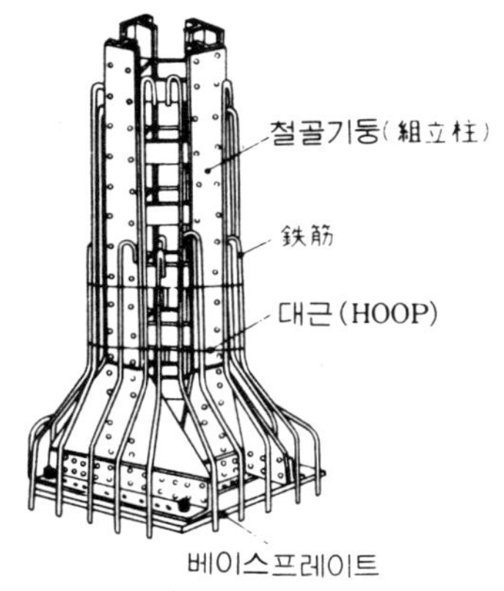

圖 5·47 鉄骨鉄筋 콘크리트 造

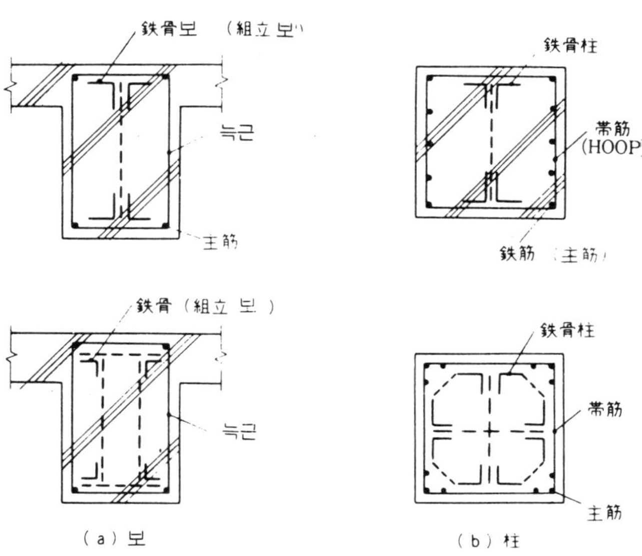

圖 5·48 鉄骨鉄筋콘크리트 · 柱의 斷面

5-6·2 주단면도

철골철근콘크리트구조는 전술한바와 같이 골조를 콘크리트로 덮어 버리므로 평면도를 비롯하여 구조도까지 철근콘크리트구조의 도면과 전혀 동일하다.

圖5·49와 같이 주단면도 구조도는 보단면부에 철골의 모양을 도시하는 것이 보통이고 철골철근콘크리트구조의 특징을 내고 있다.

이외에 각부분마감·방수벽등의 도시나 표현법은 철근콘크리트 구조의 주단면도나 구조도와 동일하다.

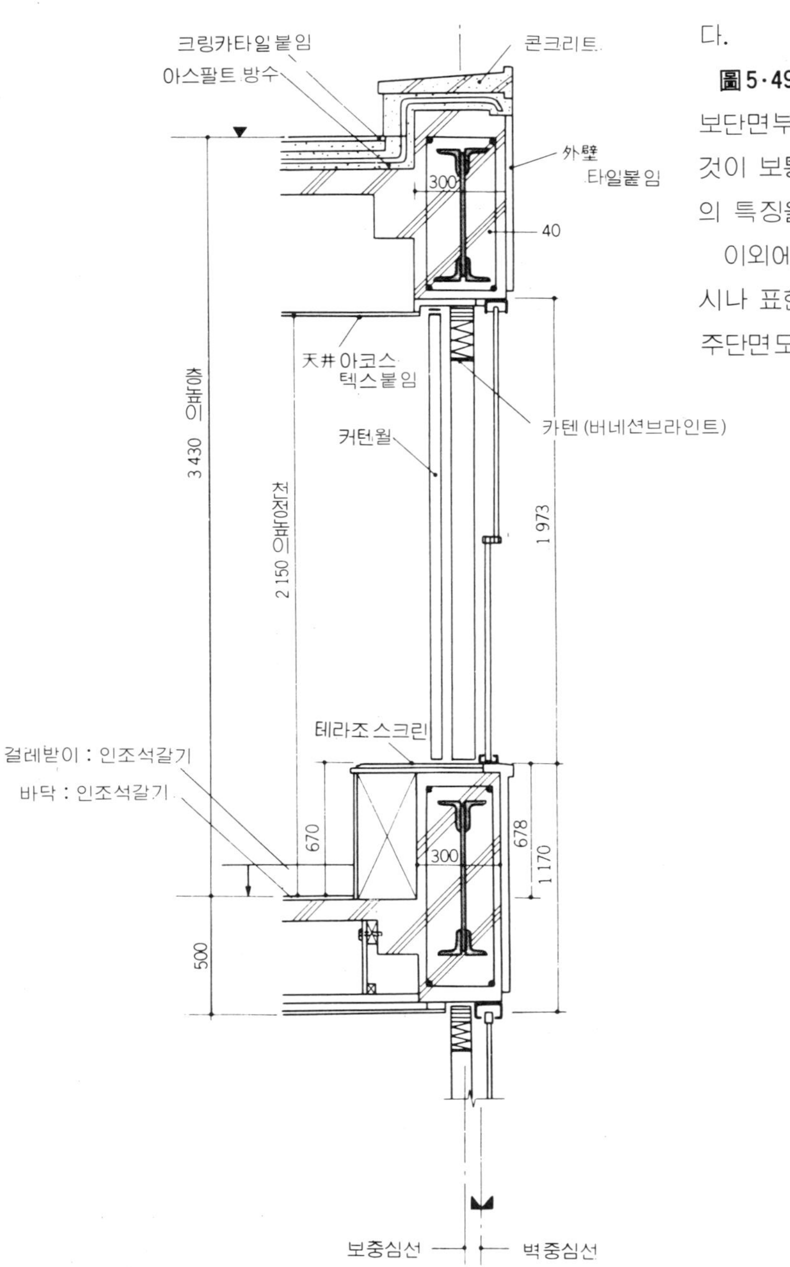

圖 5 · 49 철골 철근콘크리트 구조 단면상세도 (축척 $\frac{1}{20}$)

6장
콘크리트블록구조도의 보고 익히는 법

콘크리트블록조는 공동 콘크리트 블록에 철근을 보강하면서 쌓아서 벽체를 만들어가는 구조법이고 보강 콘크리트 블록조와 장벽 콘크리트 블록조가 있다.

보강 콘크리트 블록조는 건축법에 의하여 건축물의 규모가 규정되어 있어, 주택이나 소규모건축물에 적합하고 또 장벽 콘크리트 구조나 철골구조의 외벽 간벽으로 널리 사용되고 있다.

6-1 보강콘크리트블록조의 구조기준

6-1·1 재 료

공동콘크리트블록은 기본형블록과 장려형블록이 있고 규격치수는   **圖6·1**
과 같이 규정되어 있다. 블록을 쌓은 경우 종횡으로 10mm의 눈금을 만들므
로 눈금심의 치수는 400×200mm 또는 300×200mm이가 되고 이것이 설계를 할
때의 기준치수가 된다.

또 블록은 강도에 의하여 **표6·1**과 같이 3종이 있고 그 종류에 따라**표6·**
2의 구조규모가 규정되어 있다.

表 6 · 1 블록의 강도 (JIS A 5406)

種　類	전 단면적에 대한 압축강도
1급 블록	25 kg/cm² 以上
2급 블록	40 kg/cm² 以上
3급 블록	60 kg/cm² 以上

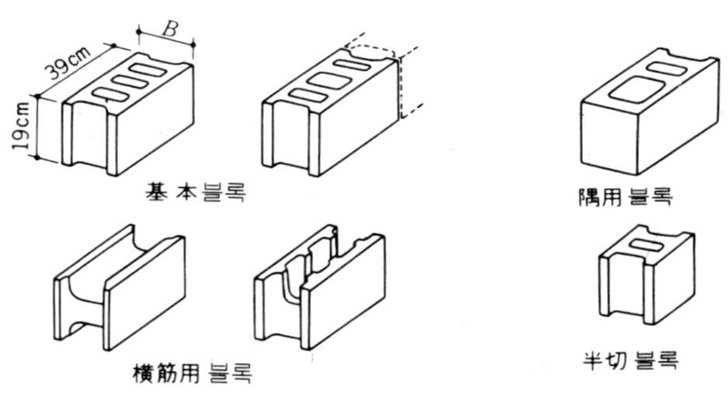

圖 6 · 1 블록의 形狀 과 치수

表 6 · 2

형　상	치　수 [mm]			허 용 차 [mm]	
	길 이	높 이	두 께	길이·두께	높 이
기본형 블 록	390	190	210 190 150 100	±2	±3
장려형 블 록	290	190	190 150 100	±2	±3

6-1·2 구조기준

보강콘크리트블록조는 다른구조와 달라서 기둥이 없고 벽안으로 바닥하중
이나 지진력에 견디는 구조이다.이벽을 내력벽이라 하고 내력벽은 다음의 규
정이 있다.

슈 제42조 〔내력벽의 두께〕

① 조적조인 내력벽의 두께(마감재료의 두께는 포함하지 아니한다. 이하 이 절에서 같다)는 그 직상층(直上層)의 내력벽의 두께보다 작아서는 아니된다.

② 조적조인 내력벽의 두께는 그 건축물의 층수·높이와 벽의 길이에 따라 각각 다음표의 두께 이상으로 하여야 한다(1977. 11. 10 본항 개정)

(단위 : cm)

층 별 \ 건축물높이 벽의 길이	5 mm 미 만		5mm이상 11mm미만		11 mm 이 상	
	8m 미만	8m 이상	8m 미만	8m 이상	8m 미만	8m 이상
1 층	15	19	19	29	29	39
2 층	—	—	—	19	19	29
3 층	—	—	—	19	19	19

② 제2항의 규정을 적용함에 있어서 내력벽의 두께는 그 조적재가 벽돌인 경우에는 당해 벽높이의 $\frac{1}{20}$이상, 블록인 경우에는 $\frac{1}{16}$이상으로 하여야 한다.

④ 제2항 및 제3항의 규정을 적용함에 있어서 그 조적재가 돌 또는 돌과 다른 조적재를 병용하는 경우에는 그 내력벽의 두께는 제2항의 두께에 그 $\frac{1}{10}$ 를 가산한 두께 이상으로 하되 당해 벽높이의 $\frac{1}{15}$이상으로 하여야 한다.

⑤ 조적조인 내력벽으로 둘러싸인 부분의 바닥면적이 60㎡를 넘는 경우에는 그 내력벽의 두께는 각각 다음표의 두께 이상으로 하여야 한다. 제3항 및 제4항의 규정은 이 경우에 이를 준용한다(1977. 11. 10 본항 개정).

층 별 \ 건축물의 층수	1 층	2 층	3 층
1 층	19	29	39
2 층	—	19	29
3 층	—	—	19

⑥ 토압을 받는 내력벽은 조적조로 하여서는 아니된다. 다만, 토압을 받는 부분의 높이가 2.5m를 넘지 아니하는 경우에는 벽돌조적조로 할 수 있다.

② 제6항 단서의 경우에 토압을 받는 부분의 높이가 1.2m이상인 때에는 그 내력벽의 두께는 그 직상층의 벽두께에 10cm를 가산한 두께 이상으로 하여야 한다.

⑧ 조적조인 내력벽을 이중벽(二重壁)으로 하는 경우에는 제1항 내지 제7항의 규정은 당해 이중벽의 어느 한쪽벽에 대하여 적용한다. 다만, 건축물의 최상층(1층 건축물인 경우의 1층을 포함한다)에 위치하고 그 높이가 3m를 넘지 아니하는 이중벽인 내력벽으로서 그 두벽 상호간에 가로 세로 각각 40cm 간격으로 지지 보강한 내력벽에 대하여는 그 각벽 두께의 합계를 당해 내력벽의 두께로 본다.

6-2 보강콘크리트블록조의 도면

6-2·1 평면도 · 입면도

평면도 · 입면도는 각기 평면기호를 써서 그리며 축척은 ¹⁄₁₀₀이 일반적이다. **圖6·2** 및 **圖6·3**은 축척¹⁄₁₀₀의 평면도의 예이다. 축척¹⁄₁₀₀의 경우 보통 블록개체 의 모양을 그리지 않고 벽일반의 기호로 표시한다. 그러나 축척¹⁄₅₀ 의 평면도로 는 블록의 형상을 그리는 경우가 많다.

축척¹⁄₁₀₀의 경우 다음페이지에 서술한바와 같이 평면블록 나누기도를 그리고 적산이나 시공단계의 마감을 검토한다.

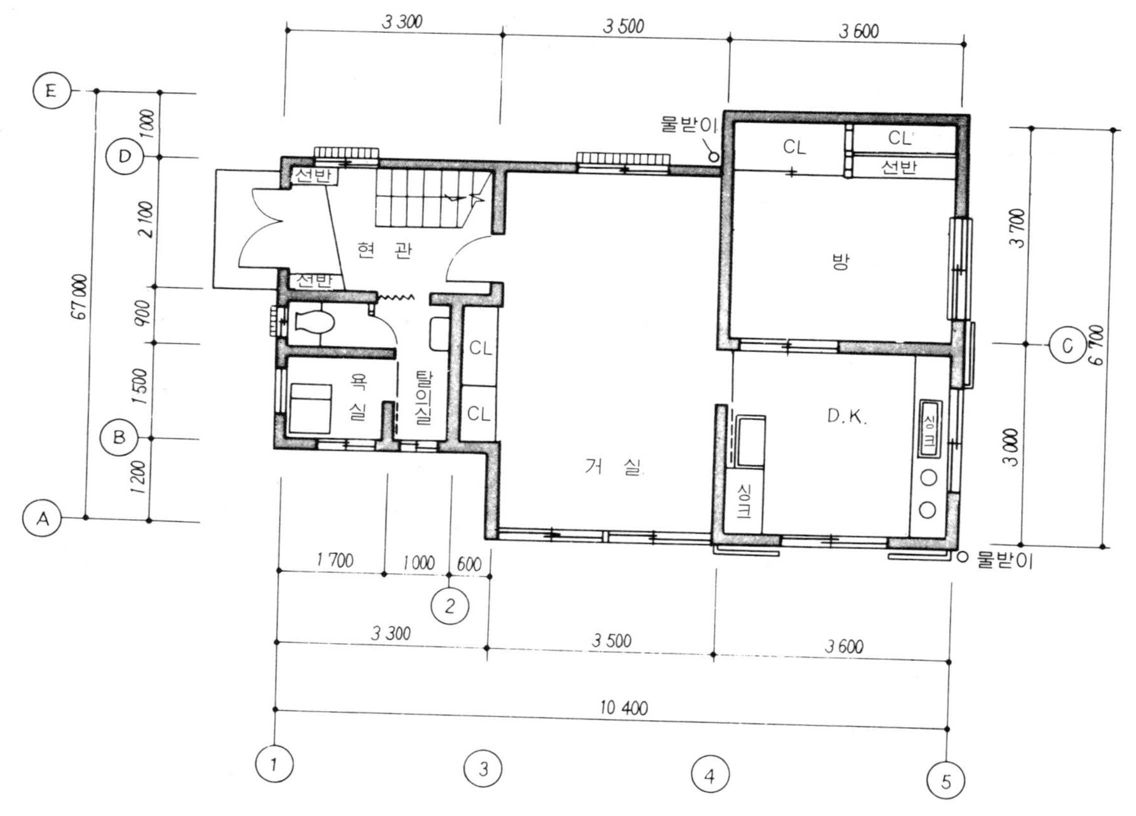

圖 6 · 2   平面圖 (1층 : 縮尺¹⁄₁₀₀)

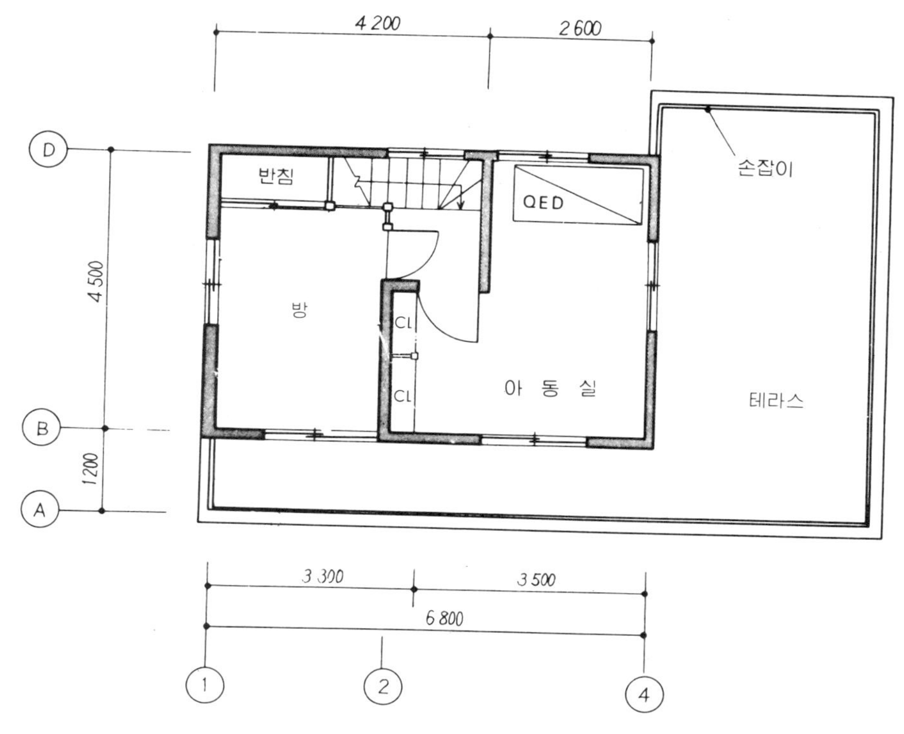

圖 6 · 3　平面圖 (2층: 縮尺 1/100)

6-2·2 블록나누기도 주단면도

　　블록의 조적상태를 알기쉽게 하기 위해여 **圖6·4**, **圖6·5**와 같은 평면 블록할부도 및 **圖6·6**과 같은 입면블록할부도가 그려진다.

　　평면 블록할부도는 블록의 할부법, 벽폭, 개구부폭, 철근의 위치, 직경을 도시하고 圖와 같이 내력벽에 W기호(**圖6·5**)를 붙여서내력벽의 위치가 명시됨과 함께 벽량산정의 편의를 도모하는 경우도 있다.

　　입면블록할부도는 블록할의 입면도이고 블록을 쌓는 상태와 종근횡근이파선등으로 도시되고 그 철근경이 명시된다. 할부도는 도면이 번잡하게 되므로 **圖6·6**과 같이 9mm의 철근넣기는 생략되며 ϕ13 ϕ16만이 표시되는 경우가 많다. 이도면의 축척은 1/100~1/50이 보통이다.

　　주단면도 구조도는 철근콘크리트구조에 준하여 바닥, 개구부, 천정 각부의 마감 및 필요치수가 기입된다. 또 와량, 기호의 크기는 구조계산에 의하여 산출한다. 와량의 단면 및 배근은 철근콘크리트구조에 준한다.

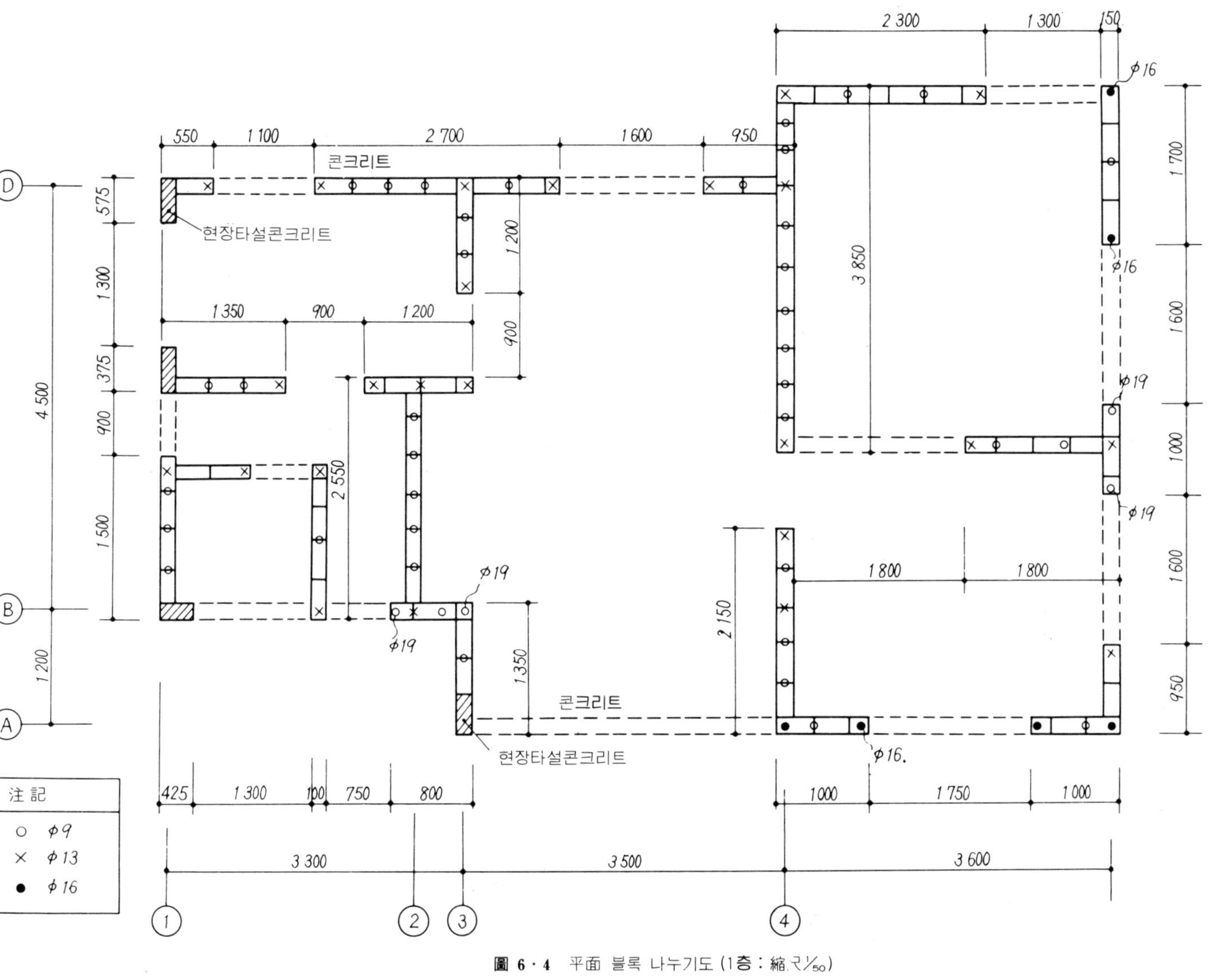

圖 6·4 平面 블록 나누기도 (1층 : 縮尺 1/50)

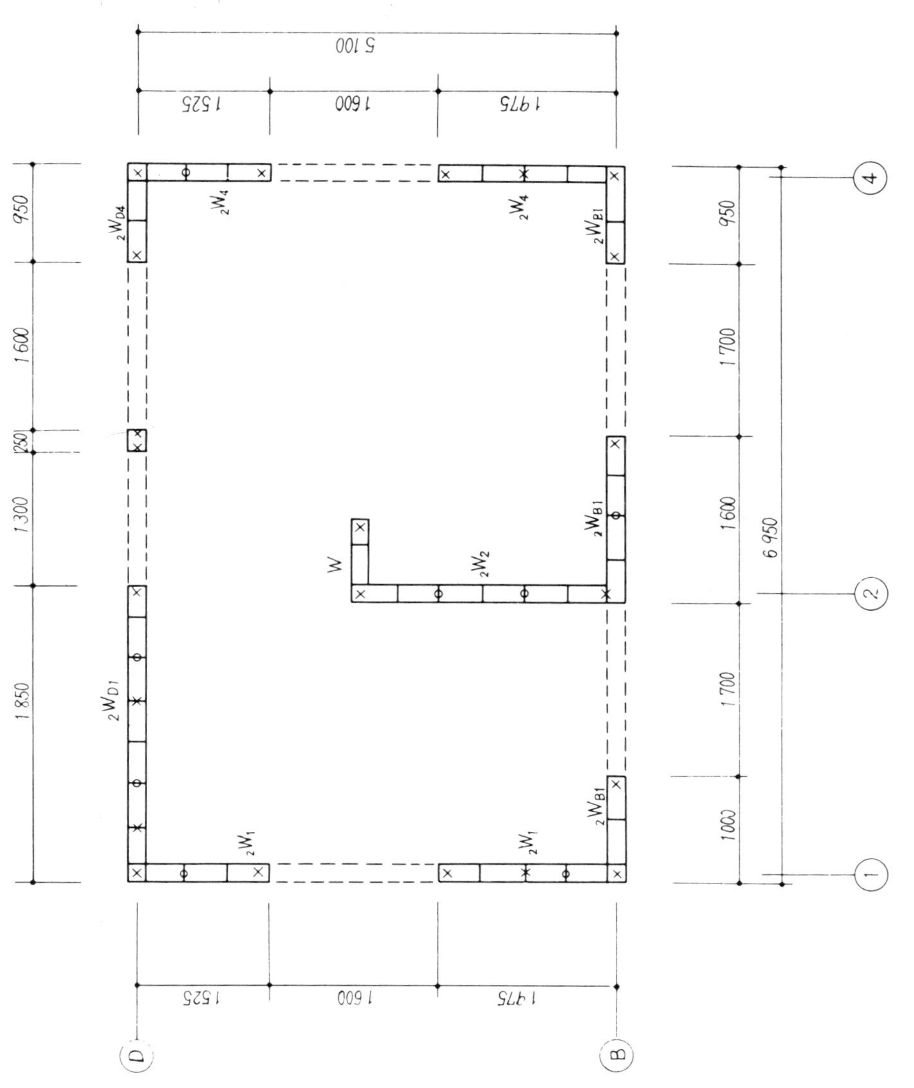

圖 6·5 平面블록나누기도(2층 : 縮尺 1/50)

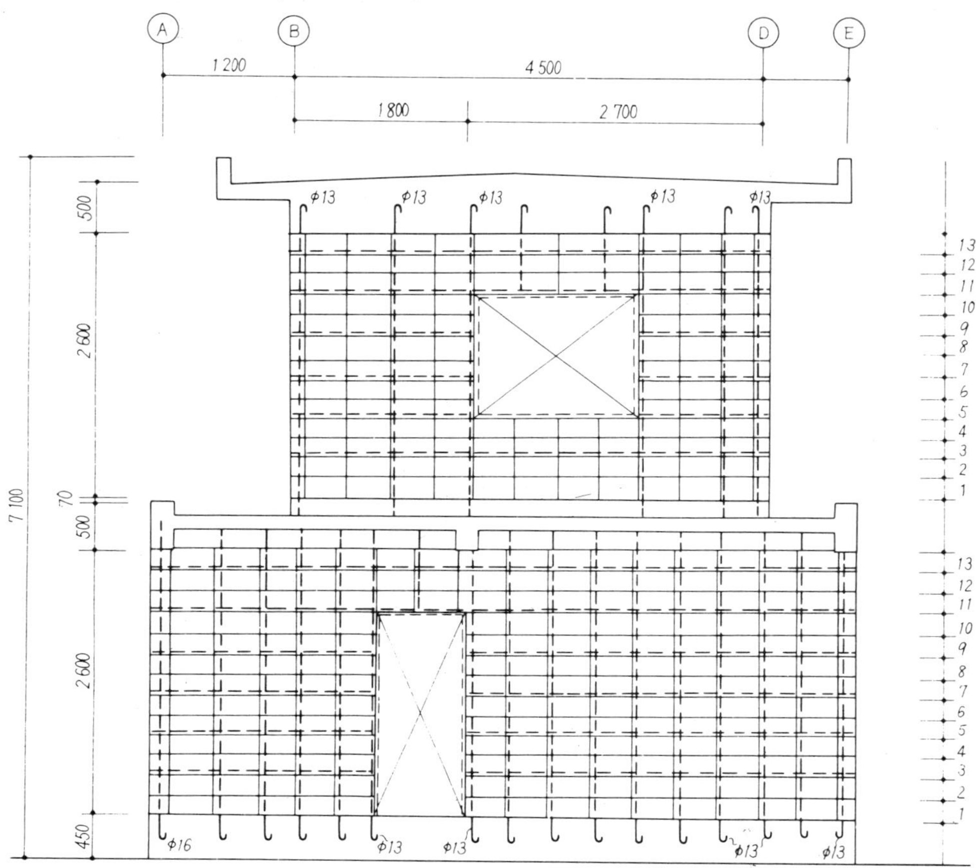

圖 **6 · 6**   立面 블록나누기도   (縮尺 1/50) (φ9mm 철근넣기는 생략)

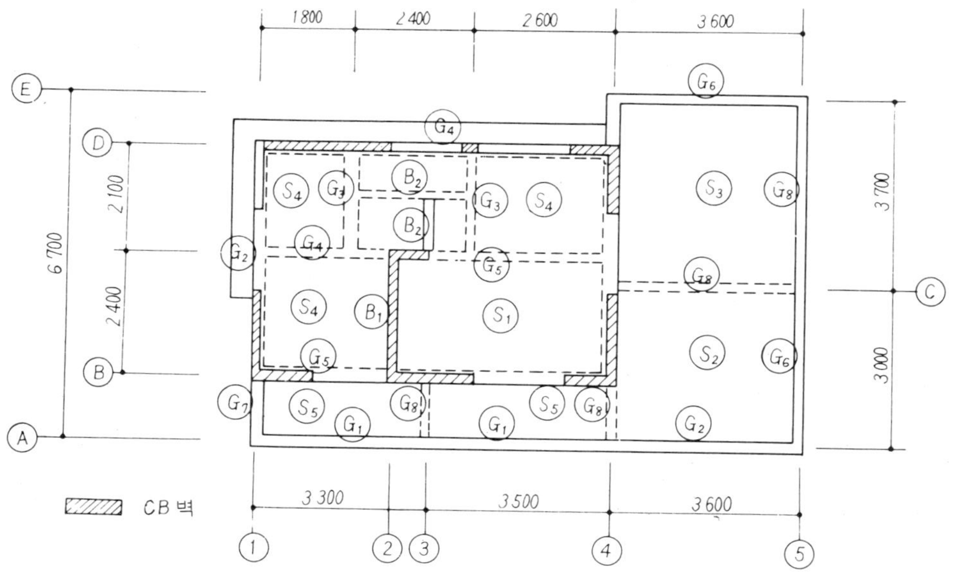

圖 **6 · 7**   基礎伏圖 (縮尺 1/100)

7장

목구조도의 보고 익히는 법

목구조는 주요부분인 골조에 목재를 쓴 구조형식이고 다종의 구조에 비하여 경량이며 구조법이 쉽고 공기가 짧은것 등 이점이 있지만 반면 화재의 위험이 높고 썩기쉬운 결점이 있다. 특히 방재 방부 방충에 대한 유의가 필요하다.

구조의 형식은 한식구조(심벽식)와 양식구조(평벽식)가 있지만 새로운 재료와 신공법에 의하여 목구조 이용도는 지붕틀이나 마루바닥, 개구부 등에 한하여 사용되고 있다.

심벽식과 평벽식이의 차이는 圖7·1 및 圖 7·2에 있는바와 같이 축조의 구성법이 근본적으로 다르며 심벽식은 끼움등을 써서 축조를 구성하고 평벽식은 간주를 쓴다. 따라서 심벽식은 벽마감을 한 단계에서 기둥면이 방에서 보이지만 평벽식은 기둥면이 방안에 보이지 않는다. 심벽식은 일반적으로 한식주택등에 평벽식은 양식주택에 쓰인다.

7-1 목재와 구조의 요점

7-1·1 목 재

목재는 침엽수와 광엽수로 분류된다. 침엽수는 광엽수에 비하여 재질이 연하여 연목류라 부르고 이 계통의 수종은 곧바른 대재를 얻기가 쉽고 기둥보등의 구조재나 조작재로서의 이용도가 크다. 광엽수는 일반적으로 수종이 여물고 경목류라 부르며 창호등을 비롯하여 조작재·치장재로서의 용도가 넓다. 더욱 근년에는 수입재가 널리 쓰이게 되었다.

목재의 규격은 농림규격에 의하여 그 재형 치수등급이 규정되어 있지만 관례에 의한 부름이 쓰이고 있다(**표 7·1**).

현재 우리나라의 목재규격은 농수산부가 1966년 12월 31일에 고시한 바에 의하고 있는데, 목재는 원목과 제재목으로 크게 나누어 각각 그 지름과 두께, 폭 및 형상 등에 의하여 다음과 같이 구분하고 있다.

㎥＝299.475세
세＝3.340㎠

표 7·1 목 재 규 격 분 류 기 준 표 （1966년 12월 31일자 / 농림부고시제1595호）

원 목	통　　　　　나　　　　　무 (전연 제재되지 않은 원목)		(대 경 목)	말구지름이 30cm 이상
			(중 경 목)	〃　14~30cm
			(소 경 목)	〃　14cm 미만
	조　　　　　각　　　　　재 제재전에 4면을 따내고 그 최후 단면에 있어서 결변을 보완, 4 면의 합계에 대하여 결변의 합계가 80% 미만인 4 각의 원목		(대조각재)	최소단면이 30cm 이상
			(중조각재)	〃　14~30cm
			(소조각재)	〃　14cm 미만
제재목	각　　재　　류 {폭이 두께의 3배 미만인 제목	각재 (두께가 6 cm 이상되는 각재류)	(정 각 재)	횡단면이 정방형
			(평 각 재)	〃　장방형
		소각재 (두께가 6 cm미간인 각재)	(정소각재)	〃　정방형
			(평소각형)	〃　장방형
	판　　　　　재　　　　　류 (두께가 6 cm 미만이고 폭이 두께의 3 배 이상되는 제재목)		(후 판 재)	두께가 3 cm이상되는 판재류
			(판　　재)	두께가 3cm미만이고 폭이 12cm이상
			(소폭판재)	두께가 3cm미만이고 폭이 12cm미만

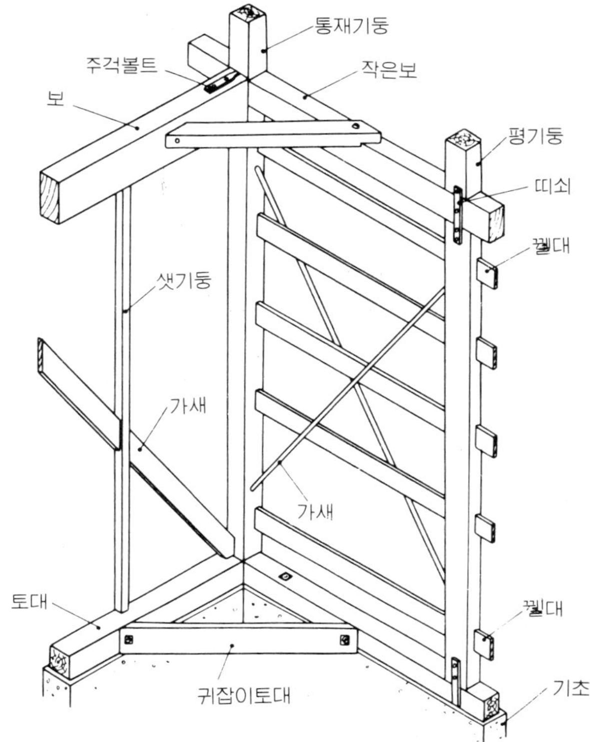

圖 7 · 1　심벽식

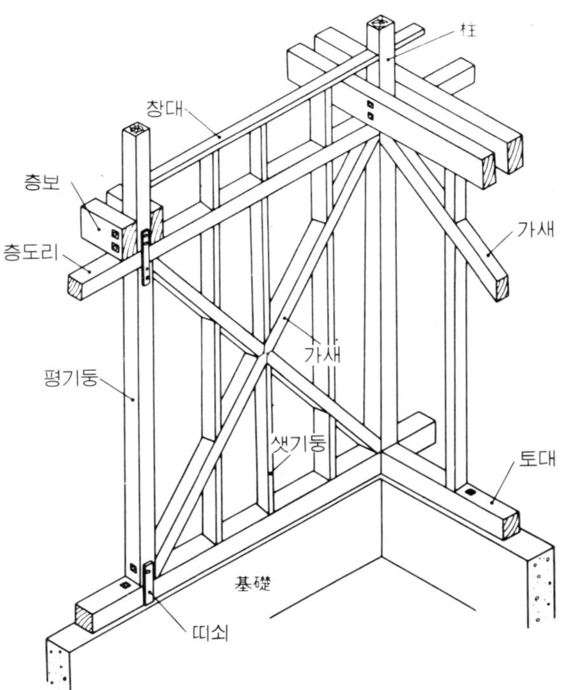

圖 7 · 2　평벽식

7-1·2 구조의 요점

　　목구조는 세장(細長)한 재료를 가공하여 조립하고 골조를 형성하여 가는 구조형식이고 바닥짜기, 뼈대, 지붕짜기로 나눈다. 따라서 p 40, 41 과 같이 각부의 골조의 구성방법을 그린 도면이 뼈대도, 바닥복도, 지붕복도이다.

　　목구조는 최하부의 기초에서 차례로 상부에 향하여 구성되어가는 것이 보통이고 다음의 순서에 의한다.

　　최초에 기초를 만들고 토대를 깔고 기초에 긴결한다. 다음에 기둥을 세우고 뼈대를 구성하여 간다. 2 층의 경우는 2 층보를 걸고 뼈대의 최상부에 지붕짜기 즉 지붕을 건다. 이것이 바로짜였나 어떤 가를 조사한 후 가새나 가로재를 넣어서 골조를 단단히 한다. 다음에 지붕바탕을 만들고 지붕을 올린다. 이와같이 어느정도 비를 막도록한 후에 바닥짜기를 다음에 뼈대부분에 창출입구가 있는 부분에는 창호를 달 문틀등을 붙이고 외부에 면하는 창호를 달고 외벽의 마감을 한다. 그리하여 요소의 조작이나 천정, 바닥, 내벽의 내부마감을 하고 내부의 창호를 끼워서 건물을 완성시킨다.

　　따라서 건물내의 배관 설비기기의 붙임등의 공사가 어느 시점에서 행할것인가를 도면과 공정표에 의하여 정확히 판단하는 것이 중요하다.

　　예를 들면 1 층의 급배수의 배관은 기초콘크리트 부어넣기전에 배관 혹은 스리브를 박고 벽, 천정 속의 배관은 외부내부 마감전에 완료시켜둘 필요가 있다. 특히 **圖7·1** 및 **圖7·2**에 있는바와 같이 심벽식과 평벽식에는 뼈대의 짜기방법에 근본적 차이가 있는 것에 주의하는 것이 중요하다.

7-2 목구조의 도면

　　목구조의 도면종류는 그 건물의 규모정도에 따라 다르나 최소한 다음의 것이 있다.

(1) 평면도 (각층)	(5) 바닥복도
(2) 입면도 (2 – 4면)	(6) 지붕복도
(3) 주단면도	(7) 마감표
(4) 기초복도	

이밖에 마감, 규모, 설비의 정도에 따라 다음의 것이 있다.

(8) 전개도	(11) 급배수배관도
(9) 천정복도	(12) 공조용배관도
(10) 창호표	(13) 전기설비도

7-2·1 평면도 · 입면도

圖7·3 및 **圖7·4**는 목조 2층주택의 평면도 · 입면도를 축척 1/100로 그린 예이
다. 평면도에는 샛기둥 혹은 출입구 창문틀은 그리지 않는다. 특히 건축허
가신청서에 첨부하는 평면도 · 입면도에는 실의 배치 및 외부마감 재료를 표
시한다.

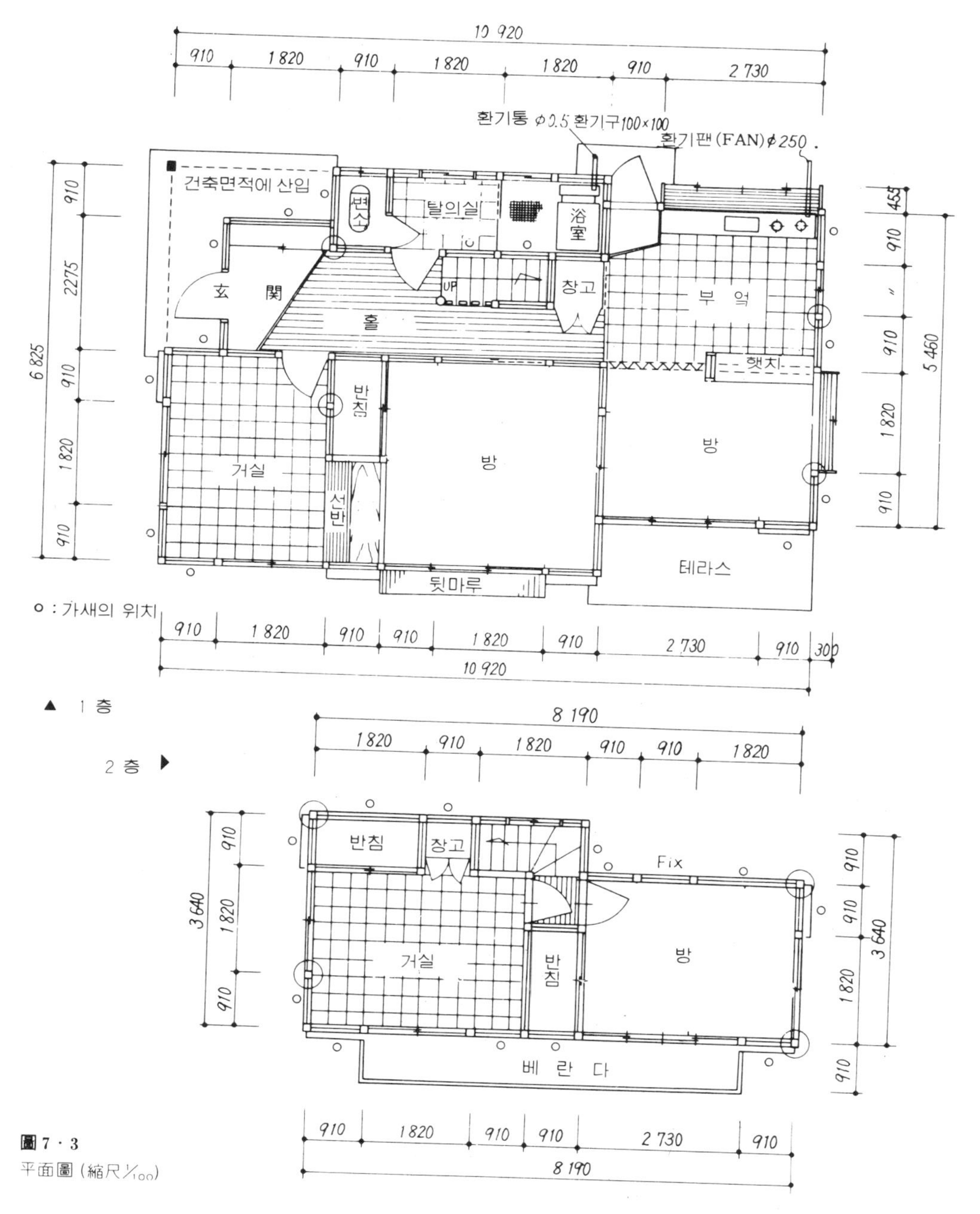

圖 7 · 3
平面圖 (縮尺 1/100)

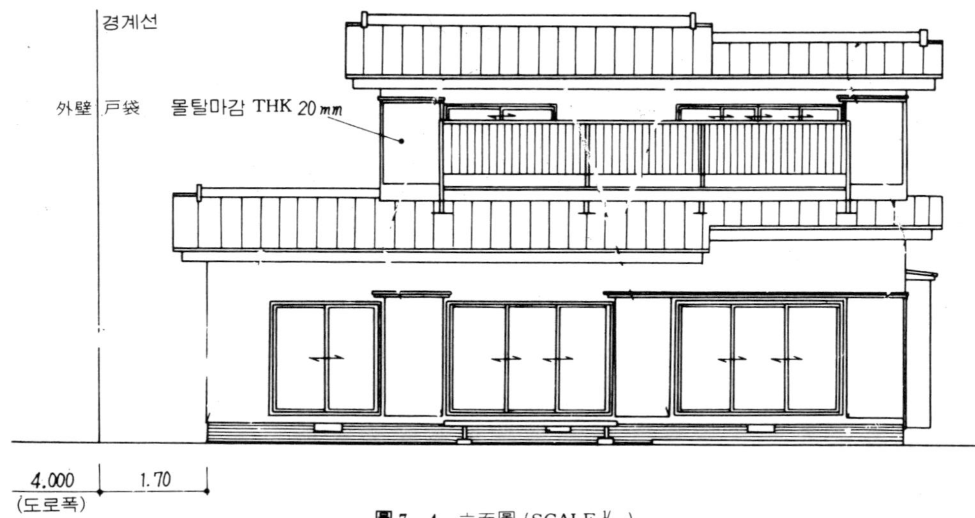

圖 7 · 4 立面圖 (SCALE ⅟₁₀₀)

7-2·2 주단면도

주단면도에   도시 및 써넣을 사항은 지금까지 설명한 각장과 마찬가지이
다.

圖7·5～8은 대벽식 외벽부분의 설명도이고 기둥·간주에 벽바탕의 쪽대기
라스를 붙이고 그 표면에 각종의 마감을 한다.

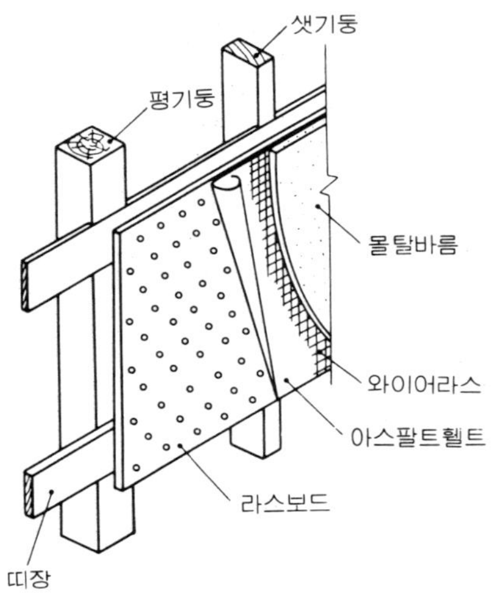

圖 7 · 5 라스보드바탕몰탈바름 (떡벽)

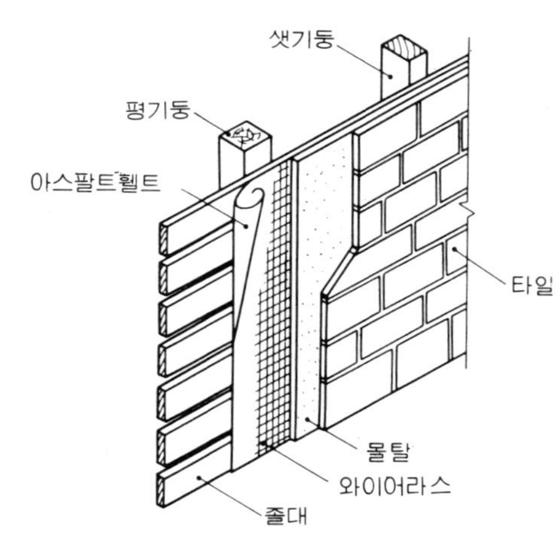

圖 7 · 6 타일붙임 (평벽)

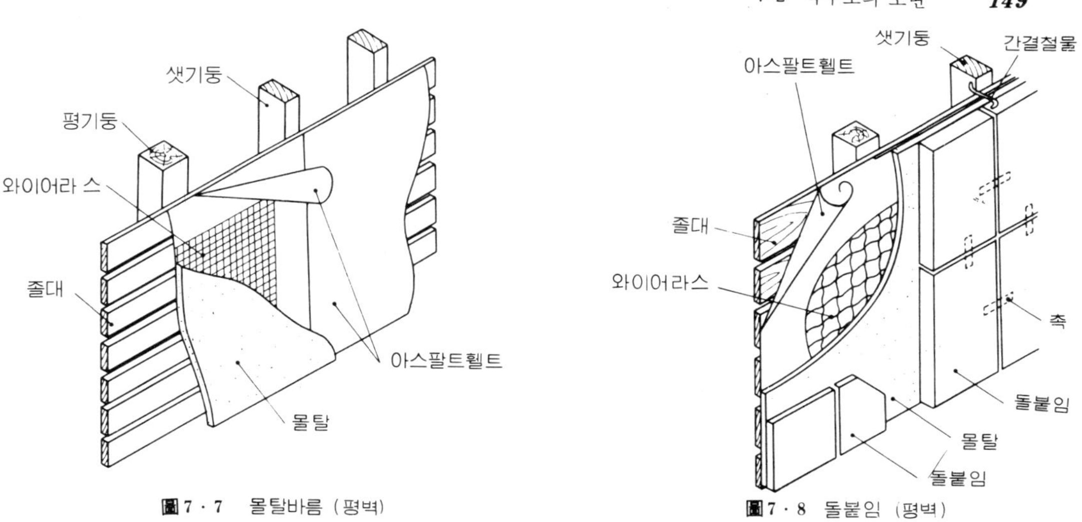

圖 7 · 7   몰탈바름 (평벽)

圖 7 · 8   돌붙임 (평벽)

圖7·9~11은 심벽식의 내벽의 설명도이다. 최근에는 벽바탕에 석고 보드 등을 쓰는 경우가 많다.

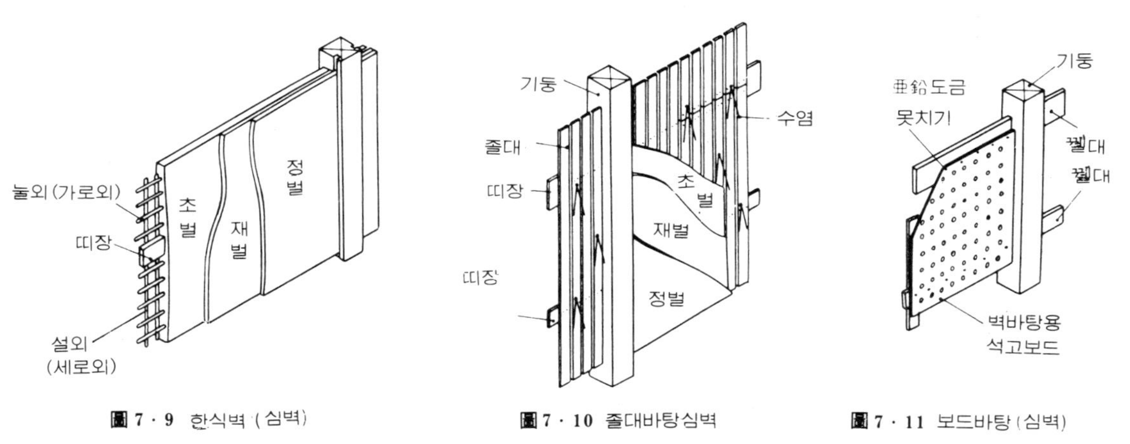

圖 7 · 9   한식벽 (심벽)

圖 7 · 10   졸대바탕심벽

圖 7 · 11   보드바탕 (심벽)

圖 7 · 12   天井 속시공도

목구조의 지붕에는 기와·석면스레이트금 속판 올리기등의 각종 방법이 있으나 석가 래위에 판자를 깔고 그위에 지붕재(기와 금 속판 등)를 올린다. 금속판의 경우는 단열 재를 넣는것이 원칙이다.

또 **圖7·12**는 2층주택의 1층 천정속의 설명도이다 **圖7·13**은 천정마감을 **圖7·14** 는 개구부주위의 상세도의 예이다.

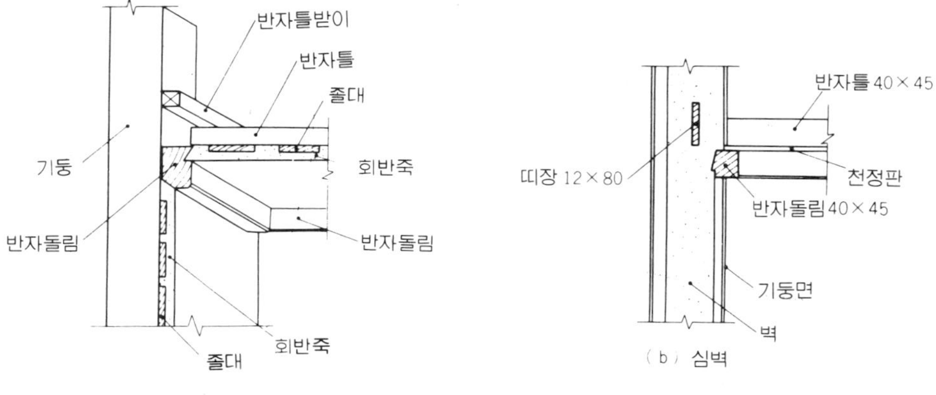

(a) 평벽

(b) 심벽

圖 7 · 13 天井 주위의 詳細

(a) 窓詳細(평편식)

(b) 스틸샷시

(c) 심벽

圖 7 · 14 開口部 주위의 詳細

絶緣管과金屬管 과의사이에는몰탈
또는콘파운드를넣는다.

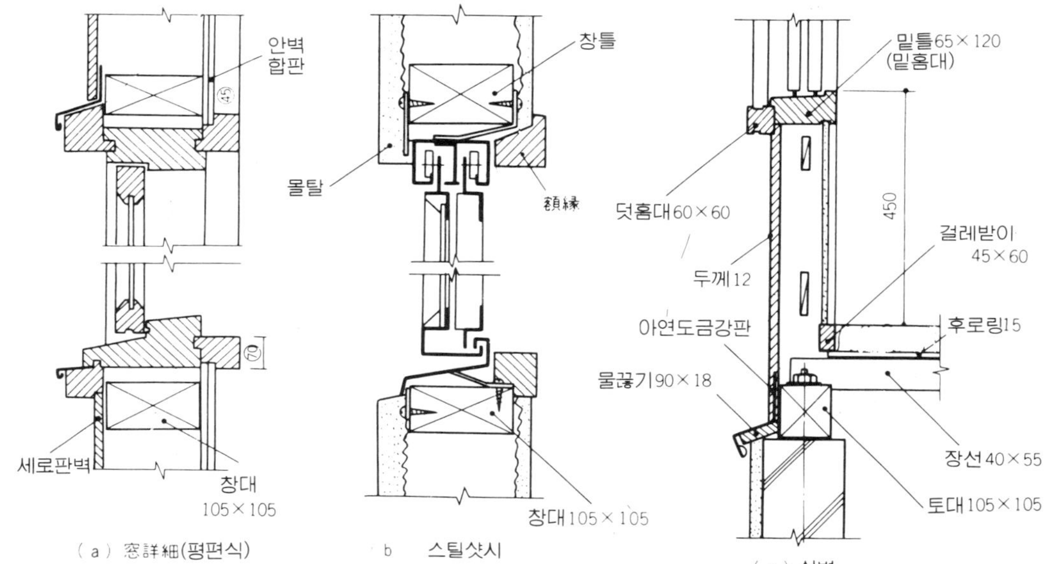

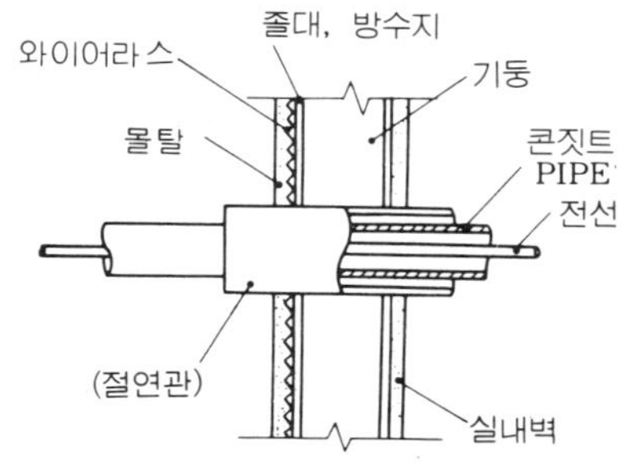

圖 7 · 15 메탈라스붙임 施設金屬電線管

그밖에 라스바탕(와이어라스 메탈라스)을 사용한 벽에 전기배선을 하는 경우에는 특히 주의가 필요하고 **圖7·15**는 전선관을 사용한 때의 절연법의 설명도이다.

최후로 축척1/20으로 그린 경우의 주단면도의 예를 **圖7·16**에 표시한다.

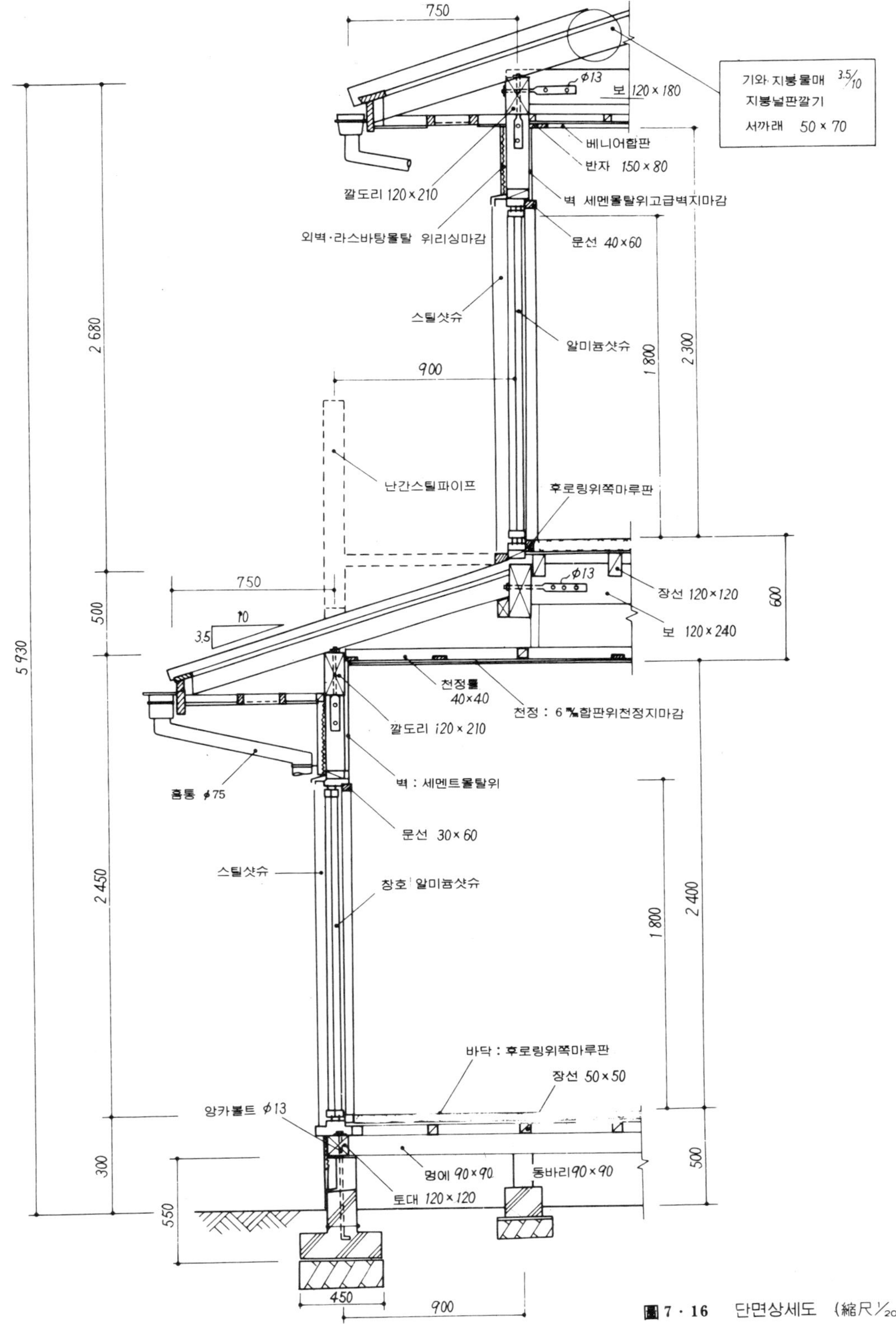

圖 7·16 단면상세도 (縮尺 1/20)

부록 Ⅰ	건축용 약어와 기호표

약　　　　호	원　　　　어	우 리 말 표 기
ⓐ	AT	～에서
A. B.	Anchor Bolt	앵커 보울트
ABBREV.	Abbreviation	약 어
ABS.	Asbestos	석 면
A. C. B.	Asbestos Cement Board	석면 슬레이트관
ACST.	Acoustic	음 향
ACST. PLAS.	Acoustical Plaster	음향 플래스터
ACT.	Actual	실제의
ADD.	Addition	부 기
AGGR.	Aggregate	자갈 (콘크리이트의 골재)
AIRCOND.	Air Conditioning	에어 컨디셔닝
APPD.	Approved	인정하는
ARCH.	Architecture, Architectural	건축 ,건축의
ASRH.	Asphalt	아스팔트
A. T.	Asphalt tile	아스팔트 타일
AUTO.	Automatic	자 동
AX.	Axis	축
B.	Bath Room	욕실
BD.	Board	판
B. H.	Boiler House	독립 보일러실
B. L.	Building Line	건축 기준선
BLDG.	Building	건 물
BLK.	Block	블 록
BLR.	Boiler	보일러
BM.	Beam	보
B. M.	Bench Mark	표준점
B. M.	Bending Moment	휨 모우먼트
BOT.	Bottom	토 대
B. P.	Blue Print	청사진
BR.	Bed Room	침실
B. R.	Boiler Room	보일러실 (옥내)
BRK.	Brick	벽 돌
BRS.	Brass	황 동
BRZ.	Bronze	청 동
BSMT.	Basement	지하실
BT.	Bent	굽 은

약　　　호	원　　　어	우 리 말 표 기
BT.	Bolt	보울트
C 또는 CL.	Center Line	중심선
CAB.	Cabinet	옷 장
C. B.	Coal Bin	저탄고
CEM.	Cement	시멘트
CEM. MORT.	Cement Mortar	시멘트 모르타르
CEM. P.	Cement Water Paint	물시멘트 페인트
CEM. PLAS.	Cement Plaster	시멘트 플래스터
CER.	Ceramic	사 기
CIG.	Ceiling	천 장
C. J.	Control Joint	컨트롤 조인트
CL.	Closet	골 방
CLA.	Class	반
CLR.	Clear	정확하게
C. O.	Clean Out	청소구
COL.	Column	기 둥
CONC.	Concrete	콘크리이트
CONC. B.	Concrete Block	콘크리이트 블록
CON. C.	Concrete Ceiling	콘크리이트 천장
CONC. F.	Concrete Floor	콘크리이트 바닥
CONST.	Construction	공 사
CONT.	Continuous	연 속
COP.	Copper	구 리
COR.	Corner	모서리
CORR.	Corridor	복 도
CORRG.	Corrugated	골 진
C. T.	Ceramic Tile	사기 타일
C. TO C.	Center to Center	중심에서 중심까지
CTR.	Center	중 심
CTR.	Counter	카운터
CYL. L.	Cylinder Lock	실린더 자물쇠
DET.	Detail	상세도
DIA.	Diameter	지 름
DIM.	Dimension	치 수
DIST.	Distance	거 리
DIST. 또는 DO.	Ditto	앞과 같음
D. J.	Dummy Joint	더미 조인트
DN.	Down	아 래
D. R.	Dining Room	식 당
DR.	Drain	드레인

약　　　　호	원　　　어	우 리 말 표 기
D. S.	Down Spout	홈 통
DWG.	Drawing	제도 도면
EA.	Each	각 각
EL. 또는 ELEV.	Elevation	압면도
ELEC.	Electric	전 기
ENT.	Entrance	현 관
EQUIP.	Equipment	장비 설비
EST.	Estimate	견 적
E. TO E.	End to End	끝에서 끝까지
EXP.	Exposed	노 출
EXP. BT.	Expansion Bolt	익스팬션 보울트
EXP. JT.	Expansion Joint	익스팬션 조인트
EXT.	Exterior	외 부
F. BRK.	Fir Brick	내화 벽돌
F. D.	Floor Drain	플로어-드레인
F. DR.	Fire Door	방화문
F. H. C.	Fire Hose Cap	소화 호오스 연결구
F. H. W. S.	Flat Head Wood Screw	납작머리 나사못
FIG.	Figure	도 형
FIN.	Finish	끝맺음
FIN. FL.	Finish Floor	끝맺음 바닥
FL.	Floor	바 닥
FND.	Foundation	기 초
F. PRF.	Fire Proof	내 화
FR.	Frame	형 틀
F. S.	Far Side	원 측
F. S.	Full Size	실 측
FT.	Feet, Foot Feet.	피이트
FTG.	Footing	기 초
GA.	Gage	게이지
GALY.	Galvanized	전기 도금한
G. I. S.	Galvanized Iron Sheet	아연 철판
G. L.	Ground Line	지 면
GL. BL.	Glass Block	유리 블록
GRN.	Green	녹 색
GYP.	Gypsum	석 고
HDW.	Hardware	철 물
HGT. 또는 H.	Height	높 이
HOR.	Horizontal	수평의
HTG.	Heating	난 방

약　　　　　호	원　　　　어	우 리 말 표 기
I. D.	Inside Diameter	안지름
IN.	Inch	인 치
INCL.	Include	포함하다
INS.	Insulation	절 연
INT.	Interior	내 부
JT.	Joint	조인트
L.	Line	선
L. 또는 LE. 또는 LGTH.	Length	길 이
LAB.	Laboratory	실험실
LAD.	Ladder	사다리
LAV.	Lavatory	세면소
LB(s).	Pound(s)	파운드
LBR.	Lumber	재 목
LEV.	Level	수 평
LINO.	Linoleum	리놀륨
L T.	Light	빛
LVD.	Louvered Door	비늘판 문
MATL.	Material	재 료
MAX.	Maximum	최대의
MEC.	Mechanic	기 계
MECH.	Mechanical	기계의
MET.	Metal	금 속
MH.	Manhole	맨호울
MIN.	Minimum	최소의
MISC.	Miscellaneous	여러가지의
M. O.	Masonry Opening	벽돌 혹은 블록벽돌의 트인
M. PART.	Movable Partition	가동할 수 있는 벽
N. I. C.	Not in Contract	계약에 포함하지 않음
NO.	Nail	못
NO.	Number	번 호
N. S.	Near Side	근 측
N. S.	Non Slip	논 슬립
O. C.	On Center	중심거리
O. D.	Outside Diameter	바깥지름
OFF.	Office	사무실
OPNG.	Opening	개구부
OPP.	Opposite	반 대
O. TO O.	Out to Out	밖에서 밖까지
PARTN.	Partition	분할 구분
PC.	Piece	조 각

약 호	원 어	우 리 말 표 기
PG.	Page	페이지
PLAS.	Plaster	플래스터
PL. 또는 R.	Plate (Steel)	철 판
PLMB.	Plumbing	연판 공사
PLSTC.	Plastic	플라스틱
PNL.	Panel	판 자
POL.	Pollshed	닦은 광택 있는
PR.	Pair	짝
PRMLD.	Premolded	미리 묻어 놓은
P. SL.	Pipe Sleeve	파이프 슬리이브
P. S. I.	Pounds per Square Inch	제곱인치당 파운드
PTD.	Painted	페인트 칠한
R.	Riser	계단 높이
R. 또는 r.	Radius	반지름
RAD.	Radiator	방열기
RD.	Road	길
R. D. REF.	Roof Drain Reference	지붕 드레인
REINF.	Reinforcing	보강한
RF.	Roof	지 붕
RFG.	Roofing	루우핑
RM.	Room	방
RT.	Right	오른쪽
RUB.	Rubber	고 무
SC.	Scale	축 척
SCUP.	Scupper	배수관
SECT.	Section	단 면
SERV.	Service	서어비스
SHT.	Sheet	장
SK.	Sink	개수기
SLV.	Sleeve	슬리이브
S. M.	Surface Measure	표면 측정
SPEC.	Specifications	시방서
SQ.	Square	정사각형
ST.	Stairs	계 단
STD.	Standard	표 준
STG.	Storage	창 고
STL.	Steel	철
STN.	Stone	돌
STR.	Structure	구 조
SUR.	Surface	표 면

약　　　　　호	원　　　　　어	우 리 말 표 기
S. V.	Safety Valve	안전 밸브
SW.	Switch	스위치
SYM.	Symbol	기 호
T.	Toilet	변 소
T. C.	Terra-Cotta	테라코타
TECH.	Technical	기술의
TEL.	Telephone	전 화
TEMP.	Temperature	기 온
TER.	Terrazzo	테라조
THK.	Thickness	두 께
TYP.	Typical	대표적인
UP	Up	위
UR.	Urinal	소변기
VENT.	Ventilate	환기하다
VENT.	Ventilator	환기 장치
VERT.	Vertical	수직의
VEST.	Vestibule	현 관
VOL.	Volume	용 량
W.	Wall	벽 체
W. C.	Water Closet	변 소
WD.	Wood	목재, 나무
W. H.	Water Hole	물구멍
W. HSE.	Ware-House	창 고
WTH.	Width	폭

그림해설 건축설비 기호

名　　称	記　号	図　解	名　　称	記　号	図　解
치　수　선			수　목　(3)		
치　수　선			수　목　(4)		
치　수　선			수　목(등)		
기　준　선			등　나　무 파　고　라	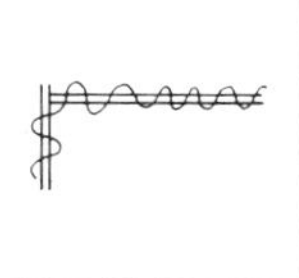	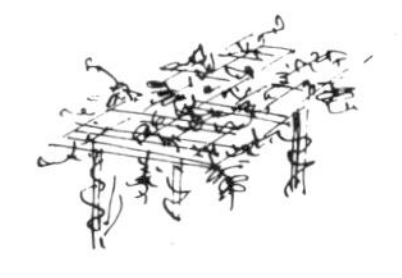
보조기준선			인접경계선		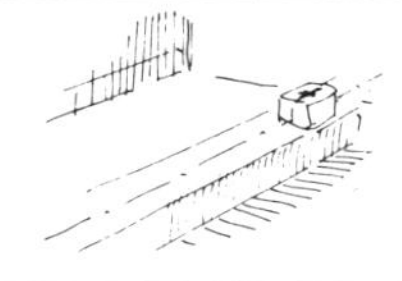
물　　매			도　　로		
방　　위			잔　　디		
방　　위			건축면적	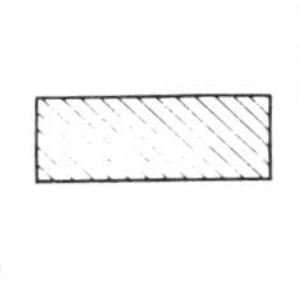	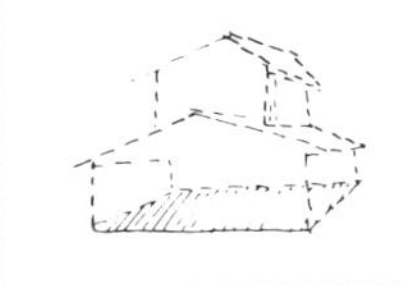
수　목　(1)			수　목　(5)	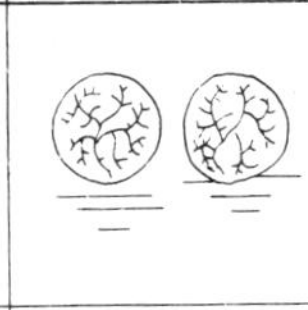	
수　목　(2)			수　목　(6)	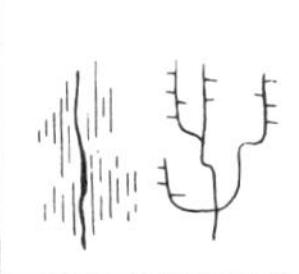	

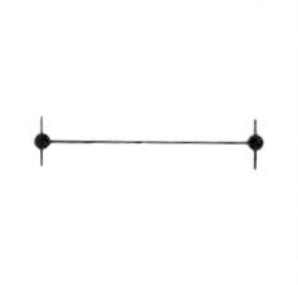

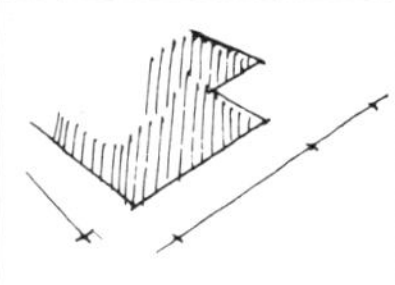

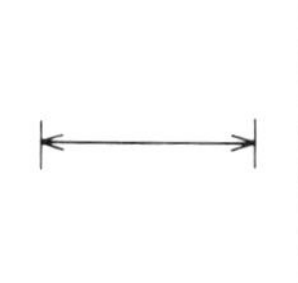

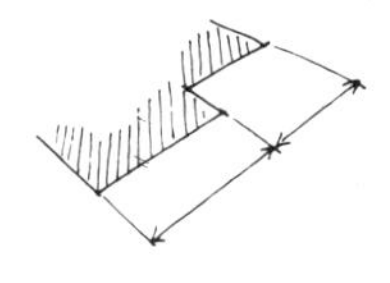

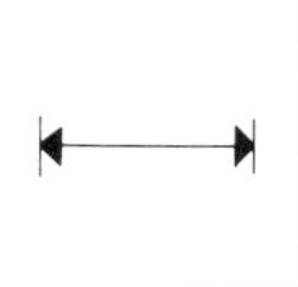

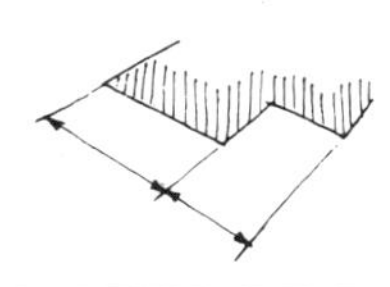

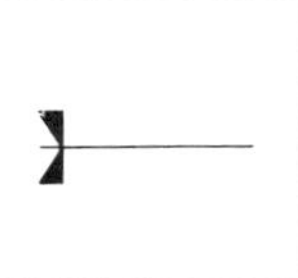

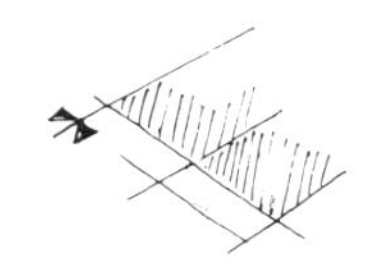

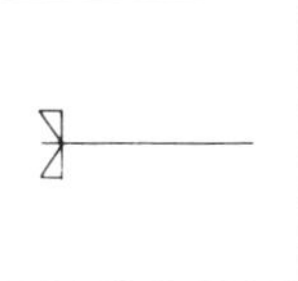

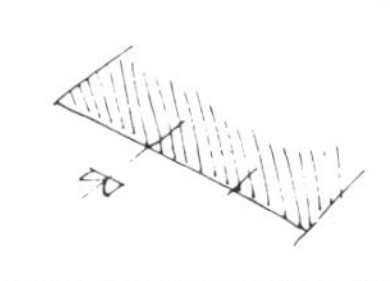

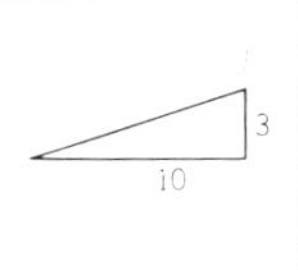

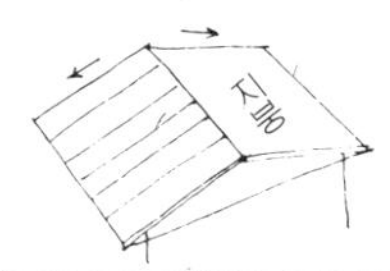

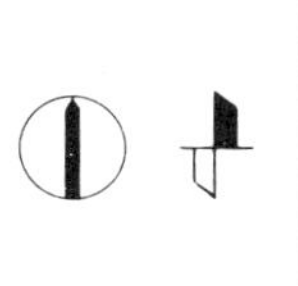

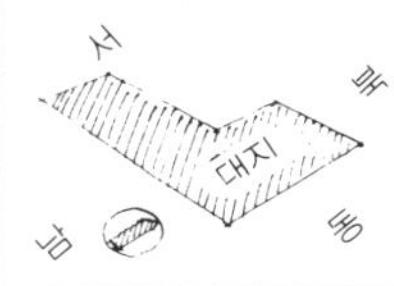

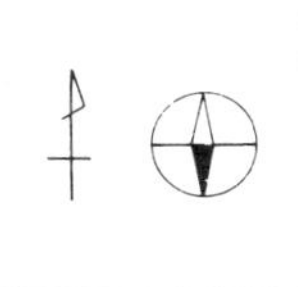

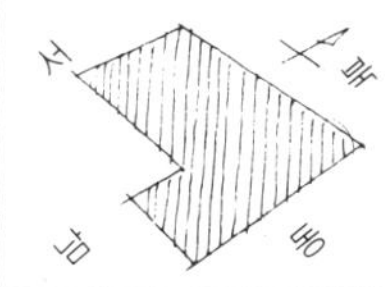

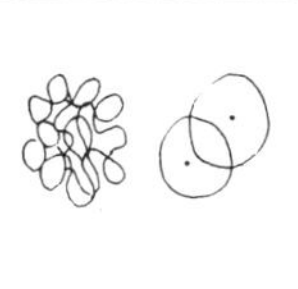

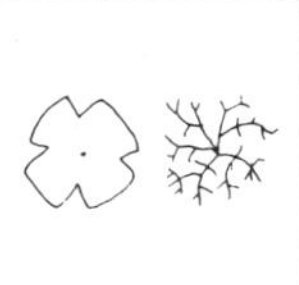

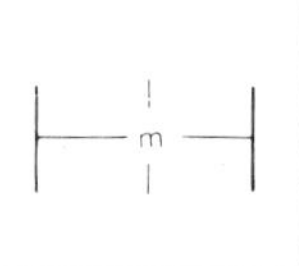

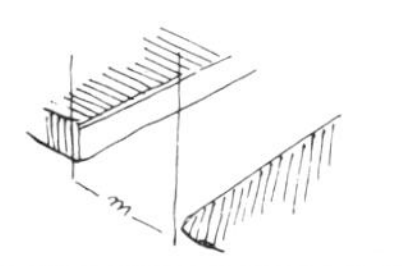

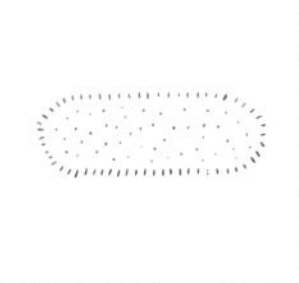

名　　　称	記　号	図　　解	名　　　称	記　号	図　　　解
수　목 (7)			변　　　소 (소·대변용)	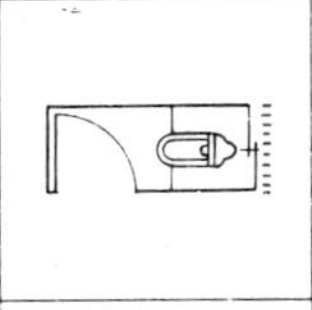	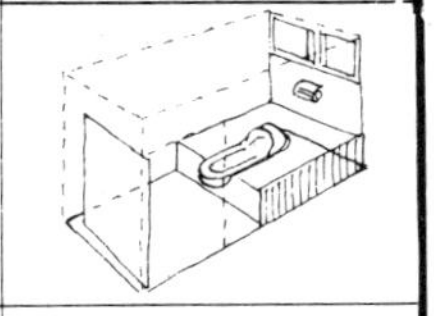
사　　　람		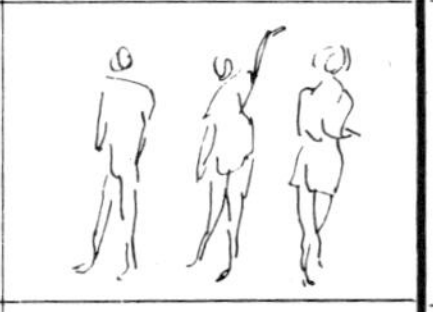	싱　크　대	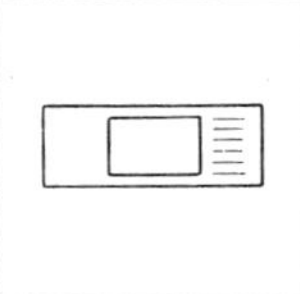	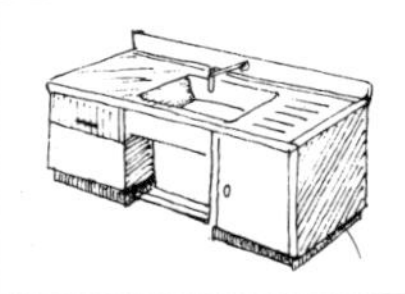
사　　　람		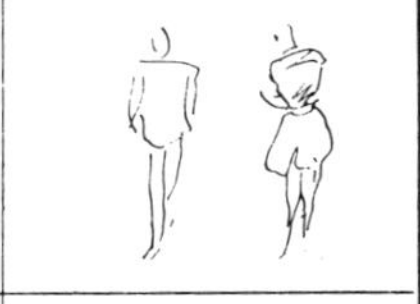	가 스 렌 지	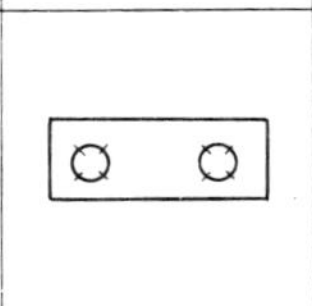	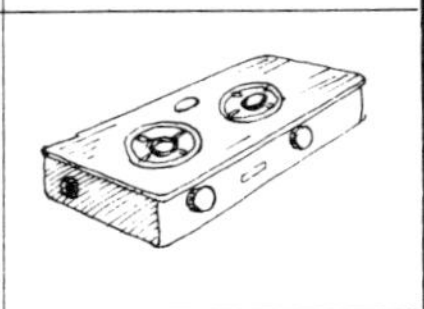
2인용침대	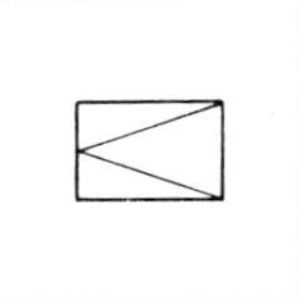		욕　　　실 욕　　　조	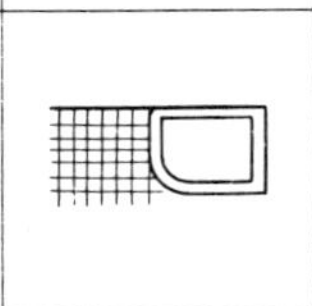	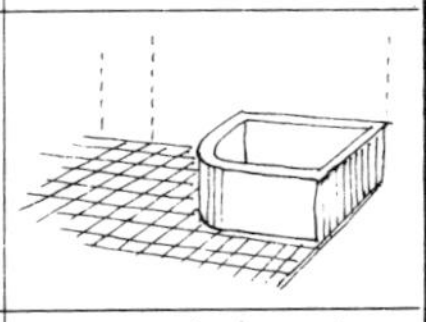
양　복　장	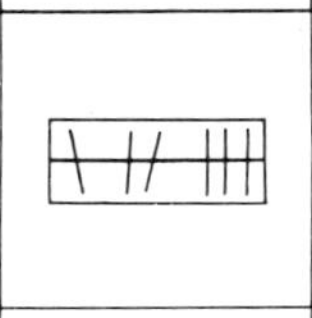	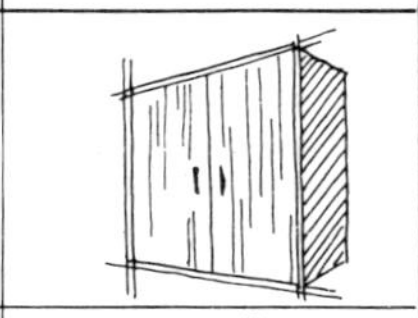	장　식　장	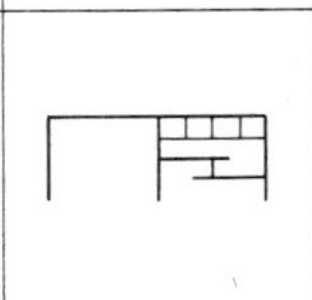	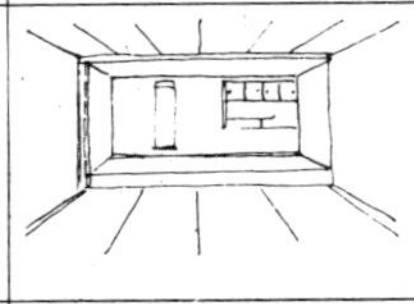
자리(다다미)	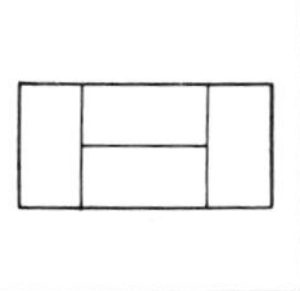	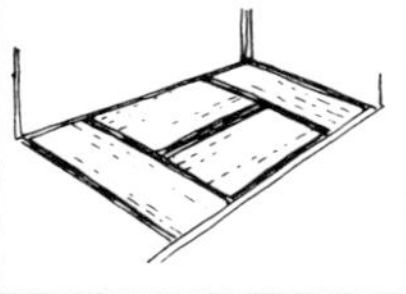	반　　　침	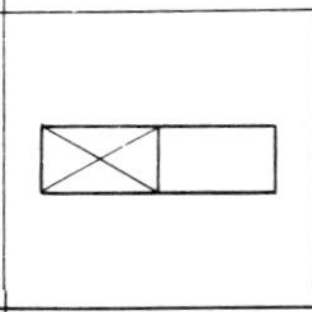	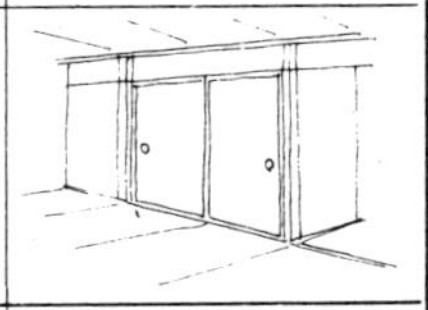
양　탄　자	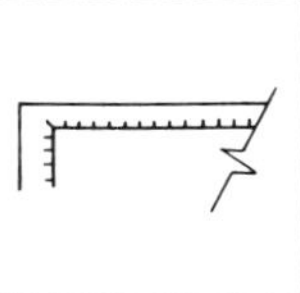	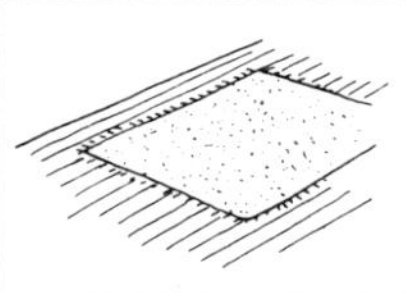	흙　바　닥	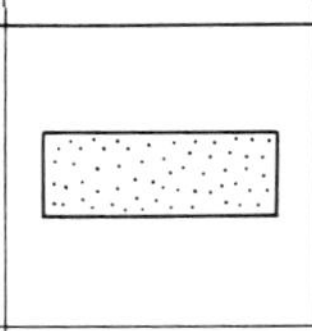	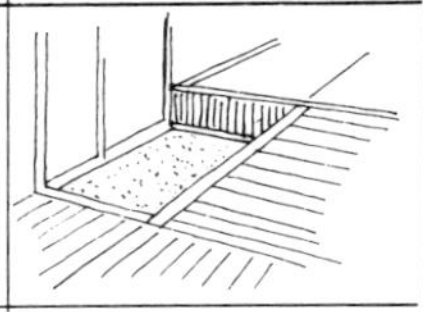
계 단(곧은)	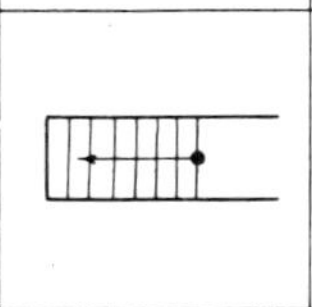	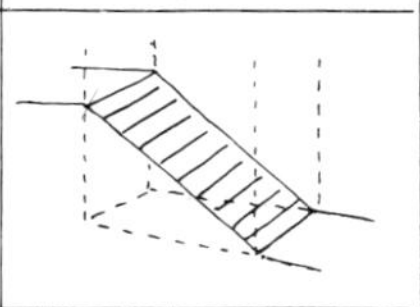	마 루 바 닥	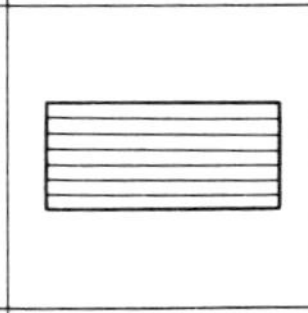	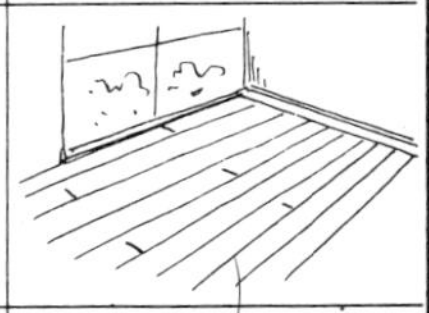
계 단(꺾임)	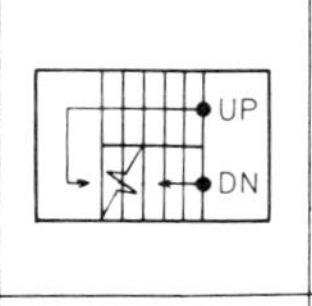	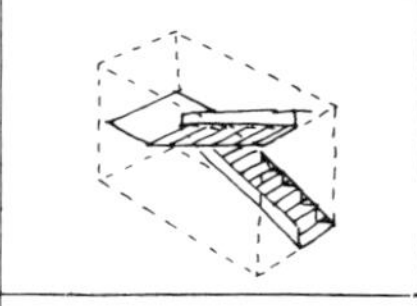	복　　　도	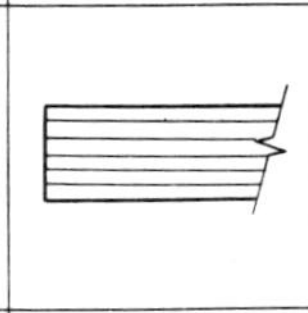	
1인용침대	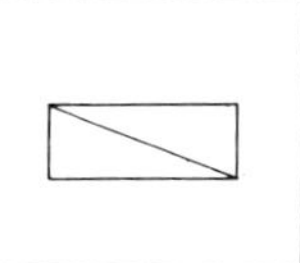	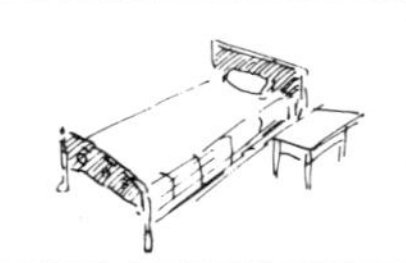	툇　마　루	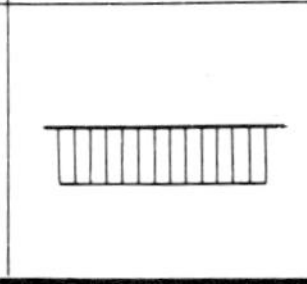	

名　　　称	記　号	図　　解	名　　　称	記　号	図　　解
수　세　기		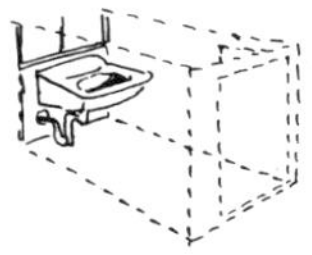	멍　　에		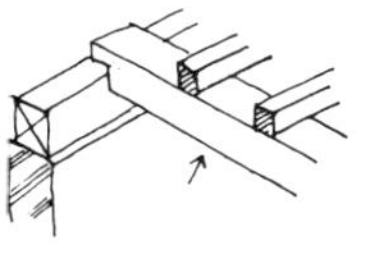
화 장 실(男)			토　　대		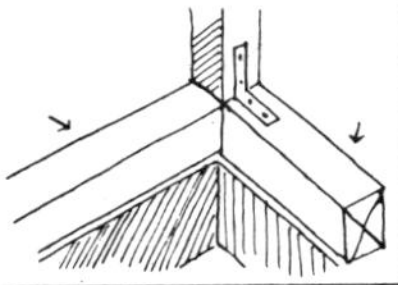
귀 잡 이 보		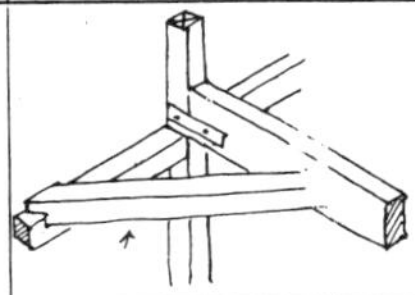	장 선.받 이		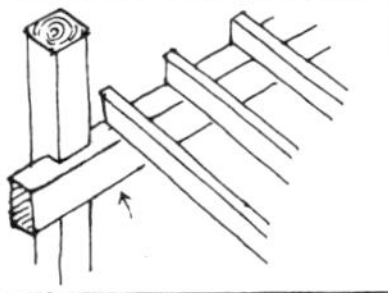
보(깔 도 리)		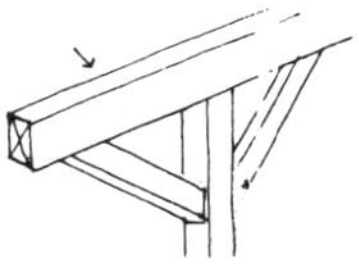	계　　단		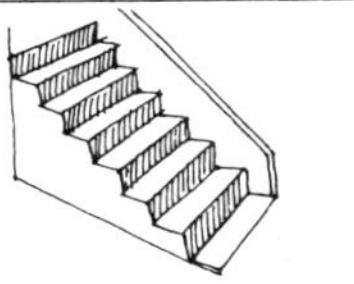
층　도　리	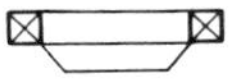	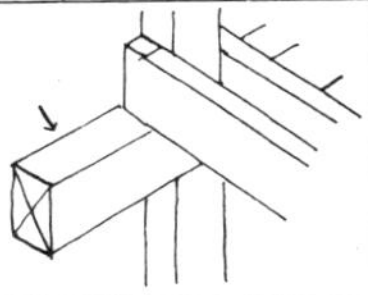	지　붕　보		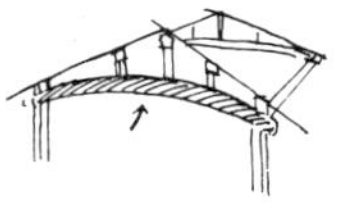
장　　선		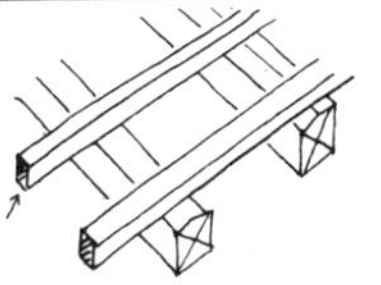	목조기둥(심벽) 1 / 100 심벽	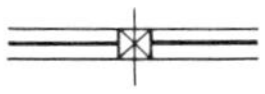	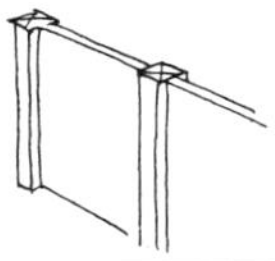
중　도　리		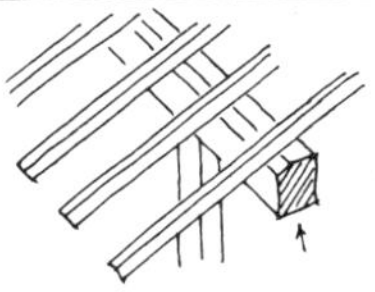	장　　　선	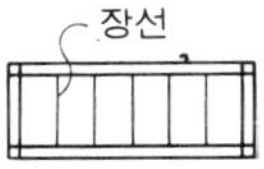	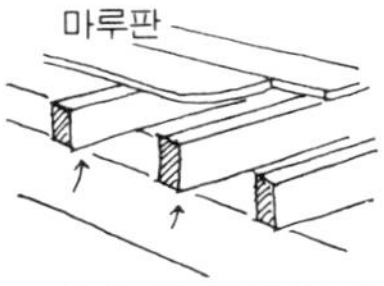
추　　녀		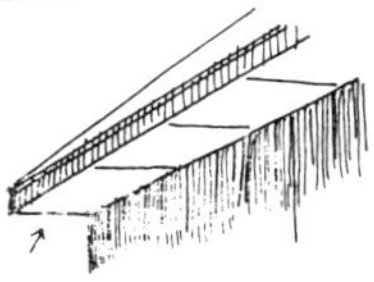	통 재 기 둥		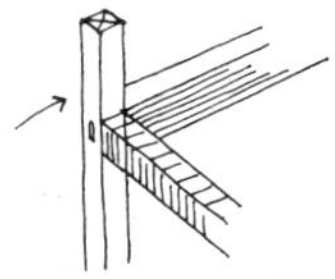
샛　기　둥		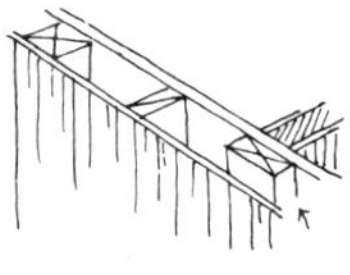	평 기 둥		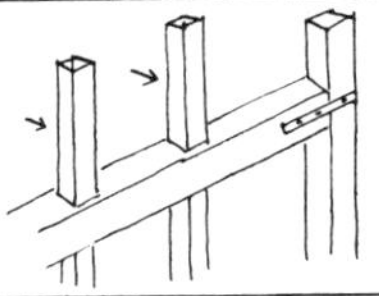
귀잡이토대		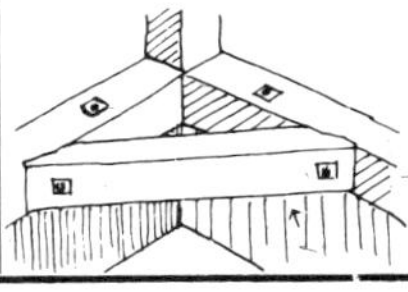	장 선 받 이	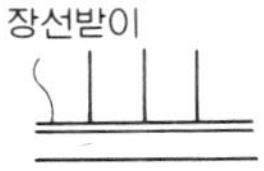	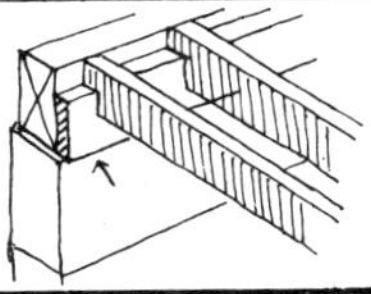

名　　称	記　号	図　　解	名　　称	記　号	図　　解
중 도 리	 ———	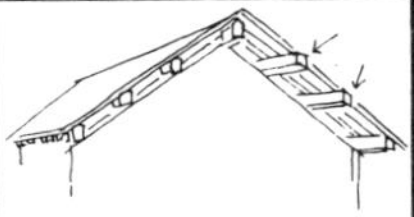	회 전 창	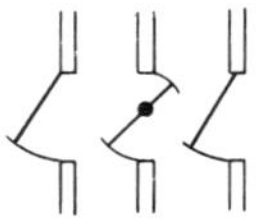	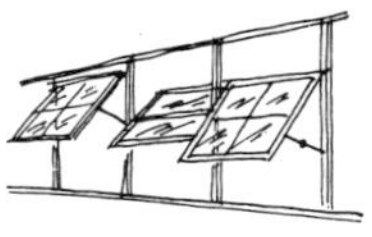
용 마 루	 —·—·—	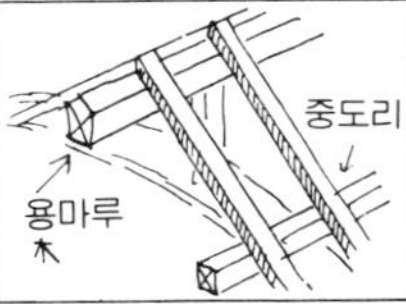	오르내리창	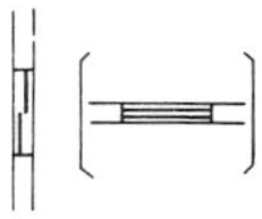	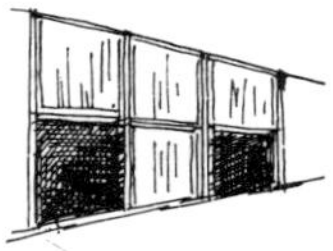
바람막이판	 -------		붙박이겸한 여 닫 이 문	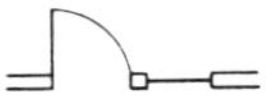	
층 도 리	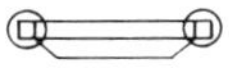	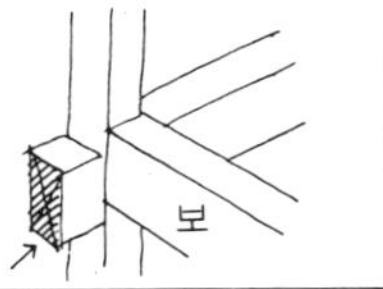	3짝미서기문	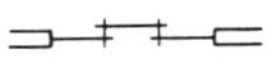	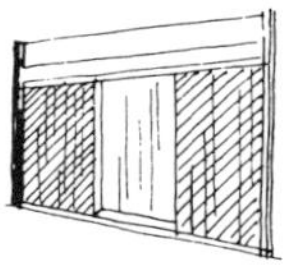
가　　새	⊘	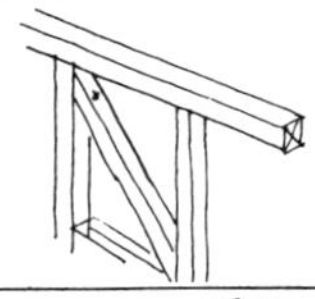	도어아이설치한 쌍 여 닫 이 문		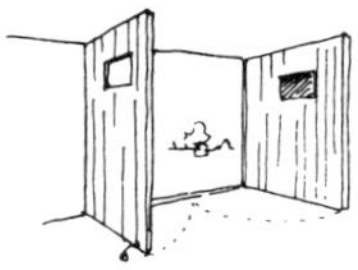
가　　새 (Ｘ형)	⊗		창 호 상 세 (1)		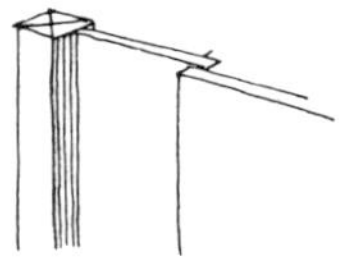
기둥(통재기둥) 1 / 100 (평벽)		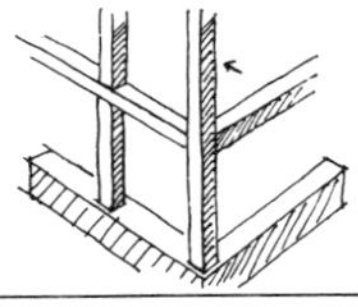	창 호 상 세 (2)	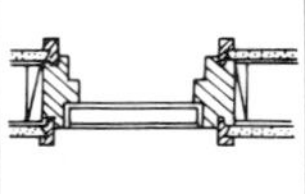	
기둥과 샛기둥 1/100 (1)	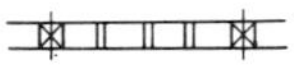	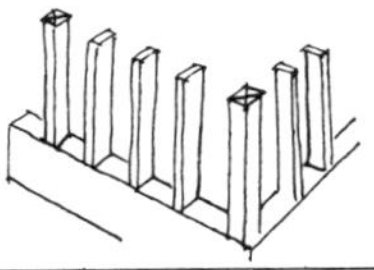	출입문 (단면)	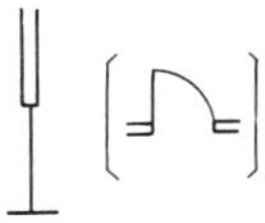	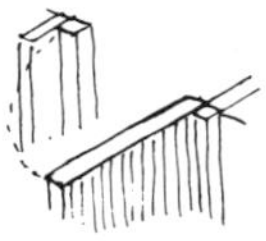
미 서 기 문	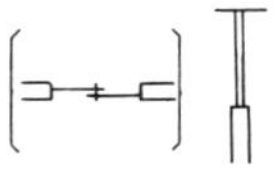		쌍 미 닫 이 문		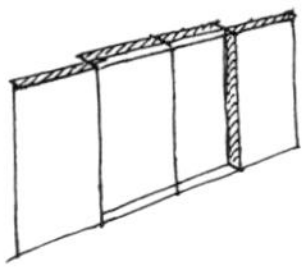
셔　　터	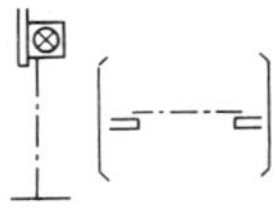	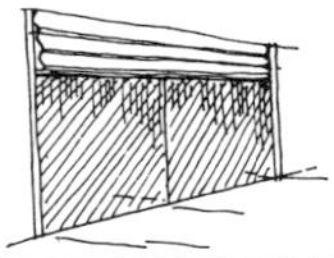	외 미 닫 이 문		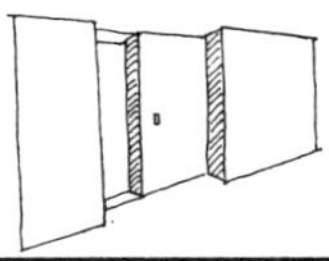

名　　称	記　号	図　　解	名　　称	記　号	図　　解
덧　　　문		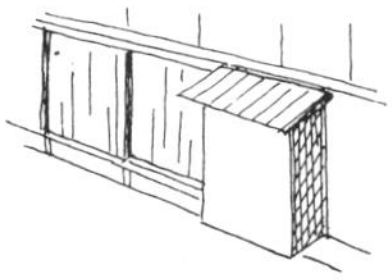	일　반　창		
미닫이문집		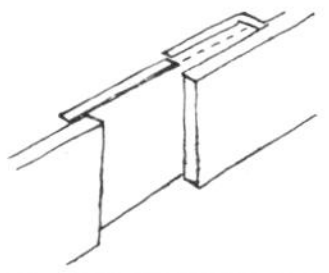	미 서 기 창		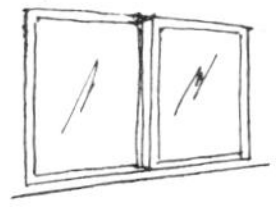
Sliding　door 빈　지　문		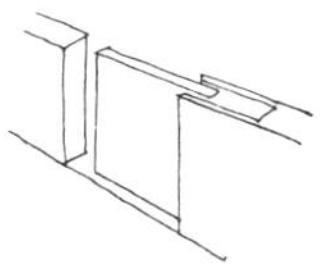	창 살 댄 창		
망　사　문		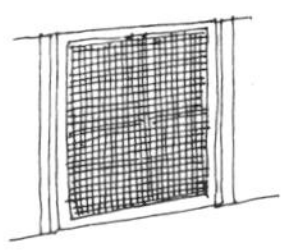	철격자돌출창		
오르내리창			차면시설한창		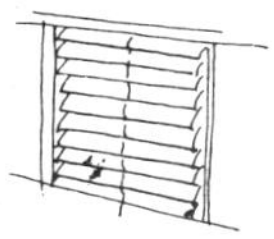
셔터붙인창			고 창 붙 인 창 고창붙임		
갸 라 리 창			망 사 붙 인 미 서 기 창		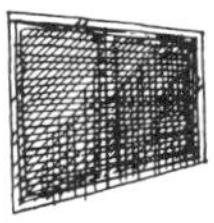
세짝미서기창(1)		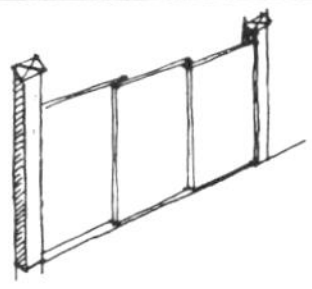	회 전 · 밀 창 고　정　창		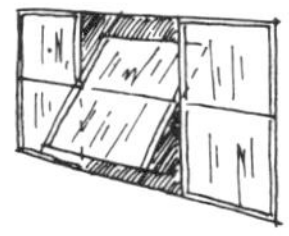
세짝미서기창(2)		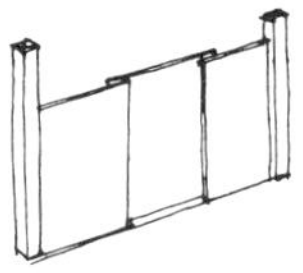	쌍 여닫 이 창		
네짝미서기창		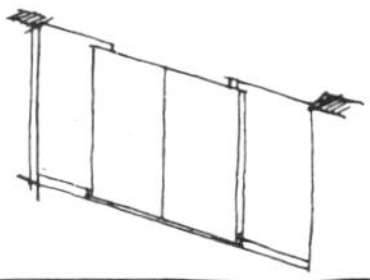	한쪽여닫이창		

名　　称	記　号	図　　解	名　　称	記　号	図　　解
안전창대붙인창			주　름　문 (하모니도어)		
접　문　창			쌍여닫이창	여는방향표시	
들　　　창			회　전　문		
쌍여닫이문			아코디온문 접　　　문		
외여닫이문			들　　　창		
(현　관　문) 쌍여닫이문			미서기창		
쌍여닫이방화문			붙박이창	Fix	
자재쌍여닫이문			여닫이창		
자　재　문			내　밀　창	욕실·화장· 실용　단면	
회　전　창	창호리스트 대략1/50		외미서기창	점선쪽으로 여닫는다.	

名　　称	記　号	図　　解	名　　称	記　号	図　　解
안팎자재여닫이			외여닫이창		
안팎자재쌍여닫이			한쪽자재여닫이		
쌍여닫이창			알 미 늄 쌍여닫이창	AI G 철근건축 1개소에 2종류 이상의 개폐 방법이 있을때	
회전창 (가로)			스티일섀시 오 르 내 창	SI G 재료번호 열림 가로	
밀어내기창			외　접　이		
좌우신축(伸縮) (주 름 문)			중 축 접 이		
미 서 기 창			붙 박 이 창 (떼 내 기)		
쌍 미 닫 이			외 미 닫 이		
오 르 내 림 창			파　단　선		
회전창 (가로)			측　면　도		

名　　　稱	記　号	図　　解	名　　　稱	記　号	図　　解
중 심 선 (일 점 쇄 선)		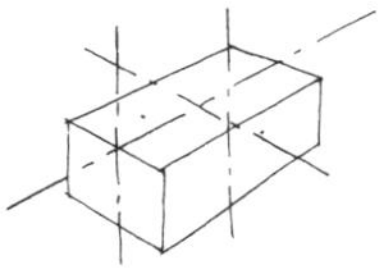	빠데(창호용)	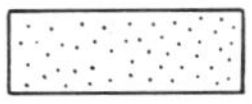	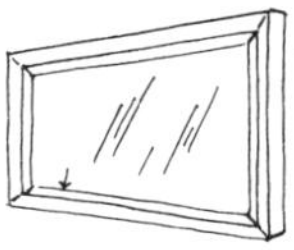
단　　　면	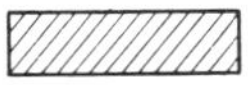	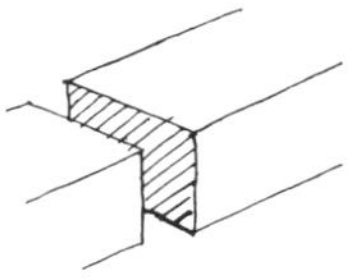	코킹콤파운드		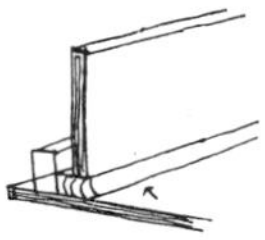
원형파단선		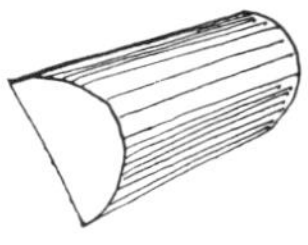	비스·나사못	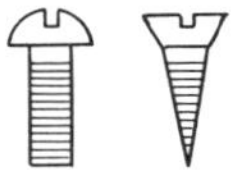	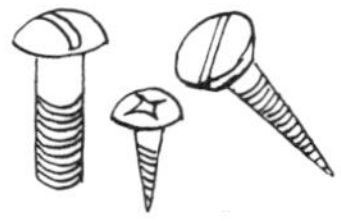
숨 은 선	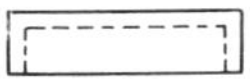	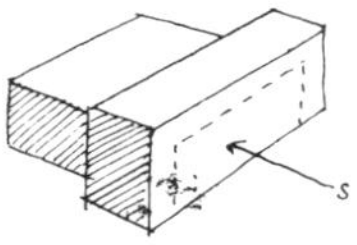	(GL) 지 반 선 (1)		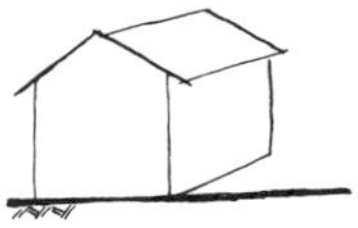
목재의표면(1)	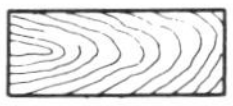	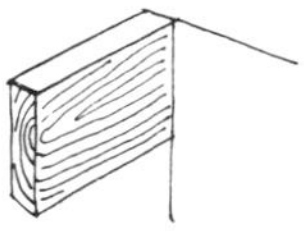	목제표면(2)		
타　일　(1)	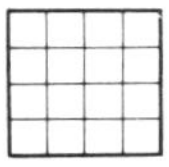	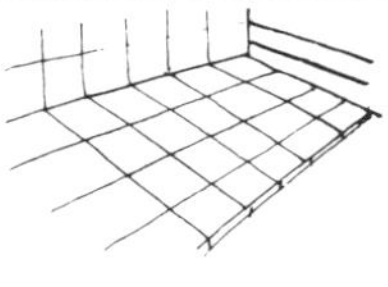	지반단면(2)		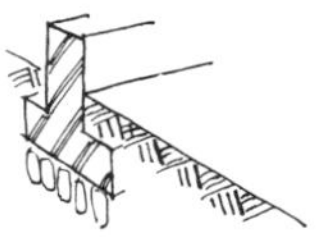
타　일　(2)	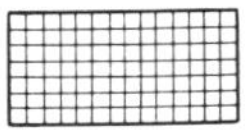	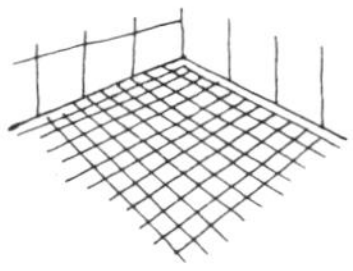	오 지 벽 돌		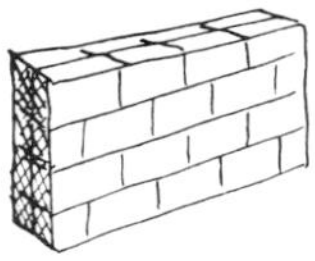
유　　　리	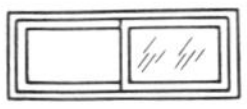	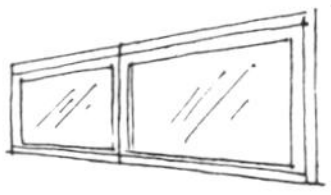	드 리 조 올	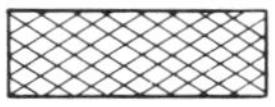	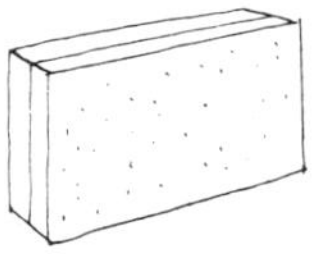
방 충 망	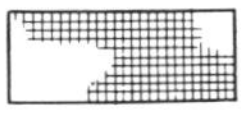	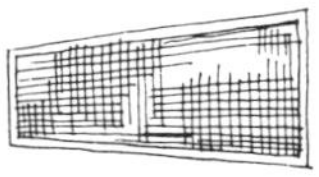	단 열 재	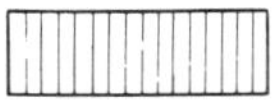	
모자익타일 1/100	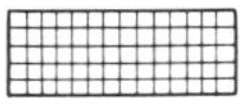	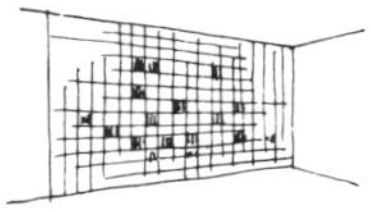	제물치장콘크리트	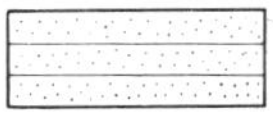	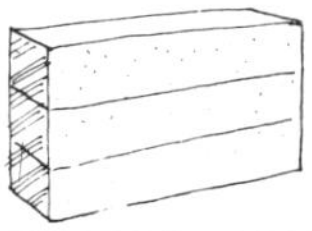

名　　称	記　号	図　　解	名　　称	記　号	図　　解
인조석물갈기		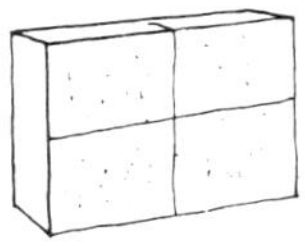	판유리(2중유리) (페어그라스)		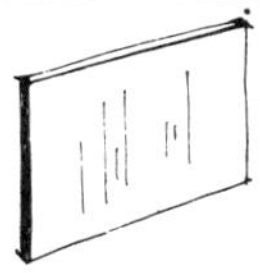
테　라　죠 (TERRAZZO)		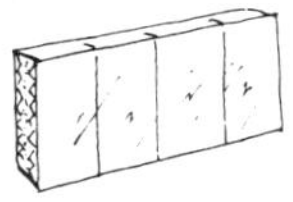	테라코타타일		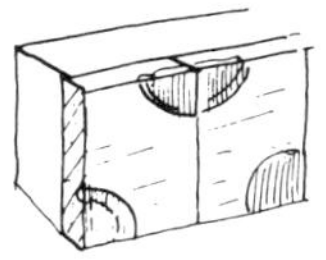
치　장　재		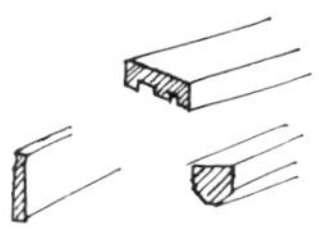	라　　스　(1) 메　탈　라　스		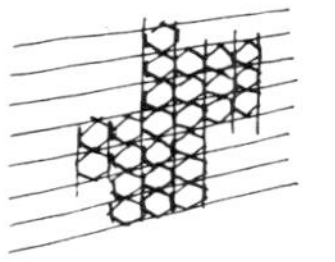
금　속　재		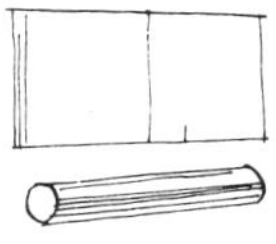	라　　스　(2) 메　탈　라　스	메탈라스 와이어라스 리브라스	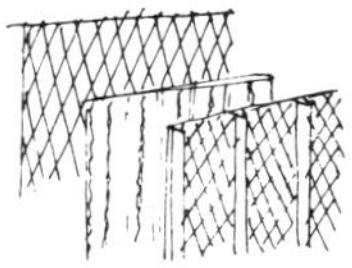
석재 (대리석)		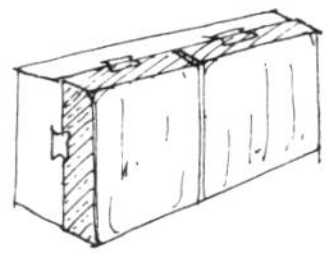	나무구조벽체(1)		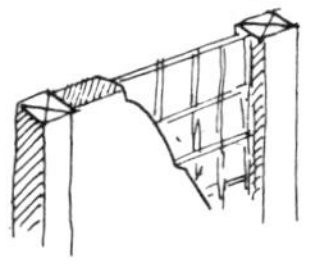
집 성 목 재		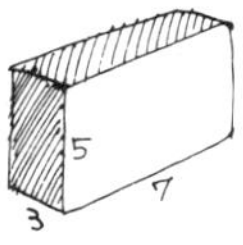	나무구조벽체(2) (심　벽)		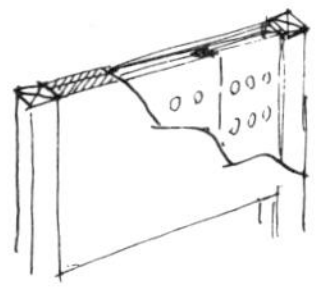
철근콘크리트		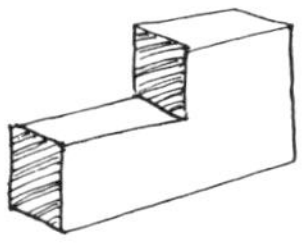	나무구조벽체(3) (평　벽)		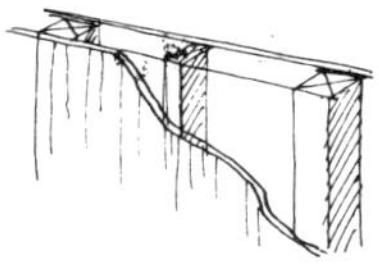
무근콘크리트		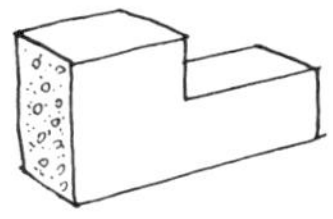	철　골　벽		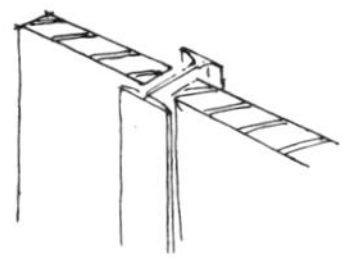
흡음재·단열재		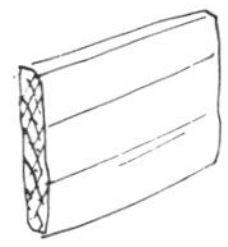	돌붙임벽체(1)		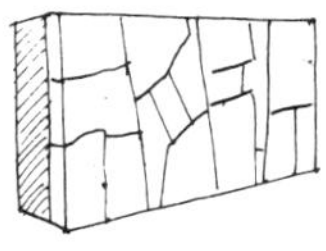
판 유 리 (1)			돌붙임벽체(2)		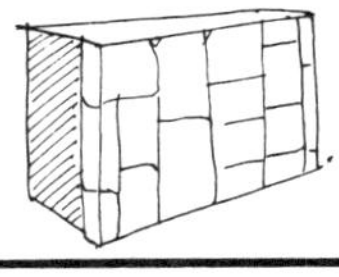

名 称	記 号	図 解	名 称	記 号	図 解
블럭벽체일반(1)		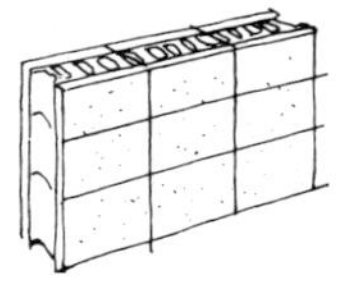	잡 석 다 짐 (1)		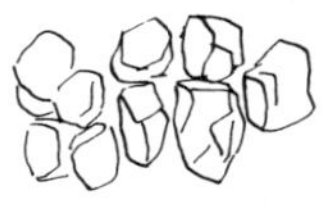
경량블럭벽체		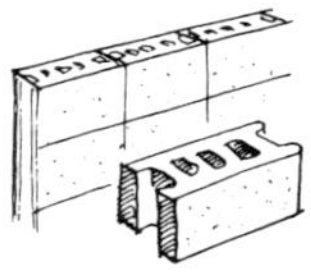	잡 석 다 짐 (2)		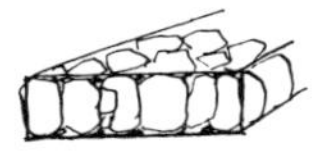
콘크리트블럭벽체		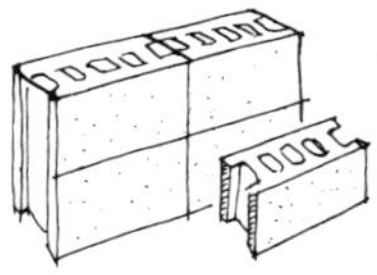	기 둥 재 (목 재)		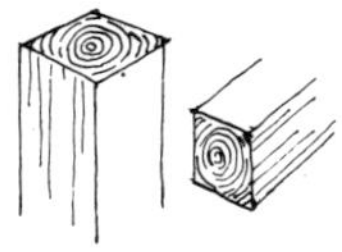
블럭벽체일반(2)		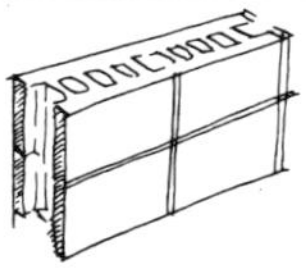	꺽 쇠	천정마무리	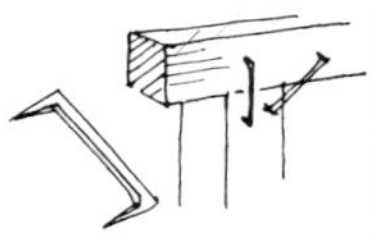
콘 크 리 트 벽		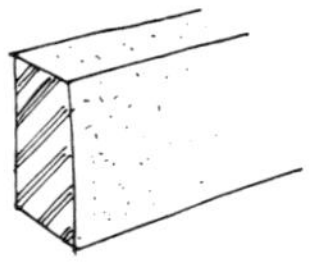	보 울 트		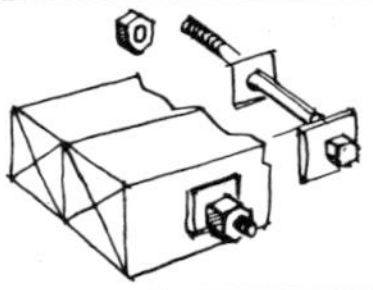
벽 돌 벽		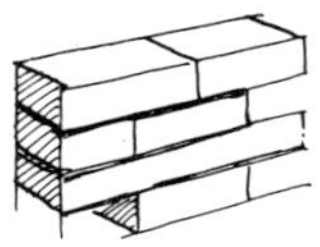	통 나 무		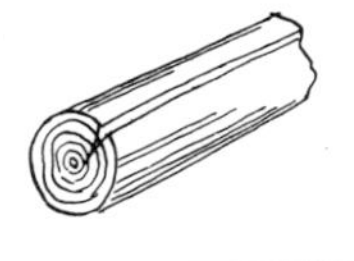
몰 탈 마 감		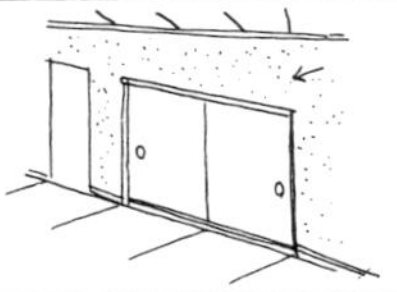	보조재 (단면)		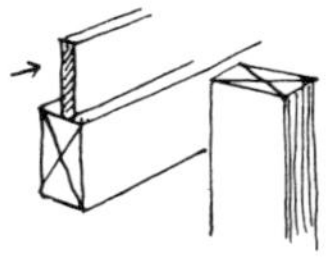
모래・자갈지정(1)		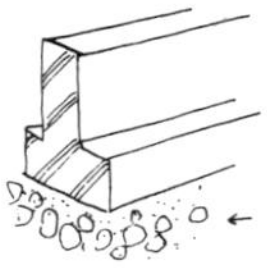	치 장 재		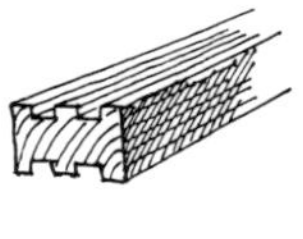
모래・자갈지정(2)		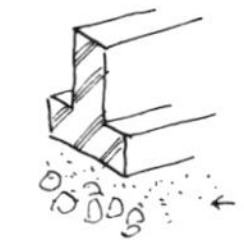	기둥과 벽1/200 (심 벽)		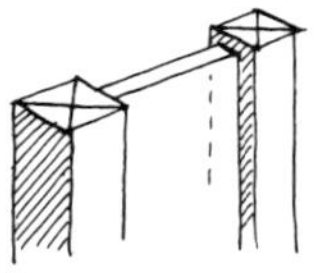
석 재		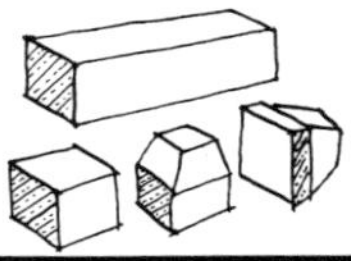	평 벽	외부 내부	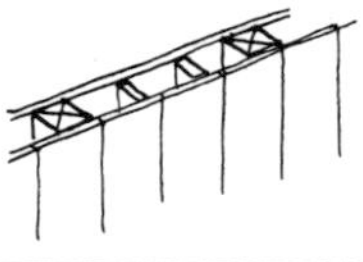

名　　称	記　号	図　　解	名　　称	記　号	図　　解
구조재(단면)			개구부와 창		
나무구조벽상세			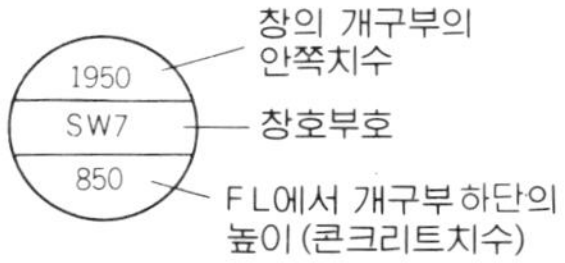 창의 개구부의 안쪽치수 / 1950 / SW7 창호부호 / 850 / FL에서 개구부 하단의 높이(콘크리트치수)		
라스몰탈(1)			출입구의개구부		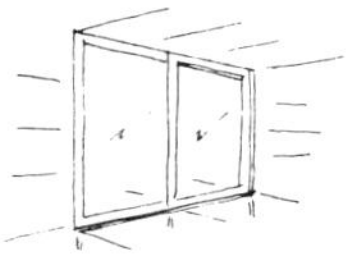
경 량 벽1/50			 2,310 개구부의 안쪽높이 / SD7 창호부호 / 30 FL에서 개구부 하단의 높이		
헌　　　치	헌치기호 / 1000×350 / 헌치길이　헌치춤		보		
방　화　벽		절골	350 / G / 650 보의 나비 / 구조부호 나비×보의 춤 350×650 G의 보 / 보의 춤		
바닥판 (slab)	30 / 150		콘크리트 철근콘크리트벽		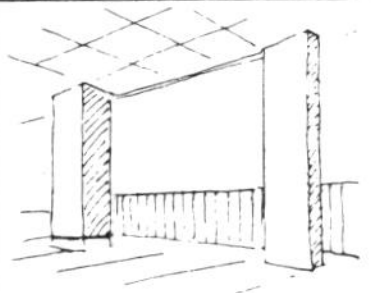
자리 (다다미)(2)			철근콘크리트벽		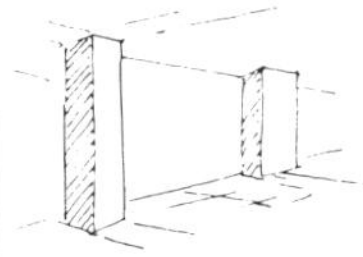
라스·몰탈(2)			철근콘크리트벽		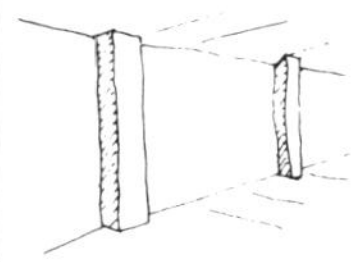
절　단　선			철근콘크리트벽	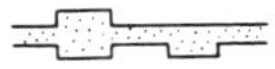	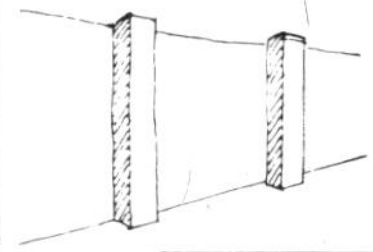

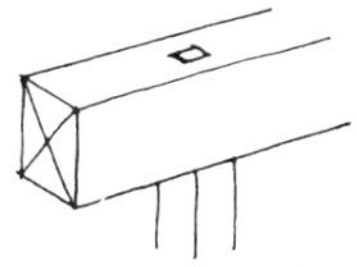

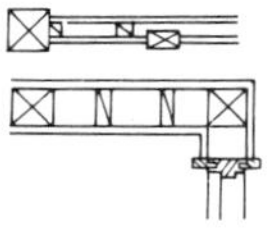

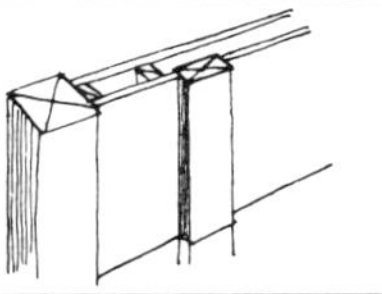

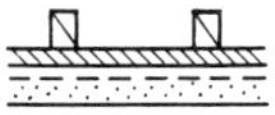

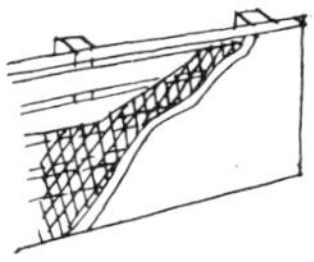

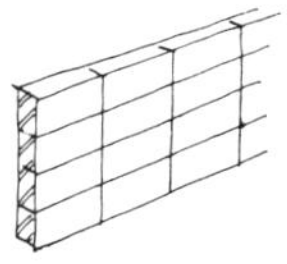

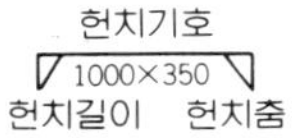

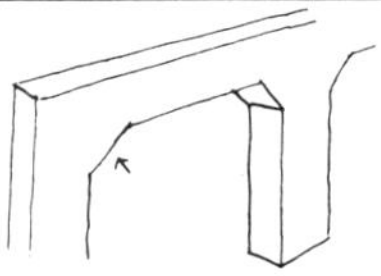

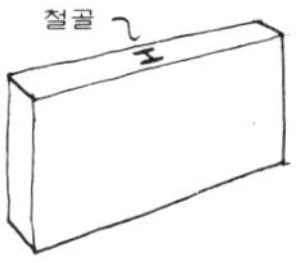

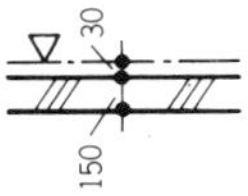

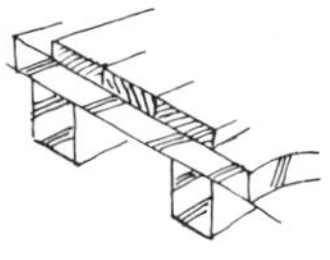

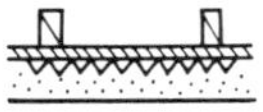

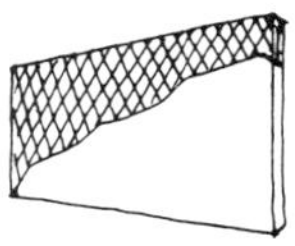

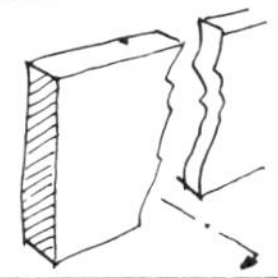

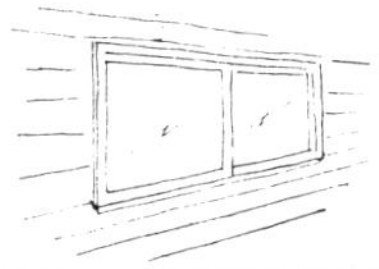

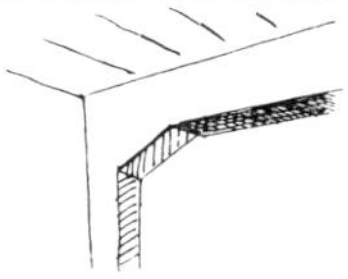

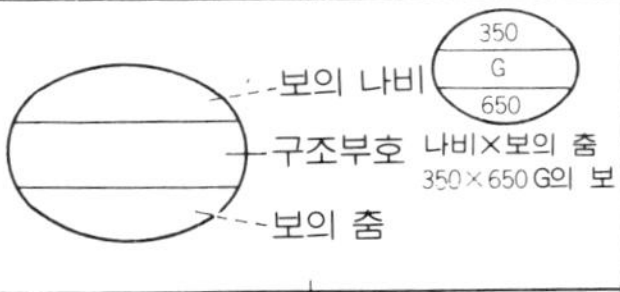

名　　称	記　号	図　解	名　　称	記　号	図　解
철근콘크리트벽			독 립 기 초		
경량벽체(일반)			온 통 기 초		
2 중마루판			주 추 돌 기 초		
쪽 마 루 판			리 벳(일반)		
콘크리트바탕에 후 로 링 깔 기			C 형 강	C−125×75×20 경량철골	
방 수 몰 탈 위 타 일 마 감			Z 형 강	Z−75×45×1.6 가벼운 지붕에 사용	
프라스틱타일 또는 아스팔트타일			철 골 단 면		
옥상보호몰탈 옥상방수몰탈			기 둥 · 보 (경량철골재)	 ---- 철근라티스 —— 프레이트의	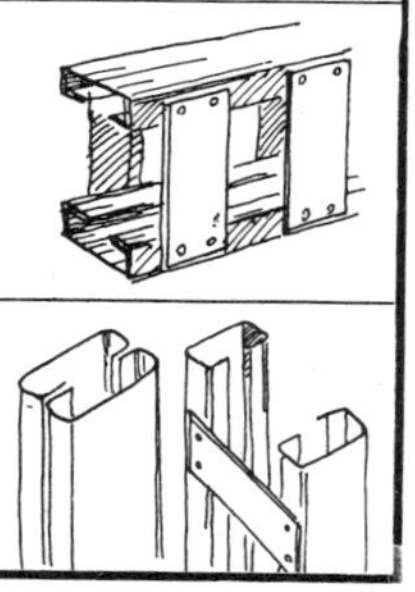
연 속 기 초					
복 합 기 초					

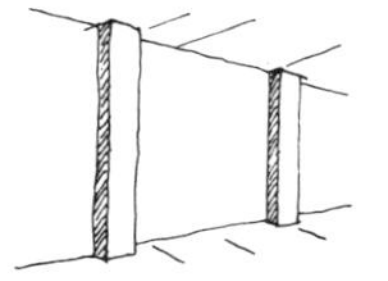

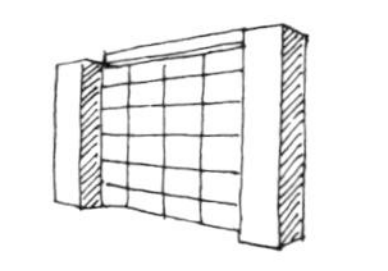

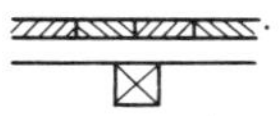

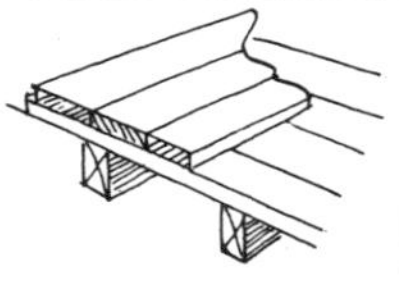

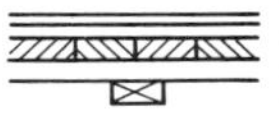

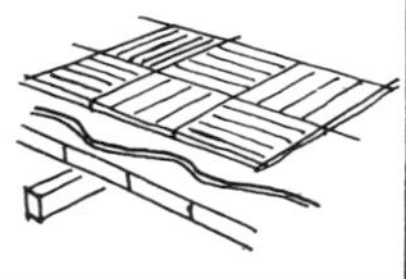

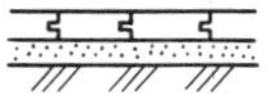

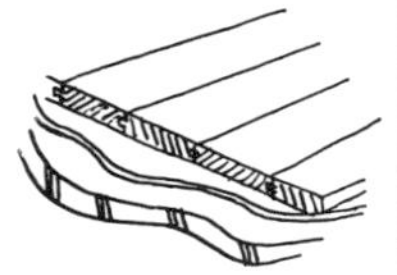

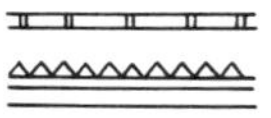

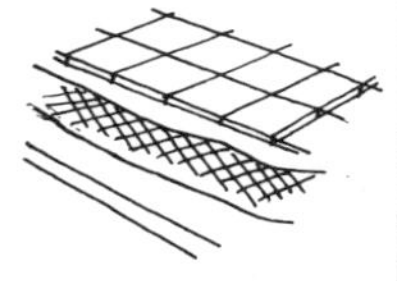

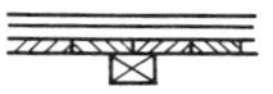

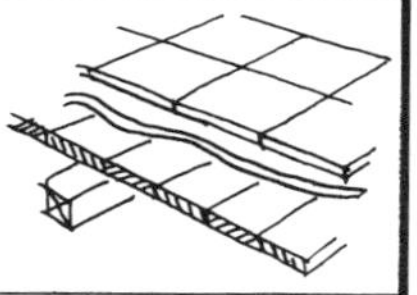

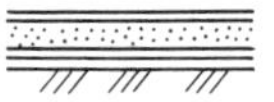

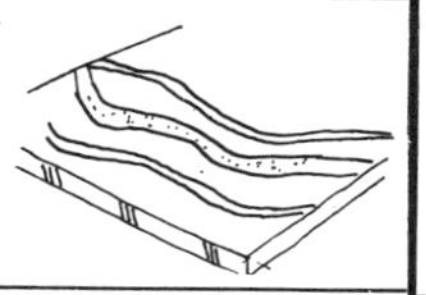

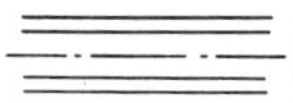

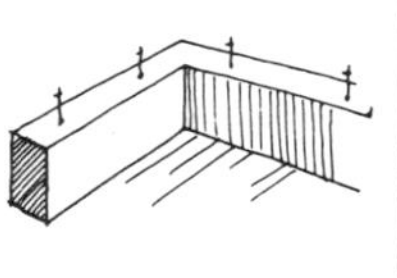

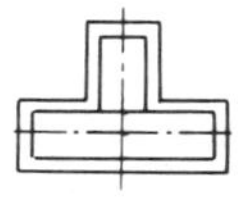

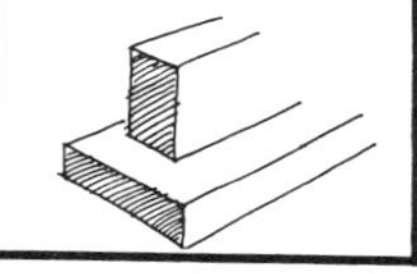

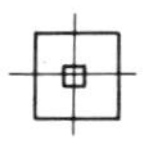

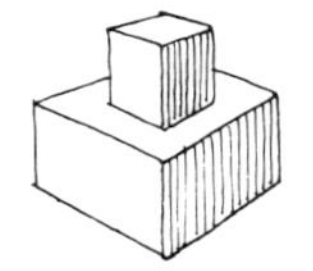

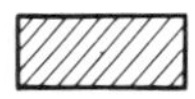

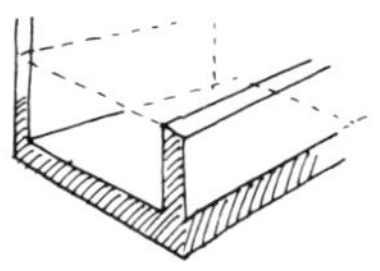

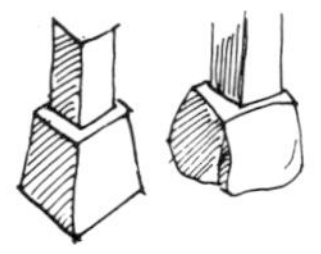

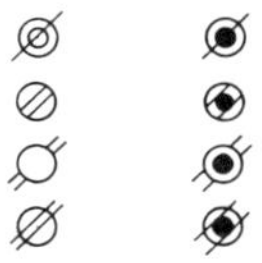

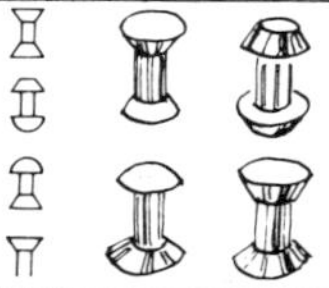

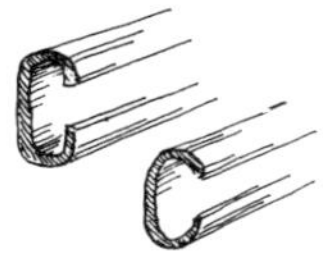

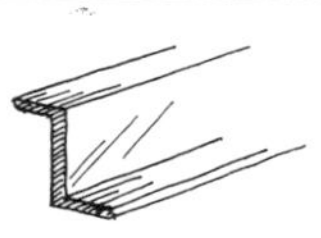

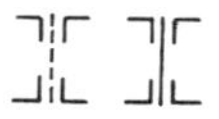

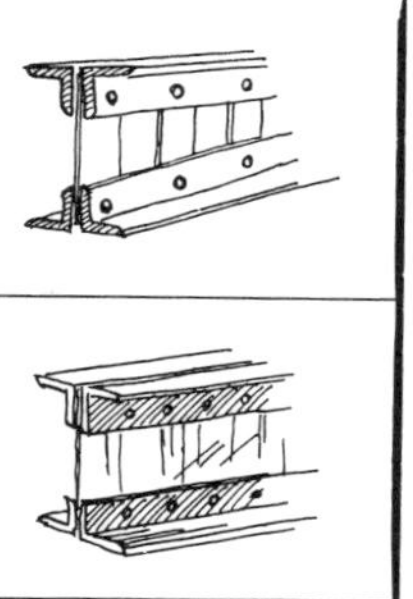

名　　称	記　号	図　　解
작 은 보	B $(4B_1)$ Beam의 약자 B 4는 층수표시, 1은 B 보의 1번.	큰보
벽	W (W_{150}) Wall의 약자 W W 120　W 200	
후 프(대 근) HOOP	H P HOOP 의 약자	
다이야고날 보 조 대 근	DiA, D·Hoop	
압접이음철근		
SLEEVE 슬 리 브 250φ		250φ
SLEEVE 슬 리 브 300φ		
슬 리 브 350φ		
철근콘크리트		
철근콘크리트		

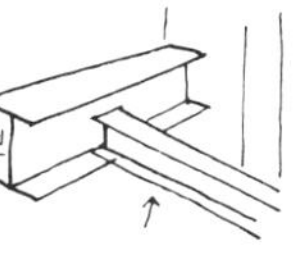

名　　称	記　号	図　　解
관A가 도면과 직각으로 앞방향에 굽혀진 것을 표시하는 경우	A ⬤	
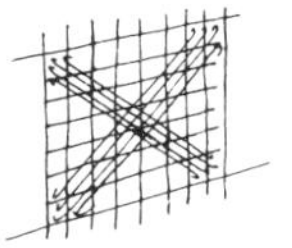 관B가 앞에서 도면에 직각으로 굽혀진것을 표시하는 경우	B ○	
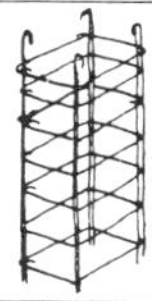 관C가 앞에서 도면에 직각으로 굽혀저 관D에 접속하는 것을 표시하는 경우	C ○ D	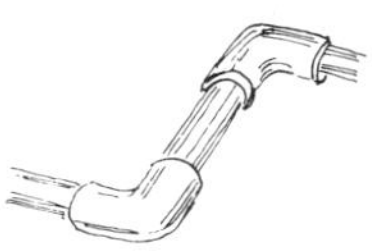
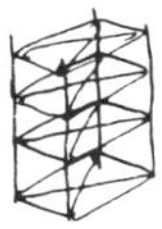 세 로 관		
 온수난방송관	——————	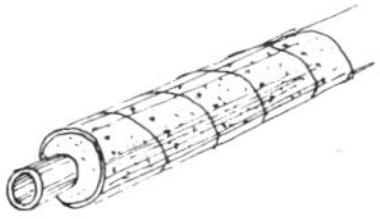
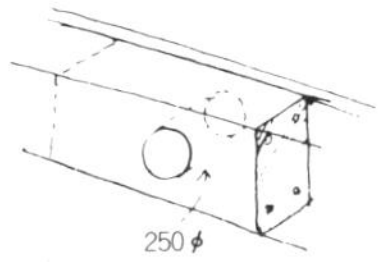 온수난방되돌림관	- - - - - -	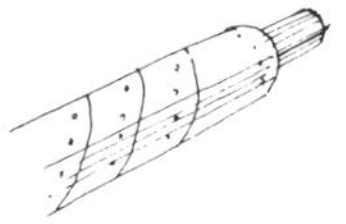
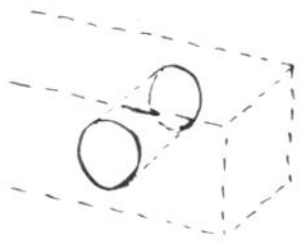 고압증기송관	⫽ ⫽ ⫽	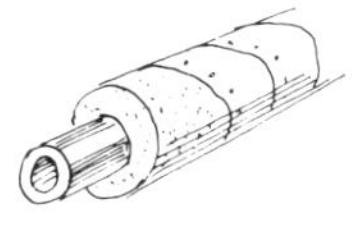
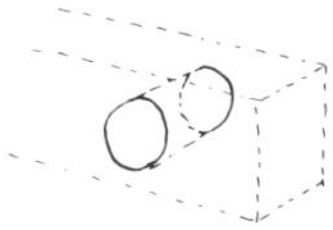 고압증기되돌림관	⫽ - ⫽ - ⫽	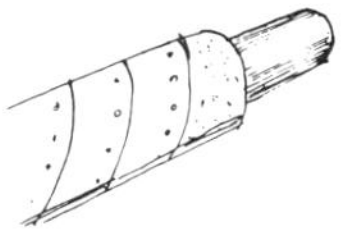
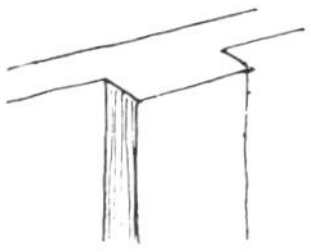 중압증기송관	⫻ ⫻ ⫻	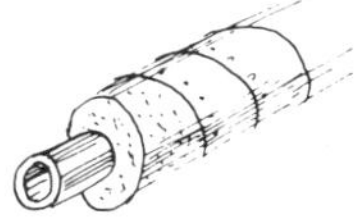
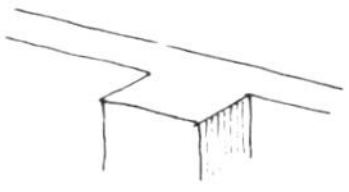 중압증기되돌림관	-⫻-⫻-⫻-	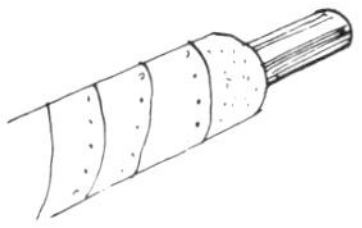

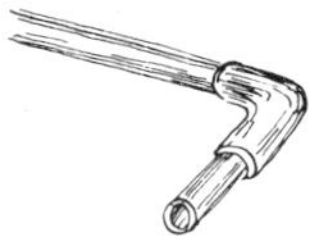

名　　称	記　号	図　解	名　　称	記　号	図　解
저압증기송관	————	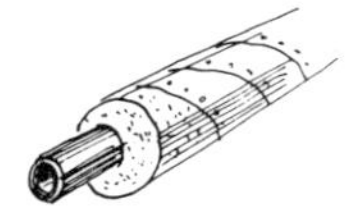	냉매흡입관	--RS----RS--	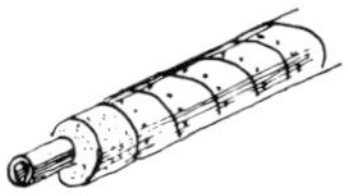
저압증기되돌림관	-------	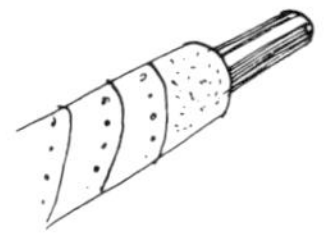	냉매토출관	—RD——FD—	
기　름　관	—— o ——	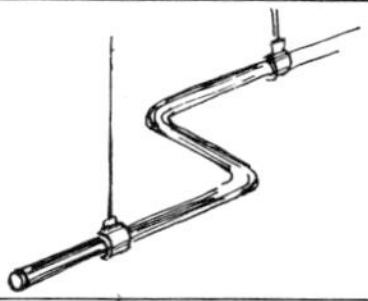	Brine　송관	—B · B—	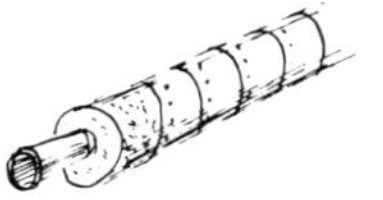
연료기름송관	—FC —FOF—	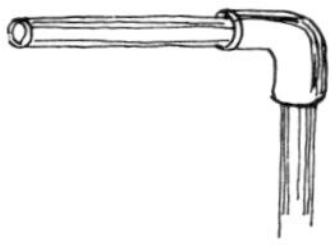	Brine 되돌림관	—BR———BR—	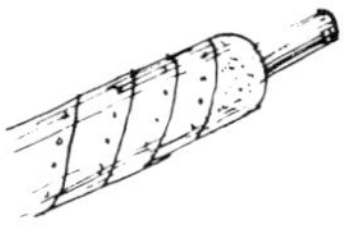
연료기름되돌림관	—FOR———FOR—	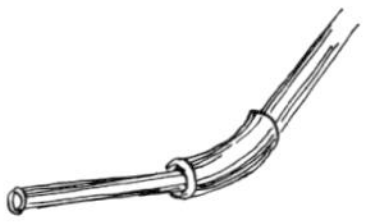	급　수　관	—·——·—	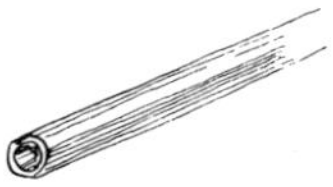
기름저장탱크통기관	—FOV————FOV—		배　수　관	————	
가스공급관	—— G ——	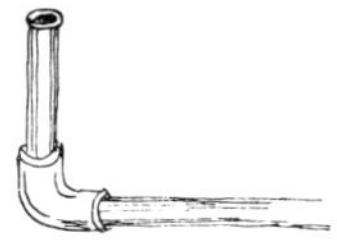	냉수또는냉온수 송　수　관	— CH — CH —	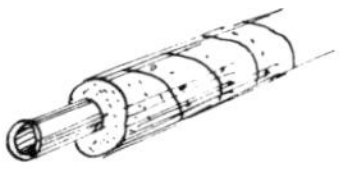
압축공기관	— A — A —	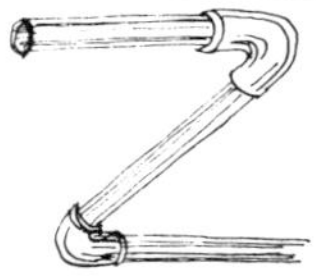	냉수또는냉온수 되 돌 림 관	—CHR———CHR—	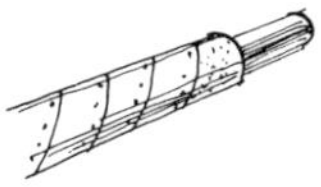
공기빼는관	--------		냉각수송수관	— C — C —	
냉매액관	--RL----RL--		냉각수되돌림관	— CR————CR—	

名　　称	記　号	図　　解	名　　称	記　号	図　　解
평　철　판	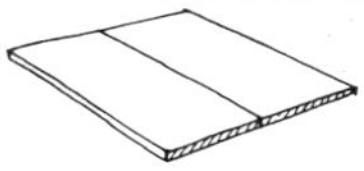 F B 연결판·라티스 등에 FB =6		말　　뚝	말뚝의 종류와 길이를 표기함	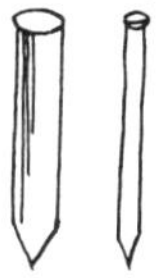
강　철　판	PL 卍 plate 의 약자 $1.6^{m}/_{m}$		기초지중보	F 팬디션(기초)의 약자 F G 1 F G 3 이다.	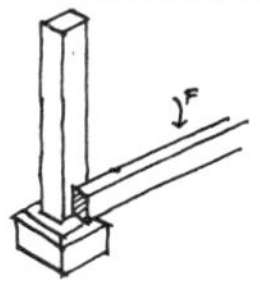
봉　　강	19ϕ 22ϕ 표기함 파이프의 약자		기　　둥	C (2 C 1) 콜럼의 약자 C 2 는 층수를 표시 (즉 2층 첫번째의 기둥을 말함)	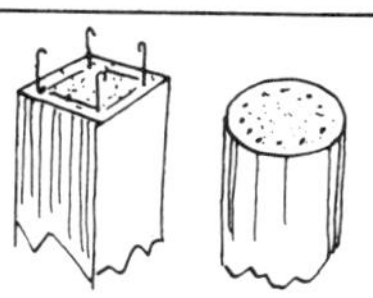
ㄴ　형　강 (앵　글)	L −50×50×6		$9^{m}/_{m}$ 철근	× 구조도 (1/30) 1/20	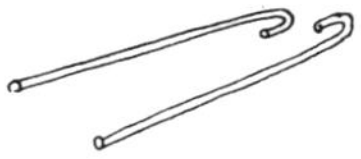
ㄷ　형　강 (채　널)	⊏ −125×65×6		$16^{m}/_{m}$ 철근	○ 보리스트 기둥리스트 등에 사용	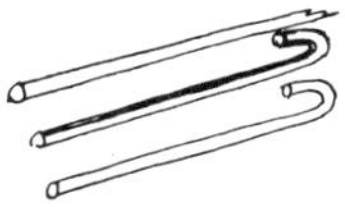
I　형　강 (I Beam)	I −125×75×55		$19^{m}/_{m}$ 철근	●	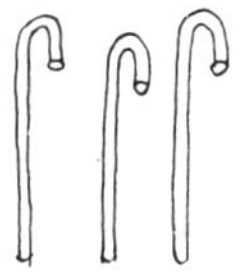
직　　경	ϕ		$22^{m}/_{m}$ 철근	$\oslash$	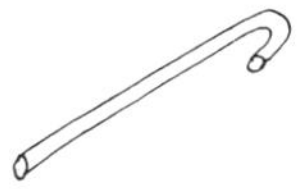
리 벳 의 간격	@ 피 치		$25^{m}/_{m}$ 철근	$\otimes$	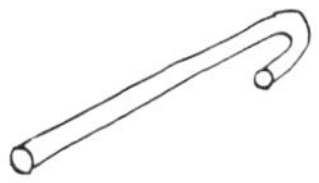
옥 상 난 간	R ROOF의 약자		보	G ⬭ $2G_1$ 거어더의 약자 G 2는 2층 1은 보 의 순서	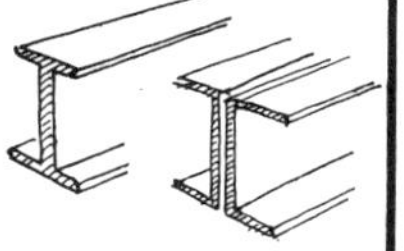
늑근스트랩	S. t		바닥판 (slab)	S ⬭ $3S_4$ 슬라브의 약자 S 3은 3층 4는 바닥 판의 순서	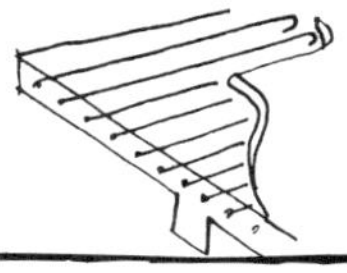

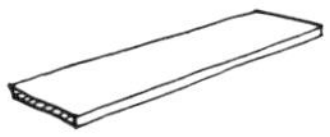

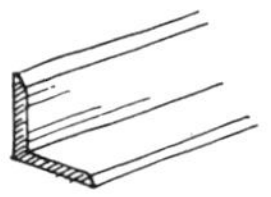

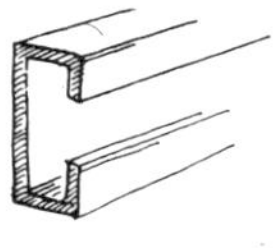

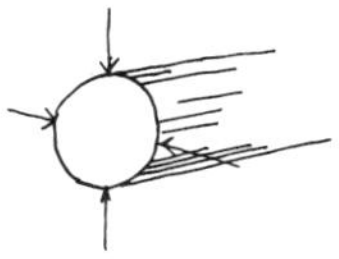

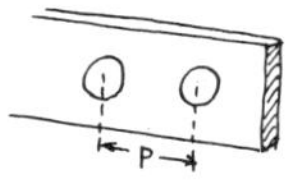

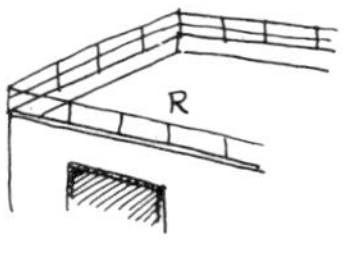

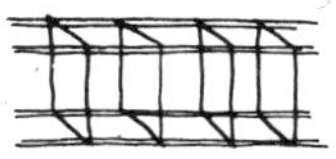

名　　称	記号	図　解	名　　称	記号	図　解
신 축 이 음 (슬 립 형)		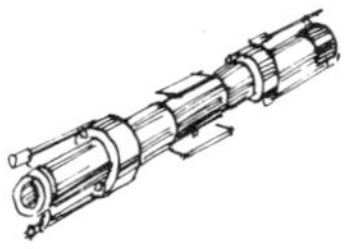	역막이밸브 (Check Valve)	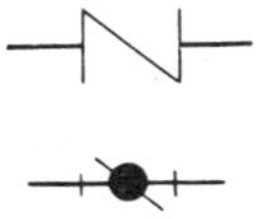	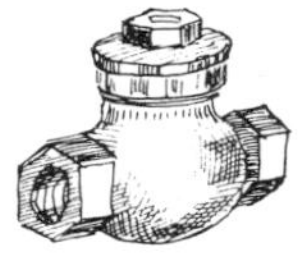
신 축 이 음 (Bellows 형)		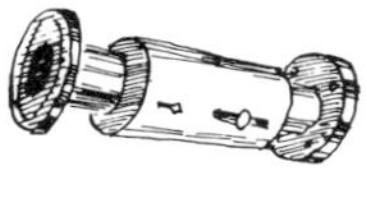	안 전 밸 브	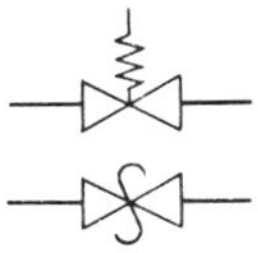	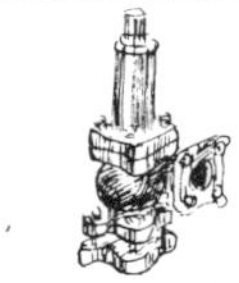
신 축 이 음 (곡 관 형)			감 압 밸 브	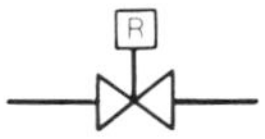	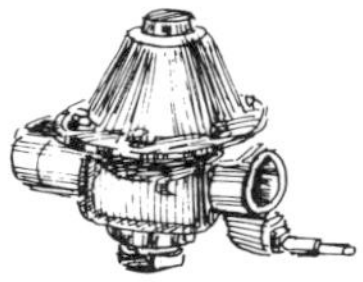
Strainer	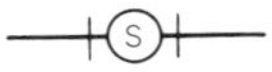	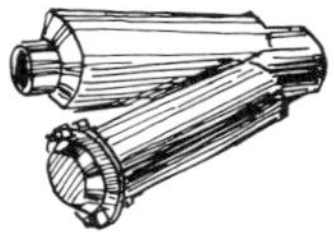	온도조절밸브	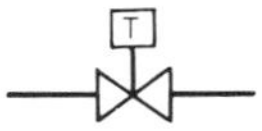	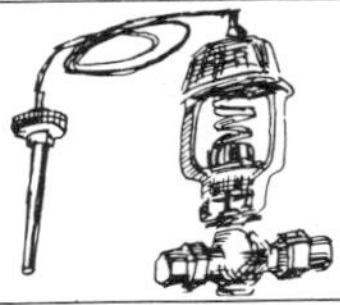
기름분리기			Dia frame Valve	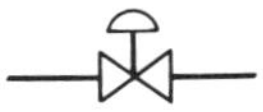	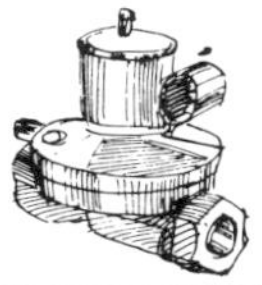
기수분리기		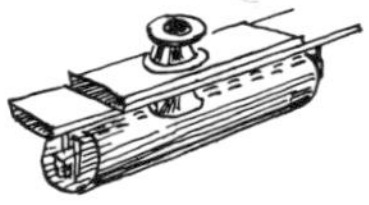	전 자 밸 브		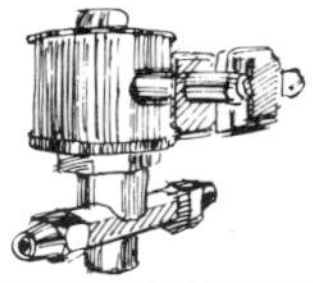
밸브 (Valve)	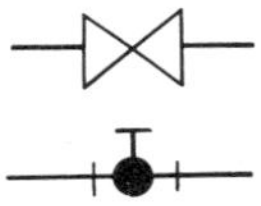	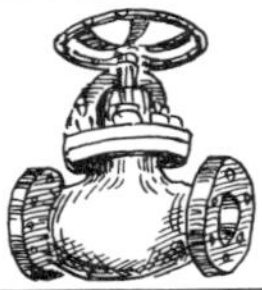	전 동 밸 브	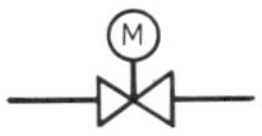	
외돌림 Gate 밸브			공기빼는밸브	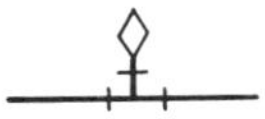	
내돌림 Gate 밸브			콕크 (COCK)		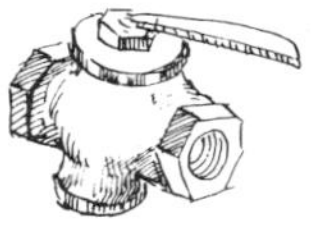
앵 글 밸 브		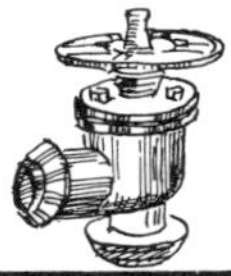	세 방 향 콕 크 3—Way Cock	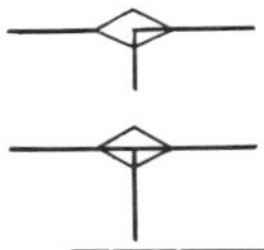	

名　　称	記　号	図　　解
Puckless Valve		
압　력　계		
연 성 압 력 계		
온　도　계		
주　형 세주형방열기		
벽걸이형방열기 （벽 걸 이）		
벽걸이형방열기 （수　평）		
주물형콘벡타		
cabinet-heater （케비네트히타）		
Baseboard-heater （베스보드히타）		

名　　称	記　号	図　　解
주 형 방 열 기 표시형식	쪽수 / 종별·형상 / Tapping　　20 / II－700 / $\frac{3}{4} \times \frac{1}{2}$	
세주형방열기 표시형식	쪽수 / 종별·형상 / Tapping　　20 / 5－700 / $\frac{3}{4} \times \frac{1}{2}$	
벽걸이형방열기 표시형식	수평형　4 / W－H / $\frac{3}{4} \times \frac{1}{2}$；쪽수 / 종별·형상 / Tapping；5 / W－V / $\frac{3}{4} \times \frac{1}{2}$　세로형	
Filet부착방열기 표시형식	3 / G－1 / $\frac{3}{4} \times \frac{1}{2}$　1m형；4 / G－S / $\frac{3}{4} \times \frac{1}{2}$　S형	
Cabinet-heater 표준형식	환산방열면적 / 형식×폭×높이 / Tapping；C－1000 / F×220×800 / $\frac{1}{4} \times \frac{1}{2}$　EDR－4.75m²　또는 $\frac{EDR}{4.75m^2}$	
Base-board heater 표시형식	Element의 길이　환산방열면적 / 종별×크기×휜피의치×단수 / 태핑；B－2500 / 50×108″×6×2 / $1 \times \frac{1}{2}$　CL－30CO　EDR－10.0m²　$\frac{CL}{3000}$　또는 EDR 10.0m²	
송풍도　단면		
배기풍도단면		
배기풍도단면		
송풍도　단면		

名称	記号	図解
풍 도	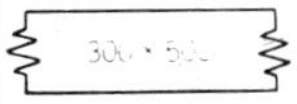	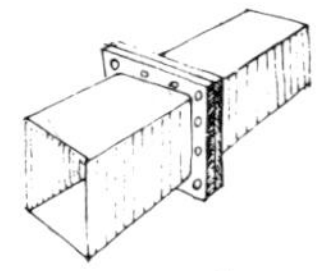
풍 도	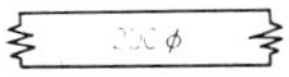	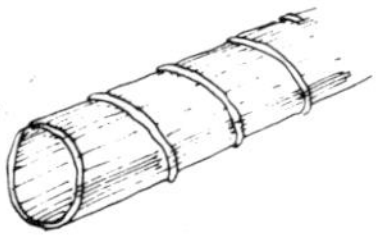
벽 송 기 구		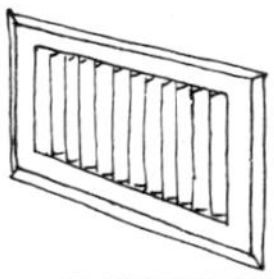
벽 배 기 구	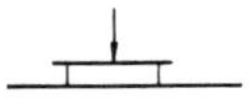	
천정송기구		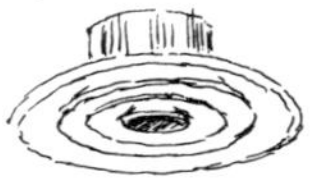
천정송기구	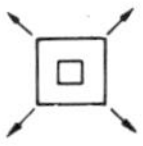	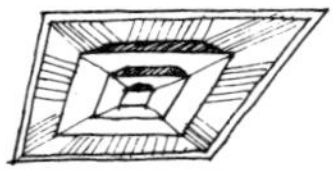
천정배기구		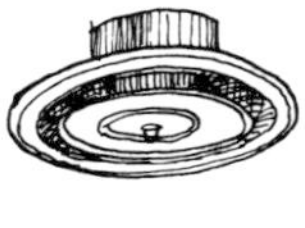
천정배기구	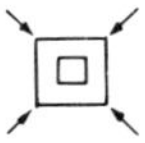	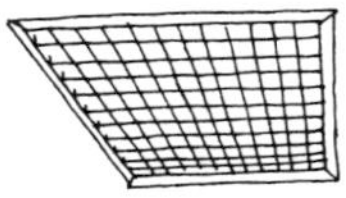
풍량조절Damper	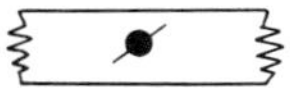	
풍량조절Damper		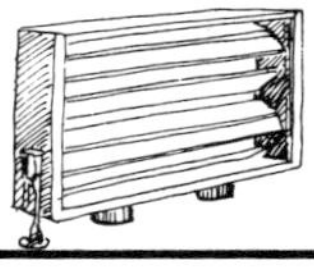
분류 Damper 합류 Damper	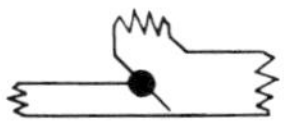	
방화 Damper		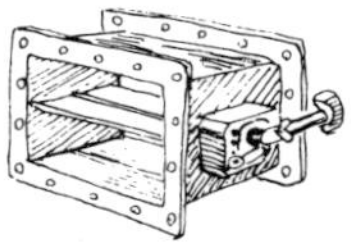
배기 Gallery	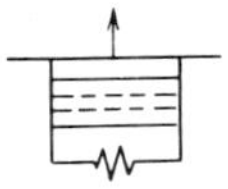	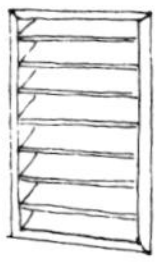
흡기 Gallery	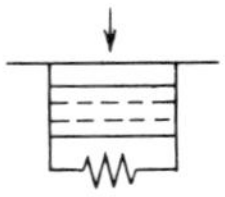	
노즐형송기구 (Nozzle)	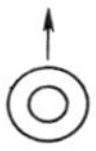	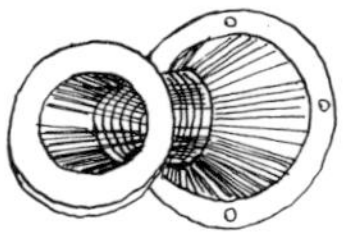
canvas이음새		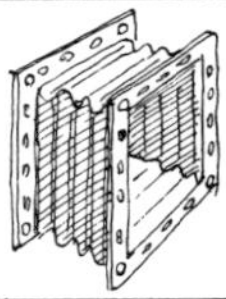
Vane		
Vane	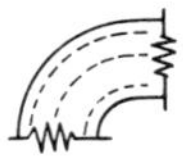	
고압증기 Trap		
저압증기 Trap	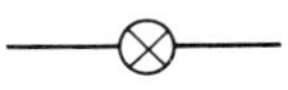	

名称	記号	図解
Heating-coil		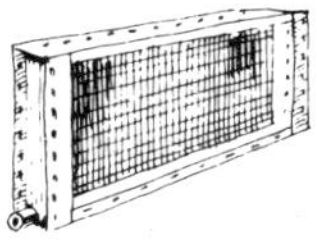
Cooling-coil	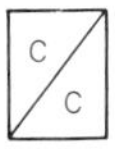	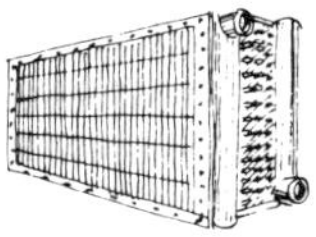
직접팽창형 Coil	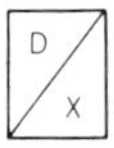	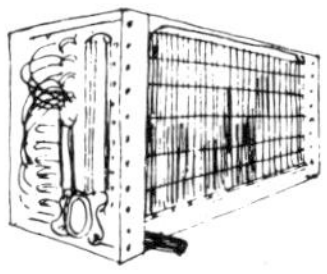
Heating-cooling coil		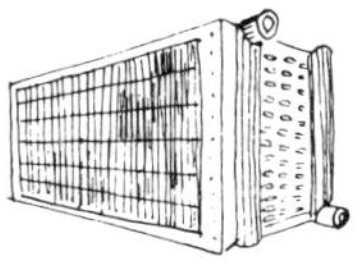
Heating Fan-coil-Unit (세로형)	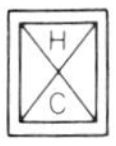	
Heating Fan-coil-Unit (가로형)	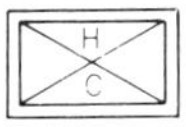	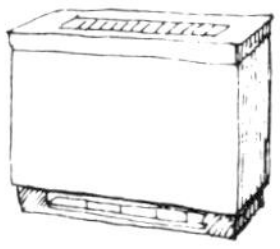
Cooling Fan-coil-Unit (세로형)	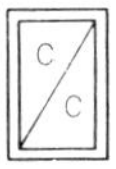	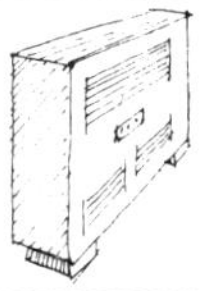
Cooling Fan-coil-Unit (가로형)	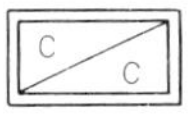	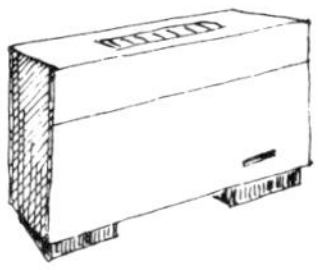
직접팽창형 Fan-coil-Unit (세로형)	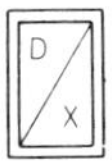	
직접팽창형 Fan-coil-Unit (가로형)	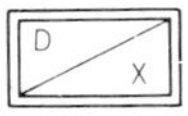	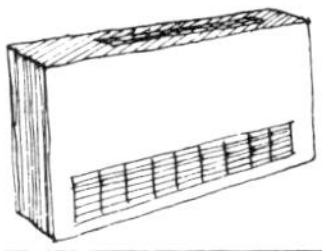

名称	記号	図解
Heating Cooling-Fan-coil-Unit (세로형)		
Heating Cooling Fan-coil-Unit (가로형)	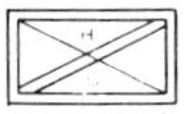	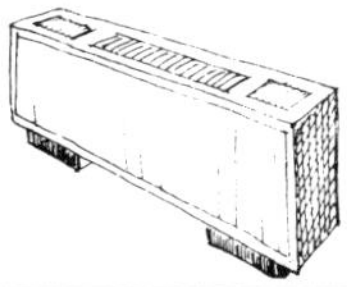
수동팽창밸브		
자동팽창밸브	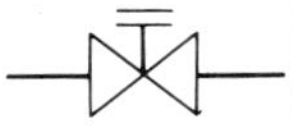	
고압압력스위치	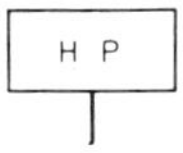	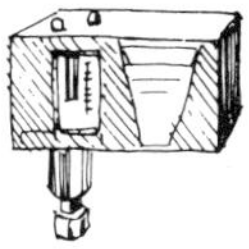
저압압력스위치	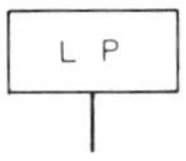	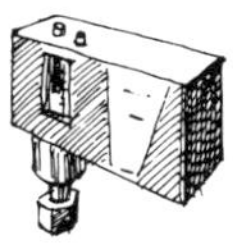
고저압압력스위치	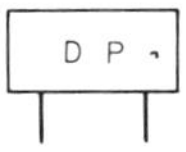	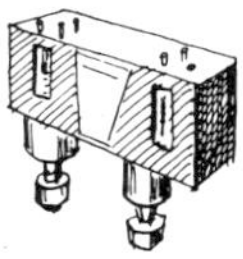
유압보호스위치	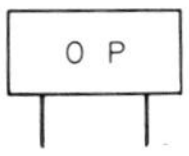	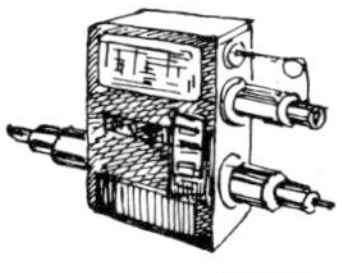
감온통부착 Thermostat	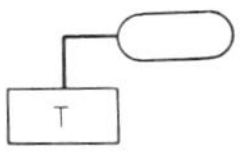	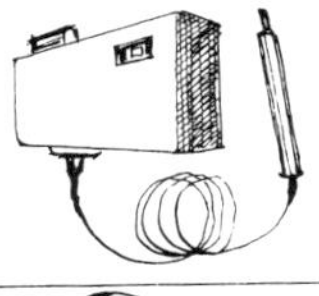
감온팽창밸브	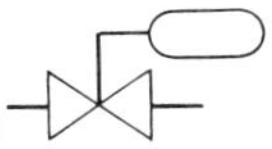	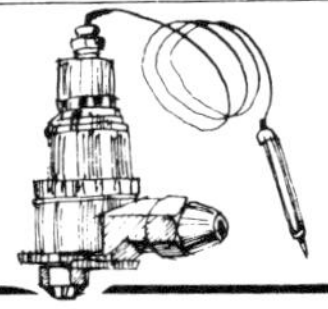

名　　　称	記　号	図　　解	名　　　称	記　号	図　　解
자동제수밸브			온도조절기 (실내형)	T	
Flexible 이음새			온도조절기 (실내형)	T	
가로형수액기			온도조절기 (실내형)	T	
세로형수액기			온도조절기 (소형 unit 용)	T	
왕복압축기			온도조절기 (삽입형)	T	
Shell Coil 식 수냉응축기 (Condenser)	C		온도조절기 (삽입형, 지시형부착)	T	
Shell Tube식 수냉응축기	C		온도검출기 (실내형, 전자식)	T	
건식수냉각기	E		온도검출기 (삽입형, 전자식)	T	
만액식수냉각기 (Flooded Type)	E		로점온도검출기 (전자식)	T (DP)	
Dryer			습도조절기 (실내형)	H	

名称	記号	図解
습도조절기 (실내형)	H	
습도검출기 (전자식)	H	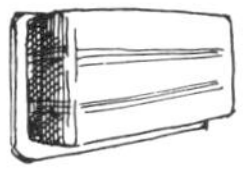
전동2방향밸브	MV	
전동소형2방향밸브	MV	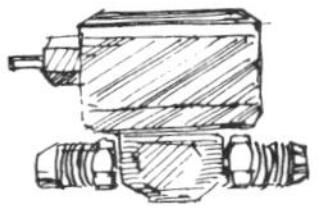
전동3방향밸브	MV	
전동소형3방향밸브	MV	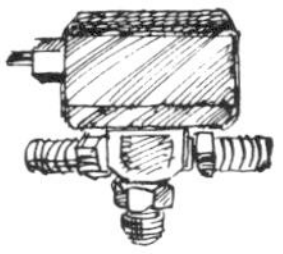
공동(空動)2방향밸브	PM V	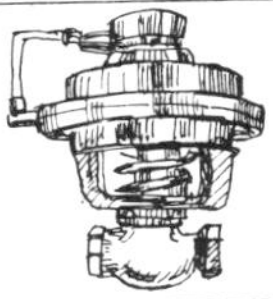
공동(空動)2방향밸브	PM V	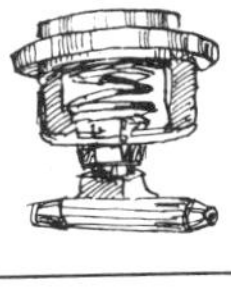
Unit형공동(空動) 밸브	PM V	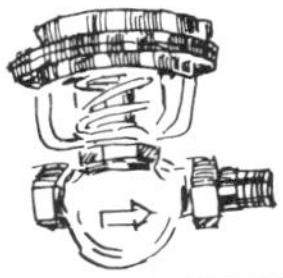
공동(空動)소형3방향밸브	PM V	
전자밸브 (Dia-Frame식)	SV	
Unit형전동밸브	MV	
전동 Damper (평행형)	MD	
전동 Damper (대향형)	MD	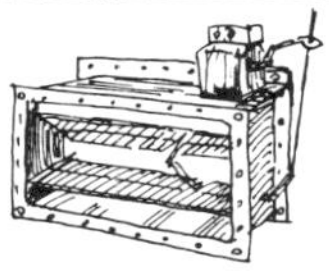
원격(遠隔)설정기	Q	
전자관 Panel	P	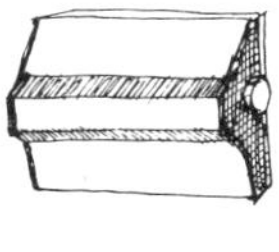
릴레이 (Relay)	R	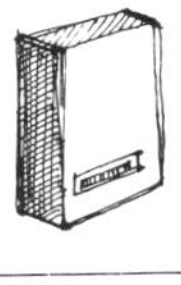
전원 Trans (변압기)	Tr	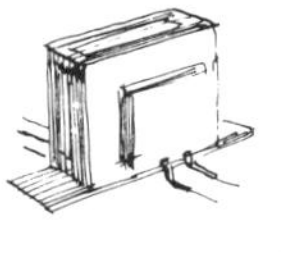
제어용 Motor	M	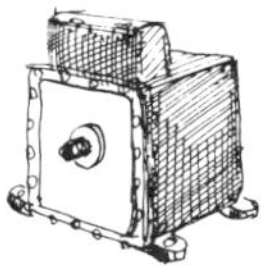
스타프콘트롤 (제어용 Motor부착)	M SC	

名　　称	記　号	図　　解	名　　称	記　号	図　　解
급 수 주 철 관	 —<‒‒< —	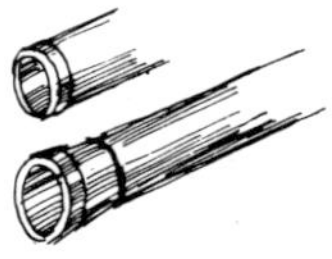	소 화 수 관	 —×—×—	
급 수 연 관	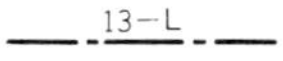 —‥13‒L‥—	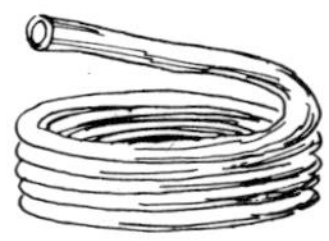	Sprinkler 주관	 — S — S —	
급수석면시멘트관	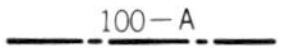 —— 100 — A ——	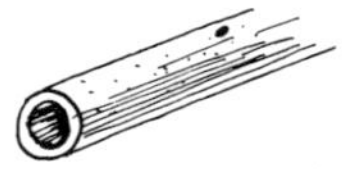	GAS 공급관	 — G — G —	
급 탕 송 관	—│—│—	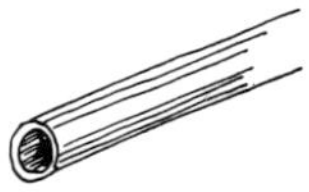	관A가 도면에 직각으로 앞으로 굽혀진 것을 표시하는 경우	 A ●—	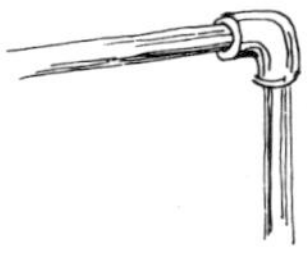
급탕되돌림관	—║—║—	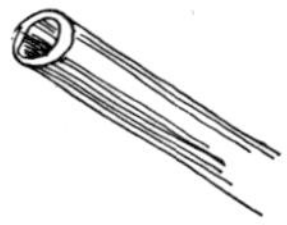	관B가 앞에서 도면에 직각으로 굽어있는 것을 표시하는 경우	 B ◯—	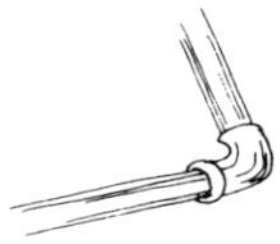
배 수 관	 ————	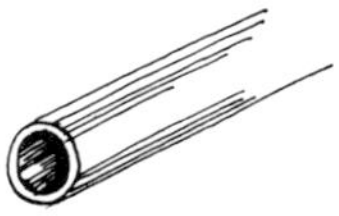	관C가 앞에서 도면에 직각으로 굽어서 관D에 접속하는 것을 표시하는 경우	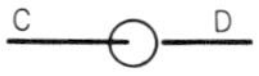 C —◯— D	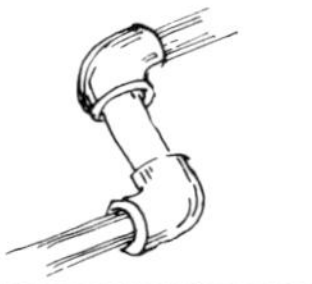
통 기 관	 ‒‒‒‒‒‒‒‒	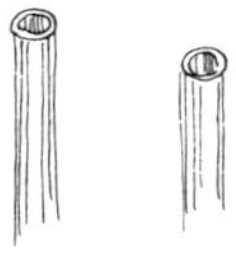	세 로 관	 ◯　◝	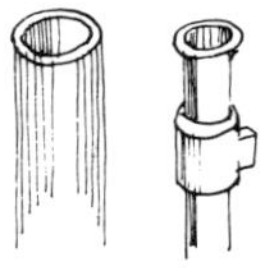
배 수 주 철 관	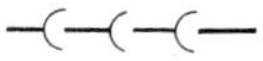 —<—<—	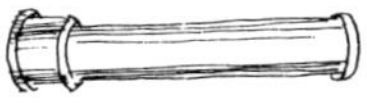	Pipe-Anchor	 —×—	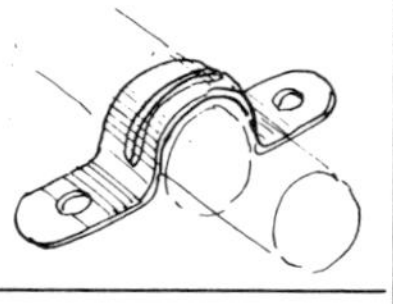
배수콘크리트관	 —— 150 — C ——	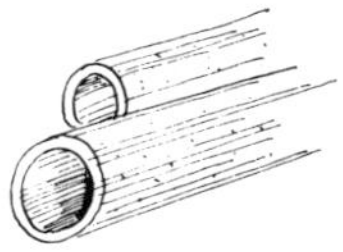	Frange	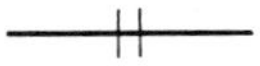 —‖—	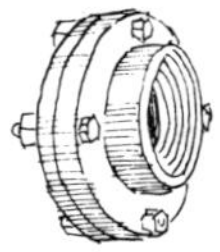
도 관 (오지토관)	—— 100 — T ——	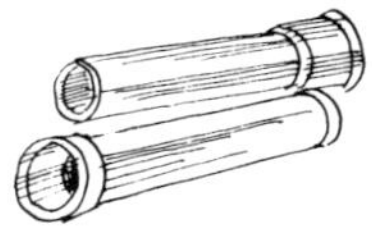	Union	 —‖—	

名　　称	記　号	図　　解	名　　称	記　号	図　　解
곡 관 (曲 管)			90° 곡　관		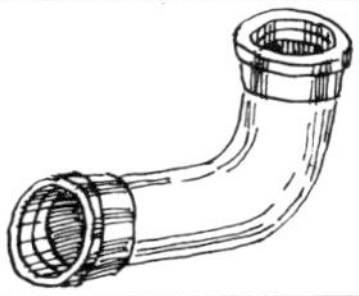
90° Elbow			45° 곡　관		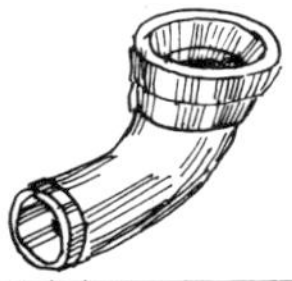
45° Elbow		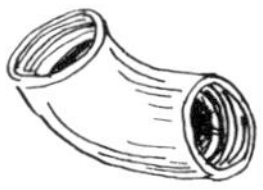	2 수 J 자 관	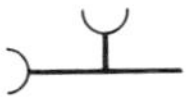	
(Tee)	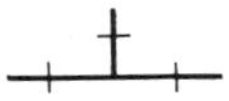		3 수 J 자 관	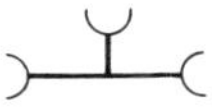	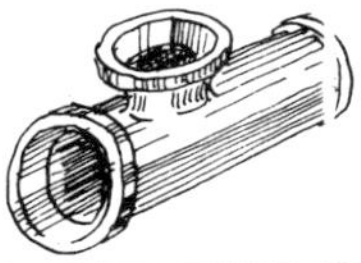
벙어리 Frange (Plug)			3 수 ＋ 자 관	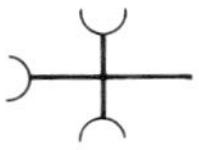	
십　　　　자	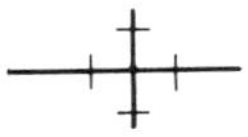	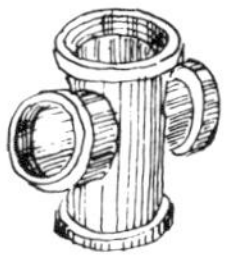	수 차 편 낙 관 (受差片落管)		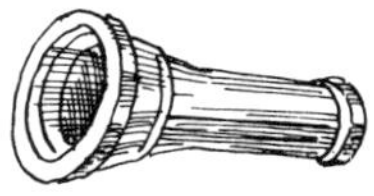
Cap		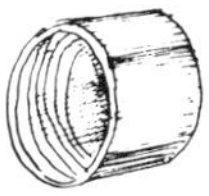	차 수 편 낙 관 (差受片落管)		
Bushing		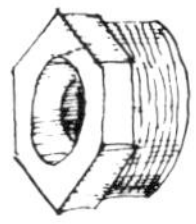	90° 쌍 수 곡 관		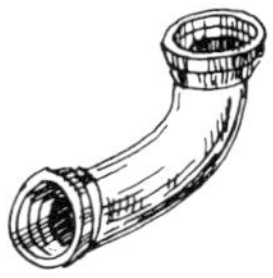
Nipple		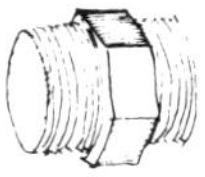	제수밸브부관 (갑)		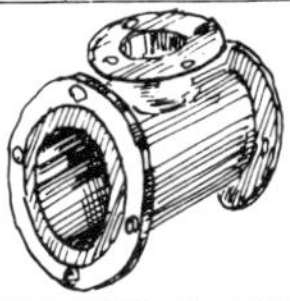
Socket		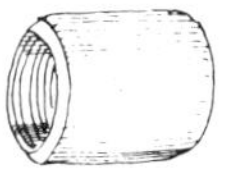	소화전용 (갑) 관		

名　　　称	記　号	図　　解	名　　　称	記　号	図　　解
소화전용(을)관	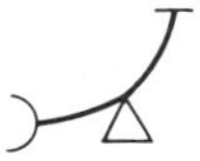	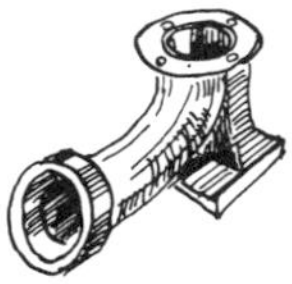	45° 곡　관		
소화전용(병)관			Y　　관	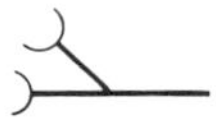	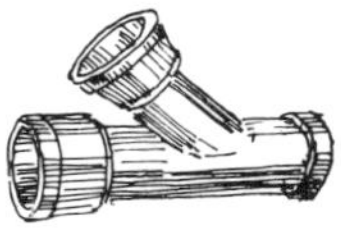
드 레 인 관			쌍　Y　관	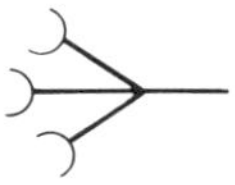	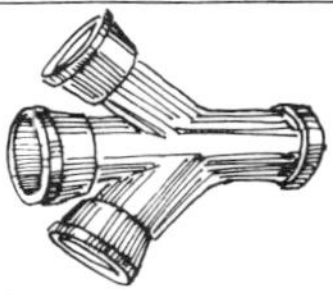
이 음 링		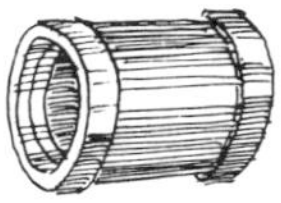	90° Y　관		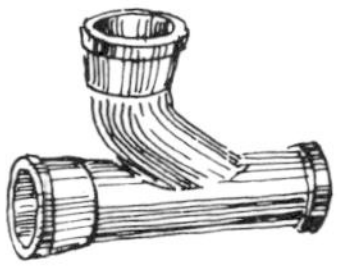
단관(甲1호)		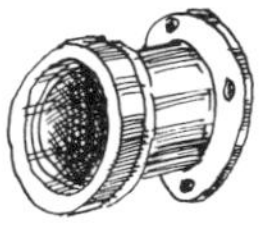	배 수 T 관		
단관(乙1호)		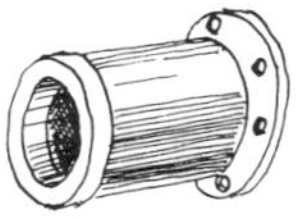	배수쌍 T 관	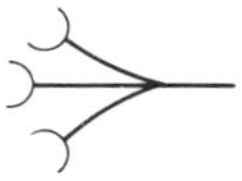	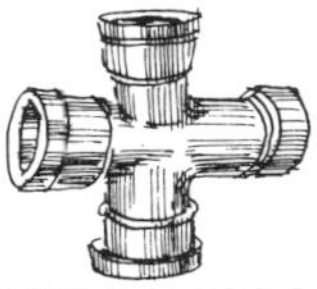
모 갑(帽甲)		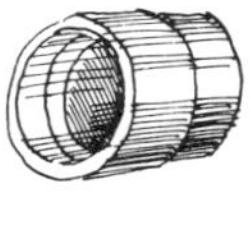	통 기 T 관	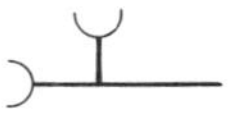	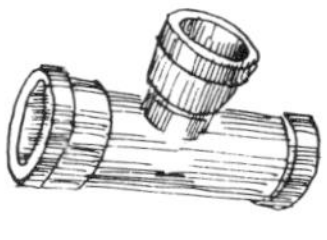
나 팔 구		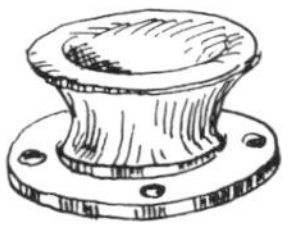	편낙관(片落管)		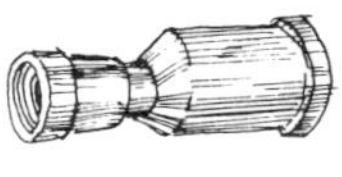
90° 단 곡 관		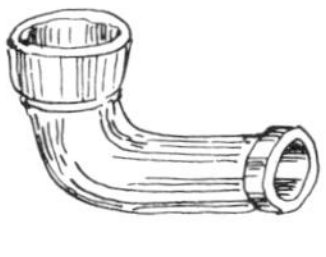	U. Trap		
90° 장 곡 관		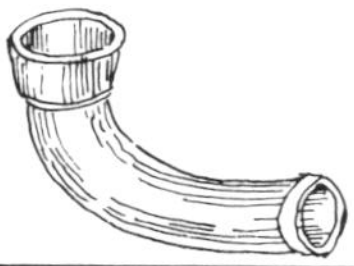	이 음 링		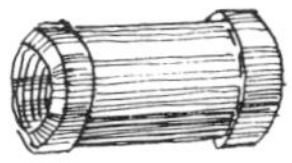

名　　称	記　号	図　　解	名　　称	記　号	図　　解
편낙배수 T 관			90° 쌍　Y	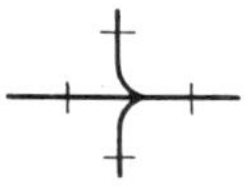	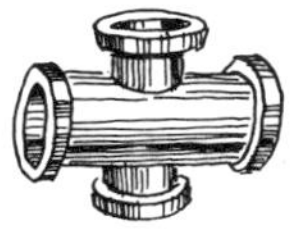
통기구부착90°Y관	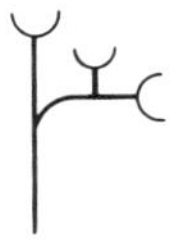	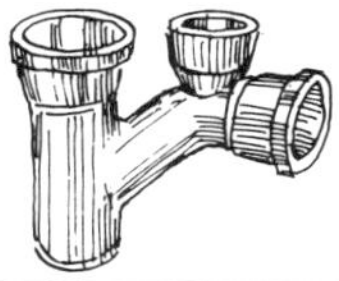	90° 대곡 Y		
Frange부착90°Y관			90° 대곡쌍 Y	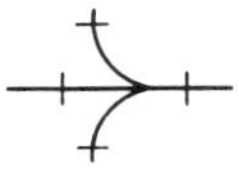	
업 라 이 트 관	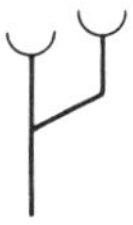		45°　Y		
편 심 쌍 Y 관			45° 쌍　Y	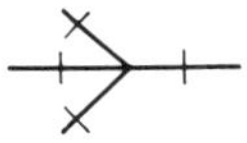	
편심90° 쌍 Y 관		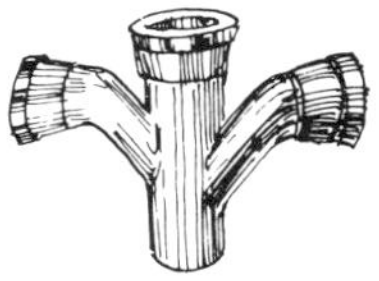	Ducker		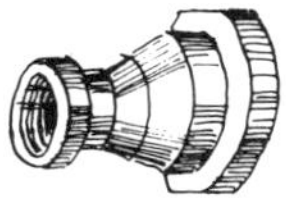
90°　Elbow			Increaser	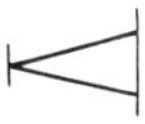	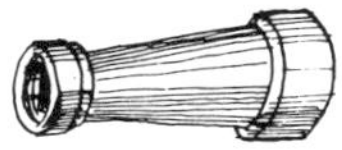
90° 대곡 Elbow			U　Trap		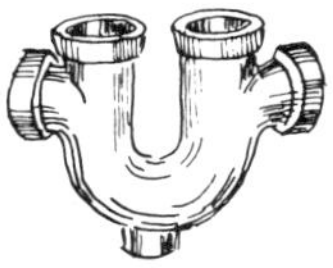
45°　Elbow			밸　　브	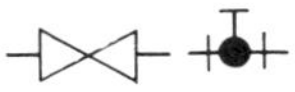	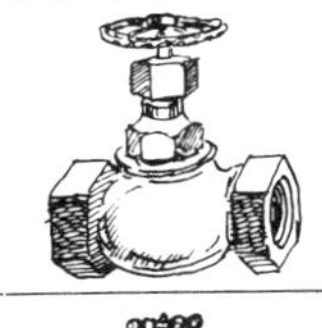
90°　Y		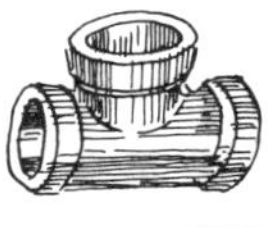	되돌림 Gate밸브		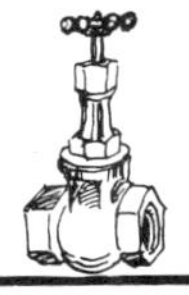

名　　称	記　号	図　解	名　　称	記　号	図　解
내돌림 Gate 밸브			Sleeve 현신축이음	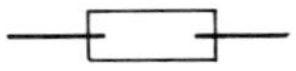	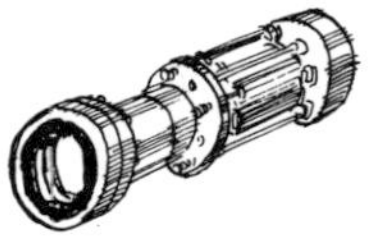
Angle 밸브			Bellows 형신축이음		
Check 밸 브	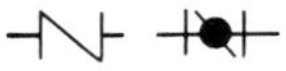	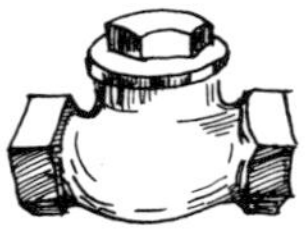	곡관형신축이음		
안 전 밸 브	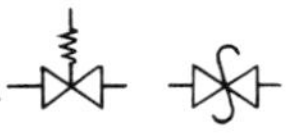	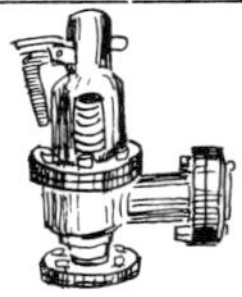	콕 크 (Cock)		
감 압 밸 브	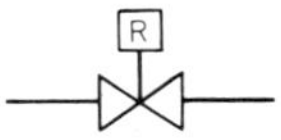		3 방 향 콕 크	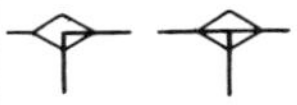	
온도조정밸브	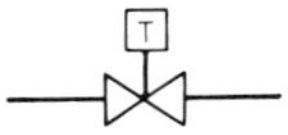	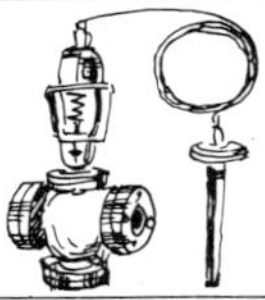	압 력 계	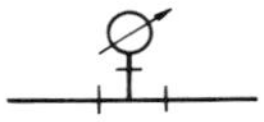	
Dia Frame 밸브	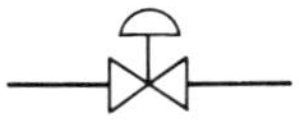		수 량 계	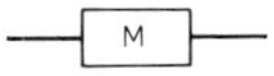	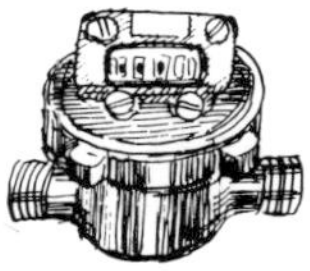
전 자 밸 브		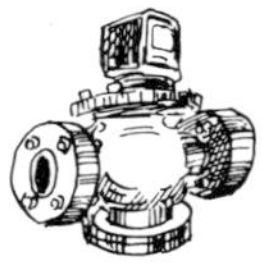	바닥위소제구	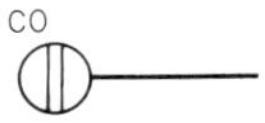	
전 동 밸 브			바닥아래소제구		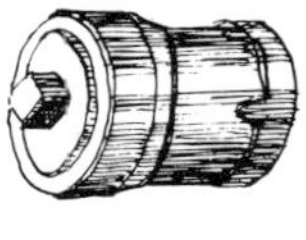
공기빼는밸브	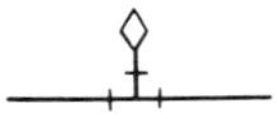	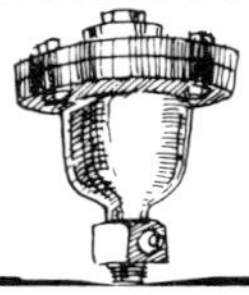	Grease Trap	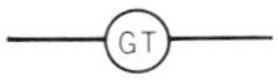	

名　　称	記　号	図　解	名　　称	記　号	図　解
기　름 Trap	─(OT)─		Bath Tub	○ B　○ B	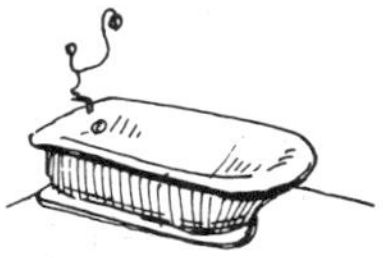
바닥배수 Trap			세정용 Low Tank	LT　LT	
루프드레인			세정용 High·Tank	HT	
Trap　　통	T　T	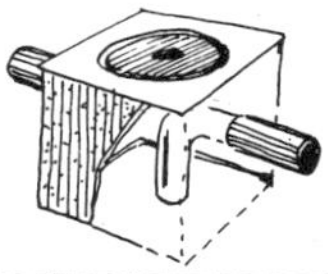	대　변　기		
사설오수통	□　○	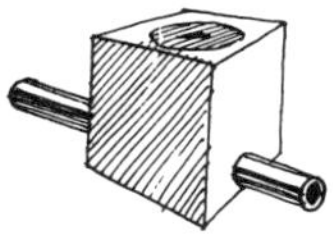	대　변　기		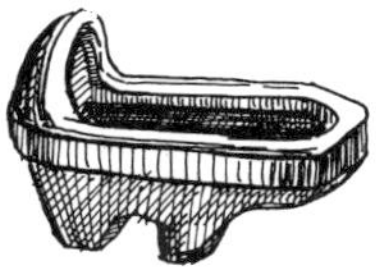
사설빗물통	⊠　⊗	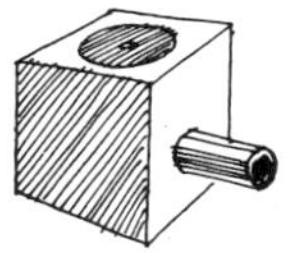	양　변　기		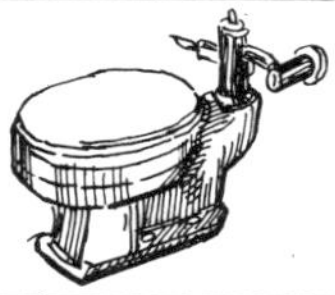
공중수채통	□　◎		소　변　기		
수 도 꼭 지 水栓類 (가랑)	✳　●		Stall 소 변 기		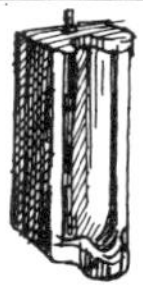
분수음수기	□ DF　○ DF		세　면　기		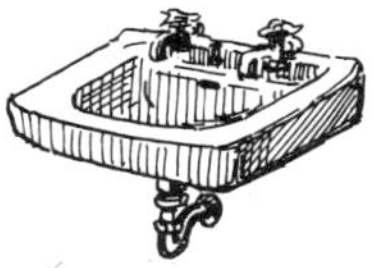
Bath　Tub (베스튜브)	○ B		수　세　기		

名　　称	記　号	図　　解	名　　称	記　号	図　　解
개 수 기	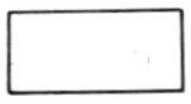		GAS 꼭 지	▲	
청소용개수기	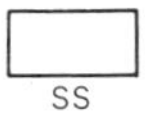 SS		GAS 계 량 기	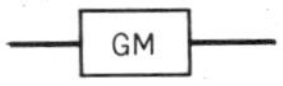 GM	
세 정 밸 브		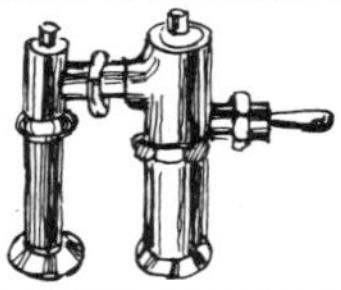	일반수도꼭지		
Bbll-Tap	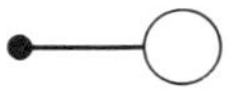		벽붙이실험실꼭지 Single chemical wall mount faucet		
Shower			세로수도꼭지 Basin cock deluxe		
살수전(撒水栓)	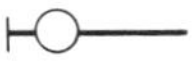		가로자재수도꼭지	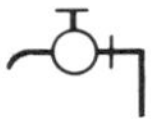	
화세전(靴洗栓)			세로자재수도꼭지		
수 탄(水 呑) Drinking Fountain			여로(如露)수도꼭지		
목제수도관주			옥 내 소 화 전		
강관, 수 도 관 주			옥 외 소 화 전 (스탠드형)	 H	

名　　称	記　号	図　　解	名　　称	記　号	図　　解
옥외소화전 (매설형)	H		직　선　관 (socket형)		
송　수　구			직　선　관 (Frenge형)		
방화전(쌍구)			＋　자　관		
방화전(단구)			Ｔ　자　관		
GATE 밸브			Ｔ　자　관 (소켓형)		
양　수　기	M		편　낙　관 (片 落 管)		
소　화　전	H		90° 곡　관 (소켓형)		
복　월　관 (伏 越 管)			90° 곡　관 (Frange형)		
배수관부착맨홀			乙　자　관		
펌　프　장	P		이음새관		

名　　称	記　号	図　　解	名　　称	記　号	図　　解
단　　관 (甲)		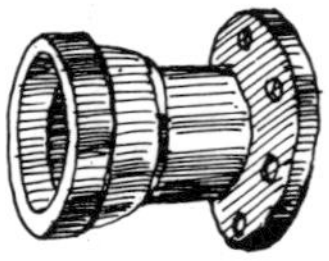	화재경보설비 수신기 (표시기)	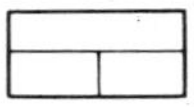	
단　　관 (乙)			화 재 경 보 등		
차 동 식 Spot형 감 지 기		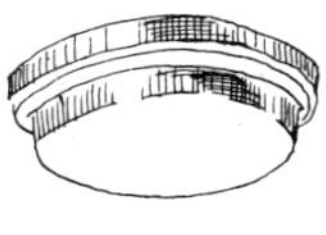	표　시　판	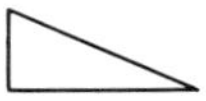	
보 상 식 Spot형 감 지 기		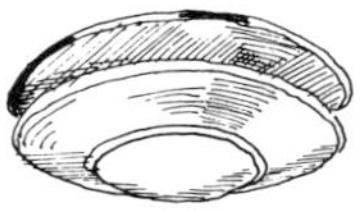	경　　보 누름 Button		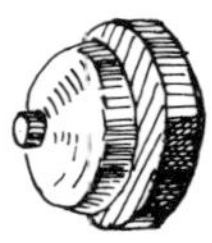
정 온 식 Spot형 감 지 기		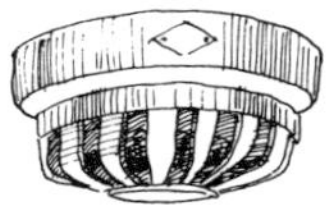	배선용전선(일반)		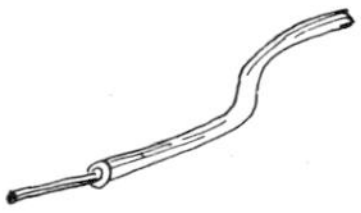
공 기 관 및 열 전 대 선		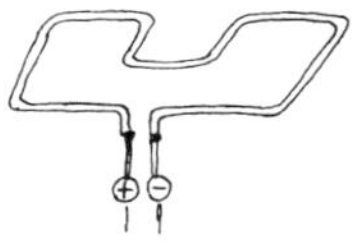	배선용전선(2줄)		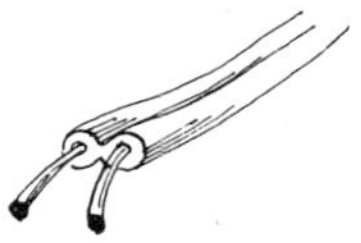
감 지 선		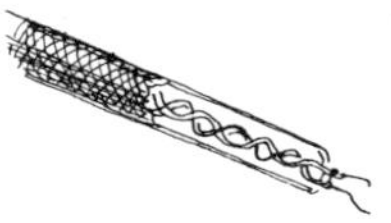	접　　지		
자동화재경보 설비의발신기	 F		단　　자		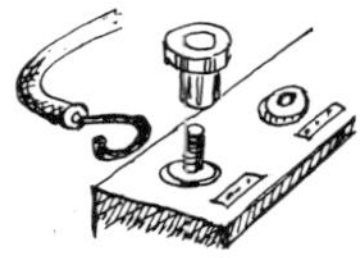
화재경보Bell	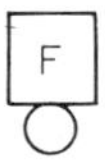 F	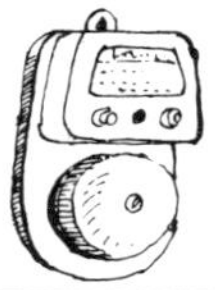	퓨우즈(Fuse)	(A)　(B) 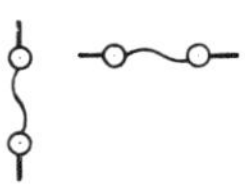	
화재경보설비 수 신 기	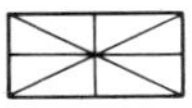	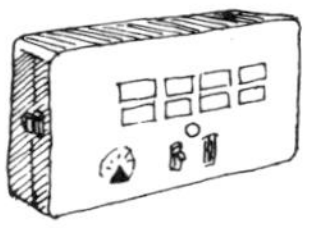	퓨우즈(Fuse)	(A)　(B) 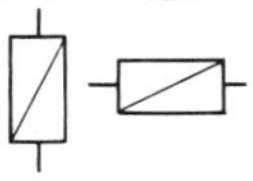	

名　　称	記　号	図　　解	名　　称	記　号	図　　解
개 폐 기 (Pull Switch)	S		ス Speaker カ		
전 자 개 폐 기 (Circuit Breaker)	S		화재경보 Bell (자동화재경보 설비의발신기)	F (F)	
푸 시 버 튼 (Circuit Breaker push Button)	● B		I 형홈용접		
수동자동복귀접점 (누름 Button Switch)	a 접점　　b 접점		I 형홈용접 (양　측)		
녹 색 등	GL		V 형홈용접 (기선에 대칭으로 기호를 기재한다)		
적 색 등	RL		X 형홈용접 (양　측)		
환 풍 기 (환기 FAN)	∞		U 형홈용접 (기선에 대칭으로 기호를 기재한다)		
전 열 기	H		H 형홈용접 (양　측)		
Window 형 Room Cooler	RC		V 형홈용접 (기선에 대칭으로 기호를 기재한다)		
Inter Phone (친)　　(자)	t　　t		K 형홈용접		

名　　称	記　号	図　　解	名　　称	記　号	図　　解
필 릿 용 접 (연 속)	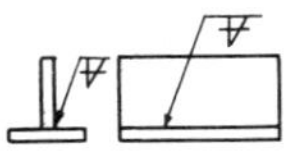	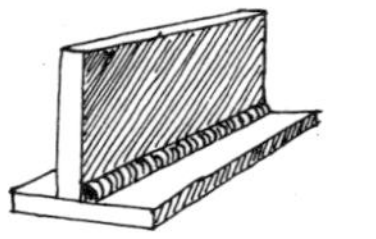	온 둘 레 용 접 (연속필릿용접)	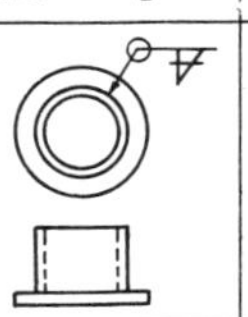	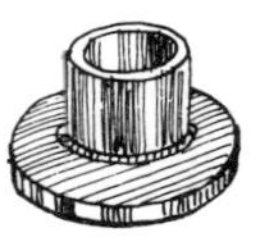
현 장 용 접 (연속필릿용접)	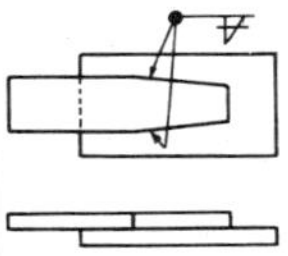	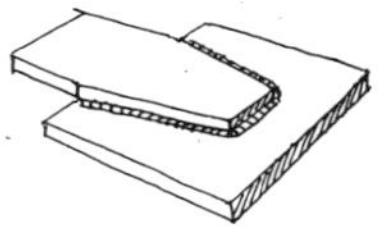	온둘레현장용접 (연속필릿용접)	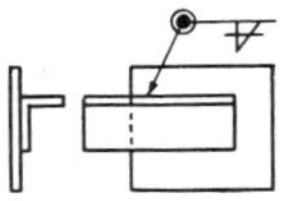	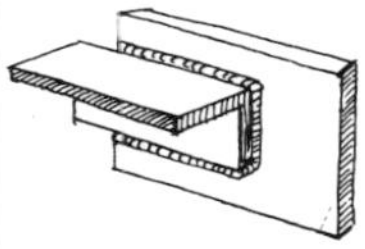

현장에서 사용하는 속어

※ 다음 용어는 표준어가 아니다. 다른 사람이 사용할 때 알아듣기 위해서 참고로 하되 우리
  자신이 사용하는 것은 삼가하자.

〔ㄱ〕

가가도	굽
가가미	거울
가가미이다	양판(兩板)
가게이시기미기사	가경식 믹서
가꼬이	울
가꾸다시	도내기칼
가꾸데쓰보오	각철봉
가꾸맹	모난 면
가구라	농노
가꾸목	각목(角木)
가꾸바시라	네모기둥·사각기둥
가꾸빠이뿌	각파이프
가꾸부찌	문선(門線)·사진틀
가꾸세기	각석(角石)
가꾸아시	모난 다리
가꾸야	가구점·가구공
가꾸이다	각널
가꾸자이	각재(角材)
가꾸항	교반(攪拌)
가기	열쇠
가끼나라시	긁어 고르기
가끼다시	긁어내기
가끼오도시	긁어내기
가끼오도시시아게	줄긋기마무리
가나모노	철물(鐵物)
가나반	쇠숫돌(목수연장)
가네가다	금형
가네고데	쇠흙손
가네기리	쇠톱
가네사꾸	곡자(曲尺)
가다	틀·본·꼴
가다기리	외쪽깎기
가다가리도리	외쪽깎기
가다나가레야네	외쪽지붕
가다도리	본뜨기
가다로꾸	견본책
가다모리	외쪽돋기
가다아시바	외줄비계
가다와꾸	거푸집
가다와꾸이다	거푸집널
가다이다	본판(本板·型板)
가도	모서리
가도가네	모서리쇠·코너비드
가라구사	당초무늬

가라네리	건비빔
가라도	양판문
가라리	루우버
가라스	유리
가라스구찌	오구(烏口)
가라즈미	메쌓기
가랑	꼭지(수도)
가리가꼬이	가설울타리
가리고야	헛간·헛일간
가리구미다데	가조립
가리보루도	가보울트
가리세이산	가청산
가리시메	가조이기
가리지끼	임시깔기
가리요오세쓰	가용접
가리지구도오	가축토
가마	솥
가마찌	울거미
가미이다	지형
가바나	조속기
가베	벽
가베지리	벽쌤
가부리아쯔사	피복두께
가사	전등갓
가사기	두겁대
가사네쓰기데	겹이음
가사아게	돋우기
가사이시	갓돌
가산바이	화산회
가세쓰가키	가설울타리
가세인	카세인
가세쯔고오지	가설공사
가세쯔자이료	가설재료
가스카이	꺾쇠
가스겟도	개스킷
가시메	죄기·눈죽이기
가와라보오	기와가락
가와스나	강모래
가와자리	강자갈
가이깡	애관
가이꼬오부	개구부
가이당	계단
가이시	애자
가주우	하중
가주우시갱	하중시험
가지야	대장간

가쿠코오	확공(擴孔)	고미 센	산지
가쿠테쓰보오	각철봉	고바	좁은면·옆면
가히히시	괴임돌	고바다데	옆세우기
간나	대패	고방가라	바둑무늬
간데라	칸델라	고부다시	혹두기
간소오수우수쿠	건조수축	고쓰자이	골재
간죠	지불·셈·계산	고시	징두리·허리
갓쇼오	ㅅ(시옷)자 보	고시야네	솟을지붕
갭	간격	고야	헛간
게꼬미	챌판	고야구미	지붕틀
게다	보	고야바리	지붕보
게다바꼬	신장	고야스께	날메
게비끼	금쇠·금매김	고오까	경화(硬化)
게쇼오메지	치장줄눈	고고께쓰	응결
게쓰고오자이	결합재	고오데쓰강	강철관
게아게	단높이(계단의)	고오데쓰구이	강철말뚝
게야	부섭집	고오덴죠	우물반자
게야기	느티나무	고오라이	갱내
게이료오렝가	경량벽돌	고오란	난간
게이료오공구리도	경량콘크리트	고오몽	갱문(坑門)
게이사	경사(토목)·물매(건축)	고오바이	물매(건축)·경사(토목)
게지	게이지	고오세끼	경석(硬石)
겐나와	줄자	고오세이게다	합성보
겐노오	쇠메	고오시	격자(格子)
겐노오다다끼	메다듬	고오자이 가고오	강재 가공
겐노오바라이	메다듬	고오죠오리 벳도	공장리벳
겐또	짐작	고오죠오요오세쓰	공장용접
겐바	현장(現場)	고오테이	공정
겐 바우찌공구리구이	제자리 콘크리트 말뚝	고오테이효오	공정표
겐 바하이고오	현장배합	고와리	오림목
겐세이	견제	곤고오부쓰	혼합물
겐 슨즈	현치도	곤와자이료오	혼화재료
겐승	원척도	곤와자이	혼화제
겐승이다	본뜨기판	공고가랑	혼합꼭지
겐찌이시	견치돌	공고오	비비기(혼합)
겐찌이시즈미	견치돌쌓기	공고사	금강사
겟소꾸셍	결속선	공구리	콘크리트
겜마	연마	공구리못	콘크리트못
겡깡	현관	교다이	경대
고까베	실벽(挾壁)	교오도	강도
고구찌	마구리(벽돌의)·마구리	교오시타이	공시체
	(末口)·작은일	구강쓰미	공간쌓기
고구찌즈미	마구리쌓기	구기	못
고다다끼	잔다듬	구라인다	공구연삭기·연마기·
고단스	작은장		그라인더
고데	흙손·납땜인두	구랏사	분쇄기·크럿셔
고데이다	흙받기	구랑구	크랭크
고로	굴대	구로	검정
고로비도에	굴름받이	구로뎃뼁	흑철판
고마까시	속임수	구루마	수레
고마이	외	구루미	호도나무
고마이 까베	외벽	구리가다	쇠시리

구리뿌	끼우개
구리시	잡석
구미꼬	살(창)
구미다데	짜기·조립
구미다데기고오	조립기호
구미다데아시	틀비계·조립비계
구미도리벤죠	수거식 변소(收去式便所)
구배	물매(건축)·경사(토목)
구사비	쐐기
구쓰	웰의 끝날
구열	균열
구우게키	공극(空隙)
구운반성	누구린 철선
구이	말뚝
구이우찌	말뚝박기
굿사구기	굴착기
권척	줄자
규우게쓰세멘도	급결시멘트
규우게쓰자이	급결제
규우고자이	급경제
규우스이강	급수관
규우스이젠	급수전
그라이시바	금잔디
그린	녹색
기가다	목형
기까이네리	기계비빔
기고데	나무흙손
기도리	마름질
기레빠시	조각·잔토막
기레쓰	균열
기리	송곳
기리까이	바꾸기
기리꼬미	덤핑(입찰의)
기리꼬	다이야몬드무늬
기리기자미	바심질
기리도리	깎아내기(땅깎기)
기리바리	버팀기둥·버팀대
기리이시	다듬돌
기리이시쓰미	다듬돌쌓기
기리즈마	박공(朴工)
기리즈마가베	박공벽
기리즈마야네	박공지붕
기무네	나사송곳
기소	기초
기소고오지	기초공사
기준뎅	기준점
기준멘	기준면
기즈(기스)	흠
기즈리	줄대
기즈리가베	졸대벽
기지뎅	기지점
기호오공구리도	기포콘크리트
깅게쓰자이	긴결재

	〔ㄴ〕
나까가마찌	중간막이
나까게다	계단멍에
나가네	길이(돌벽의)
나가네쓰미	길이쌓기
나까누리	재벌바름(미장)·
	재벌칠(칠)
나가다이간나	긴대패
나까마	거간·시세
나가시	개수기
나가시다이	개수대
나까오시	불계(不計)
나까치기	속치기
나가호조	긴장부
나게야리	도급주기
나나메	사선(斜線)
나나메자이	사재(斜材)
나라까시	떡갈나무
나라비	줄
나라시	고르기
나마꼬이다	골함석
나마리	납(鉛)
나마시	소둔
나미	보통 2mm유리
나미날합판	치장합판
나오시	고침질
나와바리	줄쳐보기
나이깡	뇌관
나이교오	내업(內業)
난네리	묽은비빔
난세키	연석
낫도	너트
네꼬	굄
네꾸아시	개다리발
네다	장선(長線)
네다우게	장선받이
네당빠이뿌	환수관(換水管)
네리	비빔
네리가다	비비기
네리나오시	거듭비비기·다시비빔
네리부네	비빔상자
네리삽	비빔삽
네리쓰미	찰쌓기
네리하꼬	비빔상자
네무	이름
네바리	터파기
네쓰미	기초쌓기
네야끼	그을음
네이시	밑돌·밑창돌
네지	나사
네지마와시	나사돌리개
네지테	뒤틀림

넨도	점토 진흙	니마이	두장두께벽
넷떼루	상표	니방	이번
노가다	토공 (土工)	니부	두푼
노깡	토관 (土管)	니스	니스
노꼬	톱	니승	두치
노꼬기리야네	톱날지붕	니뿌르	니플
노꼬리	나머지	니오로시	짐부리기
노끼	처마	니즈꾸리	짐묶으기
노끼게다	처마도리	니쥬마와시	곱돌리기
노끼다까	처마높이	니쥬우마도	겹창·이중창
노끼도이	처마홈통	니혼	두가닥
노기스	버어니어캘리퍼스	닛빠	니퍼
노로	횟물·시멘트풀		
노로비끼	횟물먹이기	〔ㄷ〕	
노리	비탈·해초풀		
노리가다	비탈머리	다가네	끝이넓은날정
노리까이	갈아타기	다까사	높이
노리멘	비탈면	다께와리	반달타일
노리비끼	시멘트풀칠	다꼬	달구
노리시아게	비탈다듬기	다꼬쯔끼	달구질
노리지리	비탈끝	다나	선반
노무리	단풍	다니	지붕골
노미	끌	다니기리	모치기
노미구찌	유입구	다니도이	골홈통
노미기리	정다듬	다다기	도드락망치
노바시	늘이기	다데	세로
노보리 삼바시	비계다리	다데가마찌	선내·세로틀
노뿌	손잡이·노브애자	다데꼬	수직갱도
노부찌	반자틀대	다데구	창호(窓戸)
노비	늘음	다데구가나모노	창호철물
노즈라	거친면·제면	다데구고오지	창호공사
노지	지붕널·개판	다데구야	창호공
노지이다	지붕널·개판	다데도이	선홈통
논스리뿌	미끄럼막이·논슬립	다데마에	세우기
누끼	뀀대·빼냄	다데메지	세로줄눈
누끼다이	깔판	다데보	세움대
누노기소	줄기초	다데와꾸	선틀
누노마루타	나사돌리개	다루끼	서까래·붙임대
네지테	뒤틀림	다루끼와리	서까래나누기
넨도	점토 진흙	다루마스위치	애자개폐기
넷떼루	상표	다마	구슬
누끼다이	깔판	다마부찌	구슬선
누노기소	줄기초	다마이시	호박돌
누노마루타	비계띠장	다마쟈리	구슬자갈
누노보리	줄기초파기	다메마스	수채통
누리까에	재칠	다보	꽂임 (촉)
누리시로	바름두께	다뿌방	단자판
누리지	바름바탕	다시방	앞서랍
뉴에끼	유액	다이	대
니까와	아교	다이까렝가	내화벽돌
니고부	이오토막	다이꼬바리	양면붙이기
니다에	짐받이	다이꼬오도시	양면치기
		다이꾸	대목

다이나모미타	동력계	도꼬시메	바닥다짐
다이루	타일	도고오	토공 (土工)
다이루고오지	타일공사	도고오지	토공사
다이알	다이얼	도구루마	문바퀴
다이와	밑둘레	도꾸이	단골
다찌아기리	치올림	도노꼬	토분 (土粉)
단다이간나	짧은대패	도노꾸누리	토분먹임
단도리	마련	도다나	선반
단멘즈	단면도	도다이	토대 (土台)
단스	옷장	도당	함석
담뿌도라꾸	덤프트럭	도도리	객토 (客土)
담뿌카	덤프카	도도리바	토취장
답바	높이	도도메	흙막이 (防築)
답뿌	탭	도라무	드럼
당까	들것	도라무미기사	드럼믹서
당고오	담합 (談合)	도라뿌	트랩
당기리	층단깎기	도라이바	나사돌리개
데꼬	지렛대	도라스	트러스
데꼬보꼬	오목볼록	도락다아	트럭터
데끼다까	기성고	도란스	변압기
데나오시	재손질	도레라	트레일러
데네리	삽비비기	도로꼬	트로이차
데마	품	도로바꼬	흙상자
데마도	내달이창	도로뿌함마	떨공이
데마찌	대기	도리쓰게	붙이기
데모도	조력공	도마	다짐바닥
데보리	손파기	도메	연귀 (燕口)
데뿌	테이프	도보꼬자이료오	토목재료
데쓰이다	철판	도보꼬고고가	토목공학
데우찌	손치기 · 인력치기	도보꾸로	두끼비집
데즈라	출역 (出役)	도비	비계공
데쓰가부도	안전모	도비이시	디딤돌
데쓰고오시	쇠창살 (鐵格子)	도사죠	사토장
데즈리	난간 · 난간두겁	도사	토사 (土砂)
데즈리파이프	난간관 · 난간파이프	도소고오지	칠공사
덴마도	천창 (天窓)	도아다리	문소란
덴바	윗면	도아다리사꾸리야	문받이턱
덴아쓰	전압 (轉壓)	도오고오	도갱 (導坑)
덴자이	채움재	도오자시	층도리
덴쬬가와	모래내	도오카센	도화선
덴쬬오	천정 · 천장	도와꾸	문틀
덴지	전지	도이	홈통
덴찌	회중전등	도이시	숫돌
뎃고쓰고오지	철골공사	도죠오	양토 (土粉)
뎃낑	철근	도죠오	양토 (壤土)
뎃낑고오지	철근공사	돈내기	도급 · 하청
뎃낑공구리도	철근콘크리트	드리루	드릴
뎃빵	철판		
도가다	토공 (土工)		〔ㄹ〕
도가이	등외벽돌	라스	철망
도깡	토관 (土管)	라셍뎃낑	나선철근
도꼬보리	터파기	라이닝구	라이닝

라이칸	뇌관	리와인딩	되감기
라이트	조명	리쯔멘즈	입면도
라지에타	방열기	리카피	복사 (recoppy)
란깅간나	썰매대패	릴	두루마리
란쯔미	막쌓기 (亂積)	릴리프밸브	안전밸브 (relief valve)
람마	고창 (高窓)	링구	링 (ring)
랩핑	포장		
레바	손잡이 · 레버		〔ㅁ〕
레베루	레벨 · 수평 · 수준기	마가리	꼬부림
레에기	쇠갈퀴	마가리요쯔메	곡사
레에루	레일	마고우께	재삼도급
레지스타	저항기	마구라기	침목 (枕木)
레키세이	역청	마구사	웃인방
렝가	벽돌	마구사바리	인방보
렝가고데	벽돌흙손	마꾸라	받침목
렝가고오지	벽돌공사	마그네트	자석
렝가망치	벽돌망치	마그네트보당	기동단추
렝가와리	벽돌나누기	마께까이	되감기
렝가죠오	벽돌구조	마께다네	라이닝 (lining)
렝가쯔미	벽돌쌓기	마께도리	두루마리 · 감개
로가	여과	마께	두루마리 · 권 (卷)
로가기	여과기	마기리	엘보우 (elbow)
로가마구	여과막	마께자꾸 · 마께자	테이프자
로가스나	여과모래	마다구기	거멀못
로가자이	여과재	마도	창
로가지	여과지	마도다이	창대
로꼬부가꾸	육푼각	마도리	간살잡기
로꾸부이다	육푼널	마도메	막음질
로꾸인치브로꾸	육인치블록	마도와꾸	창틀
로그	원목	마루	둥근
로끼	처마	마루간나	원형대패
로라	로울러 (roller)	마루내	죽
로라비아링	로울러베어링	마루노꼬	둥근톱
로링	압연 (rolling)	마루노미	둥근끌
로스	손실	마루도	둥근칼
로오까	복도 (corridor)	마루메지	둥근줄눈
료오비라키	쌍여닫이	마루빠찌	원형세면기
루바	루우버	마루뻰찌	둥근펜치 (plier)
루베	입방미터 (m^3)	마루메지고데	둥근줄눈흙손
류베	입방미터 (m^3)	마루비끼	원목자르기
류우쯔보	입방형	마루맹	둥근면
리구바시	육교 · 구름다리	마루보	둥근봉
리꾸사꾸	배낭	마루오도시	오르내리꽂이쇠
리꾸야네	평지붕	마루다	통나무
리마	리이머 (reamer)	마루다아시바	통나무비계
리빠	니퍼 (nipper)	마루펜	둥근펜
리벳도	리벳	마리옹	멀리온 (mullion)
리벳도데우지	리벳손치기	마바시라	샛기둥
리벳도아나	리벳구멍	마사끼	사철나무
리벳도우지	리벳치기	마사	석비례
리야카	손수레	마사메	곧은결 (grain)
리와인다	되감개	마와리부찌	돌림띠

마이 가리	가불	모도구찌	밑마구리
마와리	둘레	모데링구	모델링 (modeling)
마와리부쩨	돌림대	모루	줄무늬유리
마즈끼리	간막이벽	모루따루	모르타르
마찌고바	영세공장	모리도	흙쌓기
마호병	보온병	모미지	단풍나무
만땅	가득	모부라	못쓸벽돌
말구 (末口)	끝마무리 · 끝지름	모요	무늬 · 상황 · 형세
맛내끼	바이스	모야	중도리
맛뜨	매트	모자이	모재
망홀	맨호울 (manhole)	모찌고미	안고돌기 · 떼어맡기
매너 (manner)	태도	모찌다시즈미	내쌓기 (벽돌의)
매취	성냥	모찌오꾸리	까치발
맨션	저택	모타	전동기
메	눈	목소구	목즉 (visual observation)
메가네	안경 · 복스렌치	몽키	몽키스패너 (monkey spanner) 낙하메 · 떨공이
메가네이시	구멍돌		
메꾸라가베	민벽	무네	지붕마루
메꾸라암거	맹암거 · 속도랑	무가다	민모양
메꾸라마도	벽창호	무시로	거적
메뉴	식단	무라나오시	고름질
메다 (meter)	계기	무킹공구리도	무근콘크리트 (plain concrete)
메가폰	확성기		
메다데	날세우기	문비	문짝
메다루	금속	문와꾸	문틀
메로메	눈먹임	문하시라	문기둥
메모리	눈금	미꼬미	옆면 (側面)
메쓰부시	틈막이	미가끼판	마강판
메스콘	암코운 (femalecone)	미끼리부쩨	선두름
메이다	틈막이대	미끼샤	믹서 (mixer)
메이카	제조회사 (maker)	미끼샤도라꾸	믹서트럭 (mixertruck)
메이크업 (make-up)	치장	미다시공구리도	제치장콘크리트
메지	줄눈	미도리즈	목측도 (目側圖)
메지고데	줄눈흙손	미미시바	갓떼 (eargrass)
메지보	줄눈쇠	미수뻬빠	물연마지
메지보리	줄눈파기	미쓰모리	견적
메지보오	줄눈대	미즈끼리	물끊기
메지와리	줄눈나누기	미즈가에	물푸기
메쯔부시	틈막	미즈네리	물비빔
메트레스 (mattress)	두꺼운자리	미즈누끼	규준대
멕끼	도금	미즈누끼공 (孔)	물빼기구멍
멘끼	면대	미즈다리	물흘림
멤버	회원 (member)	미즈모리	수평보기
멘나라시	면고르기	미즈다다기	물받침
멘도리	모접기	미즈미가끼	물갈기
멘도리간나	쇠시리대패	미즈시메	물다짐
멘도이다	착고	미즈이도	수평실 · 수평줄
멘시아게	면마무리	미아이	맞봄 (對面) · 맞선
모꾸고오지	목공사		
모꾸네지	나사못		〔ㅂ〕
모꾸렝가	나무벽돌	바겐세일	염가매출
모꾸리	나뭇결 (木理)	바께스	양동이

바꾸라	향나무
빠나	버어너
빠데	퍼티
빠데도메	퍼티땜
바란스	균형
빠루	노루발못빼기
바르브	밸브
바리깡	이발기
바이캇타	바이컷터·절단기
바이다	밑창판(블록제작의)
바이또	바이트
빠이루함마	말뚝해머
빠이뿌	파이프·관
빠이뿌렌치	파이프렌치
빠이뿌아시바	파이프비계
바캉스	휴양
바이스다이	바이스대
박낑	패킹
박스	상자·곽
반네루	패널
반도	띠·밴드
반도브레이끄	밴드브레이크·띠제동기
반셍	굵은철선
발근(拔根)	뿌리뽑기
발브	밸브
밤바	범퍼
빳다	배트
밧데리	축전지
밧데리에끼	축전지액
방웃짜	지반고르기
빵꾸	펑크
배트	받침대
백라이트	조명
빽미러	뒷거울
벌류(筏流)	뗏목
베니다	합판
베니야	합판
베니야이다	합판
베드	침대
베다기소	온통기초(總基礎)
베루도콤베야	벨트콘베이어·피대운반기
베리마쯔	잣나무
뻬빠	페이퍼·연마지
베스라인	기선(基線)
뻬인또	페인트
벤또	도시락
벤딩	구부리기
뻰찌	펜치
벤찌마크	기준점
벵가라	빨강칠·주토
벵기	변기
뺑끼	페인트

보까시	불명
보강사꾸리	방풍개탕
보당	단추
보당핀셋트	고정집게
보도	보울트
보도시메	보울트죄이기
보디	차체·몸통
보로	걸레
보로꼬	블록
보루방	드릴머시인
보링	보오링
보링구	보오링
보링기까이	보오링기계
보오스이자이	보울트죄이기
보오루답	보올탭
보오스이사이	방수제
보오후사이	방부제
보오도	보울트
보오고사쿠	방호책
보이라	보일러
복스	복스렌치
본사이	분재(盆哉)
뻔치	펀치
뽈	포올·표적대
볼베어링	보올베어링
볼방	드릴머시인
볼트메다	전압기
뽐뿌	펌프
뵤오	리벳
보오꼬오	리벳구멍
뵤오데우치	리벳손치기
뵤오우치	리벳팅
부가가리	품셈
부각	내림각
부라사게	꼬리손잡이
뿌라구	플러그(plug)
부라시	솔·브러시
뿌라이야	플라이어
브레끼와야	브레이크와이어·제동줄
부레끼레바	브레이크레버·제동간
부로뻬라	프로펠러
부로커	소개업자
부록	블록
부리	바퀴
부싱구	붓싱(bushing)
부지	대지
부토	덮인흙(건축)·표토(토목)
분빠이	나누기·분배
분산사이	분산제
붐	부움·사태
브리게	함석
비니루	비닐

비니루카바	비닐커버·비닐덮개	세고오	시공
비아링	베어링	세고오게이각구	시공계획
비젼	미래상	세고오즈	시공도
삔	핀 (pin)	세꼬오난도	시공연도
삔용	피니언 (pinion	세끼사이바고	적재상자
빔	보 (beam)	세끼상	적산
		세끼이다	거푸집널
〔ㅅ〕		세끼자이	석재
사까메	엇결	세끼훈	돌가루
사까메구기	가시못	세루모다	기동전동기
사깡	미장공·미장이	세리	아아치
사깡고오지	미장공사	세리쯔미	아아치틀기
사게부리	다림추	세멘도간	시멘트건
사게후리이드	춧줄	세이	춤
샤구강기	착암기	세이고가쥬우	정하중
샤구라	벗나무	세이다	죽널
샤구리	짚어보기	세이뎃낑	정철근
샤꾸리	홈파기	세이소오즈미	바른층쌓기
사라네지고데	평줄눈흙손	세이즈	점토
사비도메	녹막이	세조끼	여과기
사비도메누리	녹막이칠	섹가이	석회
사사라게다	따낸옆판	섹게이구깡	설계구간
사시가네	곡척	섹게이즈	설계도
사시꼬미 (죠오)	꽂이쇠·콘센트	센	산지·비녀장
사시꾸찌	낄구멍	센방	선반
사양서	시방서	센죠	세척
사이	재 (才)	센토루	아아치받침
사이가시겡	재하시험	센칸	잠함·공기케이슨
사이뉴우사쓰	재입찰	셋팅	장치·고정
사이레이	재령	소구료오	측량
사이세끼	부순돌	소고쓰자이	굵은골재
사이코쓰자이	잔골재	소데	팔걸이
사이풀이	재적풀이	소도비라끼	밖여닫이
사진가꾸	사진틀	소리야네	욱은지붕
사카마키	역라이닝 (inverted lining)	소에이다	덧판
사카사	인버트 (nvert)	소오보리	온통파기
산승	세치 (三寸)	소지	청소
산승가꾸	세치각 (三寸角)	소켓도	소켓
살수	물뿌리기	솟각구	안식각
삼방	3번	쇼꾸닝	직공
삼부	세푼	쇼구멘즈	측면도
삿보도	받침기둥	쇼멘즈	정면도
상	살	쇼오사이즈	상세도
샘풀	견본·시료·샘풀	쇼오지	장지
샤꾸리	홈파기	쇼오트	합선
샤꾸리간나	홈파기대패	수채공	물푸기
샤꾸즈에	장척 (長尺)	슈뎃낑	주철근
샤후드	샤프트 (shaft)·축	슈우스이도오	취수탑
샷다	셔터 (shutter)	슝고오	준공
샷슈	새시 (sash)	슝고오식기	준공식
서어치라이트 (search-light)	탐조등	슝고오즈	준공도
		쓰까보오	다짐대

스까시	오려내기·도려내기	스이쮸우요오세이	수중양생
쓰께가다마	다짐	스이헤이멘	수평면
스께보오	다짐대	스지까이	가새
쓰꾸레이빠	스크레이퍼	쓰찌스데바	사토장
쓰꾸에	책상	스지시바	줄떼
스끄야	직각자	스카시대	실톱대
스기	삼나무	스카시에미	완공
쓰끼가다메	다지기	스케루	축척
쓰기메	줄눈이음쇠	스킨파스	표면닦기
소끼이다	무늬목	스타트다마	점등관
스나	모래	스타프 (staff)	함척·표척
스나까베	모래벽 (砂壁)	스테이지	무대
스다레기리	정줄다듬	스토브	난로
스데공구리	밑창콘크리트	스트링 (string)	줄
스데이시	사석	스틸 (steel)	강·강철
스뎅	스테인레스	스팡	스팬·간사이
스레또	슬레이트	스페아 (spare)	예비
쓰르봐라	덩굴장미	스페아깡	예비통
스리	간유리	스포크	바퀴살
스리가라스	간유리·뽀얀유리	스폰지	스펀지
스리꼬이	먹임	스프링클러 (sprinkler)	살수기
쓰리보리	구덩이파기	쓴도매	치 (寸) 끊기
스마스끼	테두리애관	승보	치수
스미	먹긋기	승시찌다루까	1 치 7 푼붙임대
쓰미	쌓기	시겐가쥬우	시험하중
스메리도메	미끄럼막이	시껭구이	시험말뚝
스미 갓쇼오	귓자보	시깽보리	시험파기
스미고오바이	귀물매	시꾸이	회반죽
스미기	추녀	시구찌	맞춤
스미끼리	모따기	시그날	신호
스미다시	먹매김	시끼	문지방
스미다이	구석탁자	시끼게다	깔도리
스미바리	귓보	시끼리가베	간막이벽
스미바시라	모서리기둥	시끼빠데	받침퍼티
스미사시	먹칼	시끼이	밑홈대
스미우찌	먹줄치기	시끼지	대지
스미쯔게	먹줄치기	시다가마찌	밑막이
스빠나	스패너	시다고야	일간
스베리도메	미끄럼막이	사다누리	초벌칠
스보기리	평띠기	사다마리	밑둘레
스보리	온통파기	시다미이다	비늘판
쓰보호리	구덩이파기	시다바	밑면
스사	여물	시다우께	하도급
쓰야게시누리	무광칠	시다우께오이	하도급
쓰야다시	광내기	시다지	바탕
스에구지	밑마구리	시다지고리라에	바탕만들기
스이로	수로	시다지누리	바탕바름
스이미쓰세이	수밀성	시라메지	평줄눈
스이아쓰	수압	시라메지고대	평줄눈흙손
스이준기	수준기	시로	백색
스이준뎅	수준점	시로꾸	4×6 재
스이지바	취사장	시로도	무쟁이·기능이 없는사람

시료오	시료	아라빼빠	거친연마지
시 링구소켓도	천정소켓	아라이다시	씻어내기
시마이	마감	아라이시	맨돌
시메	조이기·조짐	아라오꼬시	막가리 (rough plowing)
시바	잔디	아라히쟈리	씻은자갈
시보리	조이기	아리다도	앨리데이드 (alidade)
시부	십장	아리호조	주먹장부
시부이지	소란	아마오사에	비흘림
시스이이다	지수판	아마지마이	비아무림 (flashing)
시아게	마무리	아미	그물
시아게 간나	치장대패	아미도	그물문
시요오쇼	시방서	아미후루이	망채
시이트베르또	시이트벨트·안전대	아바라낑	늑근
시쥰센	기준선	아시	발
시찌꼬	7·5토막	아시가다메	밑둥잡이
시지료꾸	지지력	아시바	비계·비계발판
시찌부	7 푼	아시바마루다	비계통나무·비계목
시키나라시	펴고르기	아시바이다	발판
시테이교오도	지정강도	아시바자이	비계목
시호코호	동바리	아야	무늬
신다시	심내기	아오리	갈구리걸쇠
신도오기	진동기	아오리도매	문버팀쇠
신슈구조인또	신축이음	아오샤싱	청사진
신쮸우	놋 (쇠)·황동	아이가끼	반턱
신쮸우부라쉬	놋 (쇠)솔	아이가다	Ⅰ형강
신쯔까	왕대공	아이구찌	맞댐자리
심베기	심벽	아이롱	다리미
심보	축·축대	아이롱부라쉬	쇠솔
싯꾸이	회반죽	아이바	돌접촉부·돌물림
싱까베	심벽	아찌	아아치
싱고오기	신호기	안떼나	안테나
싱고오쇼	신호기	암메다	전류계
싱스미	심먹	안속각구	안식각
씽크대	개수대	안젠리쓰	안전율
		안젠가쥬우	안전하중
〔ㅇ〕		안젠벤	안전변
		알리바이	부재증명
아까	빨강	압가랑	누름전
아까렝가	붉은벽돌	앙까	앵커·정착
아까보	짐꾼	앙각	올림각
아까징끼	머큐럼	앙꼬도이	깔대기홈통
아게 사게 마도	오르내리창	앙교	암거
아게이시	따낸돌	앙구르	앵글
아나방	구멍철판	앙케이트	설문
아나자라이	구멍가심	앨보	엘보우
아다리	맞닿기	야구라	네모틀
아다마	머리	야기리	박공벽
아데	덧댐	야끼스기렝가	괄벽돌
아데 방	버커 (bucker)	야나기	버드나무
아도가다즈께	끝정리	야네	지붕
아도도리	뒤차지	야네고오지	지붕공사
아라까베	초벽	야네마도	지붕창
아라간나	거친대패		

야네 후끼	지붕잇기	오시부찌	누름대
야또꾸	집게	오시이다	밑판
야리가다	규준틀	오시이레	반침
야리꾸리	변통	오야	우두머리
야리끼리	도급주기	오야가다	우두머리
야리나오시	다시하기	오야지	주인
야마	톱니	오오가네	큰 직각자
야마내다	톱니내다	오오까베	평벽
야마도메	흙막이널	오오기리	많이깎기
야마모리	고봉쌓기	오오모리	높이쌓기
야마석수	채석공	오오바리	큰보
야마스나	산모래	오오비끼	멍애
야마쟈리	산자갈	오오헤기	옹벽
야마짓기	무더기쌓기	오이꼬시	앞지르기
야미	암거래	오이와라	짚덮기
야스리	줄	옴메다	저항계
야이다	널말뚝	와까마쓰	소나무
야죠오	야장	와꾸	틀·울거미
야지	야유	와니스	니스
어어스	접지(接地)	와리구리이시	잡석
에노구	그림물감	와리이시	깬돌
에도기리	두모접기	와요단스	일본장
에르보	엘보우	와이어가라스	와이어유리
에아부레끼	에어브레이크·공기제동기	와이어레스	무선
에아함마	에어해머·공기해머	와이어로프	쇠밧줄
엔도쯔	굴뚝	와이어브랏시	쇠솔
엔세끼	연석(綠石)	왓또	와트
연목	서까래	왓또메다	적산전력계
연와	벽돌	왓또아와메다	와트아워메터·적산전력계
연장	공구	요꼬	가로
오가베	평벽	요꼬메지	가로줄눈
오까자이	가로재(橫材)	요꼬하메	가로판벽
오께	나무통	요구찌	오픈렌치
오꾸	안길이	요로이도	비늘문
오니가와라	용머리	요로이마도	비늘창
오도리바	계단참	요모리	더돋기·더쌓기
오리마게뎃낑	절곡철근	요비링	초인종
오리보루또	가시보울트	요비셍	예비선
오리쟈꾸	접자(尺)	요세기바리	쪽매널깔기
오비기	멍애	요세무네야네	모임지붕
오비끼	거푸집보	요소데책상	양수책상
오비낑	대근(帶筋)	요오깡	반절(벽돌의)
오비노꼬	줄톱	요오세키하이고오	용적배합
오비뎃낑	띠철근	요오죠오	양생
오비데쯔	띠쇠	요오헤키	옹벽
오사마리	아무리기	용인찌부로꾸	4인치 블록
오사에	누름	우께도리	도급
오사에빠데	누름퍼티	우께이이	도급
오사에보	누름대	우께이시	뜬돌
오삽	평삽	우데기	팔대
오스답	나사내기	우라고메	뒤채움
오시다시쯔미	내쌓기	우라고미	뒤채움

우라고메이시	우김돌	이시와다	석면
우라이다	뒤판	이시와리	돌나누기
우료우	우량(雨量)	이시즈미	돌쌓기
우마	발돋음대	이어링	귀걸이
우메꼬미스위찌	매입형스위치	이중마도	이중창
우메다데	메우기	이중와꾸	이중창틀
우메모도시	되메우기	이찌링데구루마	1 균수차·외바퀴수레
우시비끼	쇠갈구	이찌마이가베	벽돌한장 두께 벽
우와가마찌	웃막이	이찌마이 항	한장반
우와누리	정벌바름·정벌칠	이찌방	1 번
우와바리	정벌바름	이찌브베니야	3 mm두께 합판
우인찌	윈치	이게이뎃낑	이형철근
우찌꼬미	부어넣기·콘크리트치기	인쇼오뎅구이	보조말뚝
우찌노리	안목	인찌사시	인치자
우찌누리	초벌바르기	입빠이	잔뜩
우찌도이	안홈통	잉꼬트	강괴·잉곳
우찌마끼	속말기		
우찌바나시공구리또	제치장 콘크리트	〔ㅈ〕	
우찌쓰기메	시공줄눈·시공이음새		
우찌와게메시사이쇼	내역명세서	자다나	찬장
우찌쯔기	이어붓기	자동센방	자동선반
우키이시	뜬돌	자유조방	자유정첩
운형자	곡선자	자이료오오끼바	재료둘곳·재료장
원구(元口)	밑지름·밑마구리	자이료오효오	재료표
윈찌	윈치	잔도	잔토
유까	바닥	잣세끼	잡석
유까이다	마루널	쟈가고	돌망태
유까트랩	바닥트랩	쟈리	자갈
유끼도메	눈막이	쟈바라	돌림띠
유니온	이음쇠	쟈바라샤워	줄샤워
유니폼	제복	전면센방　정	정면선반
유루미	느슨하다	젠다이	창선반
유우코오스이료오	유효수량	젯다이요오세키	절대용적
이게이강	이형관	조기(대)	규준대
이게이뎃낑	이형철근	조방	정첩
이다	널	쬬오	자물쇠
이다도	널문	쬬오까쇼오	정화조
이다메	널결·무늬결	쬬오고오	배합(配合)
이다자이	널재·판재	쬬오기(定規)	규준대
이도	우물	쬬오끼	증기·스팀
이도가다와꾸	이동거푸집	쬬오끼요오죠	증기양생
이도노꾸	실톱	쬬오나	자귀
이도마사	가는곧은결	쬬오방	정첩(丁蝶)
이로쯔께	색올림(着色)	쬬오사꾸	수장(修裝)
이리모야야네	합각지붕	쬬인또	이음새·조인트
이모노	주물	죽척(竹尺)	대자
이모노가다	주형	쯔까	동바리
이모노보이라	주철보일러	쯔게쯔게	맞댄이음
이모노시	주물사	쯔끼가다메	다짐
이모메지	통줄눈	쯔끼노리	손끌
이승	한치	쯔기데	이음새
이시가기	석축	쯔기보오	다짐대
		즈리	버력

쯔리가나모	달쇠 (吊鐵)	하게누리	솔칠
쯔리기	달대	하께비끼 (시아게)	솔질마무리
쯔리기우게	달대받이	하꼬	감잡이쇠
쯔리덴죠오	반자	하꼬방	판자집
쯔리아시바	달비계 (懸飛階)	하꼬조오	함자물쇠
쯔리히모	고패줄	하기기	걸레받이
쯔미오르시	신고부리기	하나가꾸시	처마돌림
쯔아다시	광내기 (光내기)	하라끼	여닫이
쯔야게시누리	무광칠	하라이시	여장
쯔이다	줄눈대	하라이시 (張石)	돌붙임
쯔이다데	가리개	하리	보
쯔이쯔까고야구미	쌍대공지붕틀	하리시바	건축:잔디심기·토목:메붙이기
지기리	은장	하리이시	돌붙임
지나라시	땅고르기 (地均)	하메고로시마도	붙박이창
지도리	엇모	하바	폭 (幅)·나비
지리	벽쌤·벽홈	하바끼	걸레받이
지미쓰	치밀	하시꼬	사닥다리
지방	지반	하시고바리	사다리보
지자이죠오방	자유정첩	하시고바시라	사다리기둥
진조오세끼	인조석 (人造石)	하시라	기둥 (柱)
진조오세끼고다다끼	인조석단다듬	하시라와리	기둥나누기 (柱配置)
진조오세끼누리쓰게	인조석바름	하마스	반토막 (벽돌의)
진조오세끼누리	인조석바름	하이킹	배근 (配筋)
진조오세끼도기다시	인조석갈기	하이고오교오도	배합강도
진조오세끼아라이다시	인조석 씻어내기	하이고오섹게이	배합설계
		하이낑	배근
〔ㅊ〕		하찌마끼 (바리)	데두리보 (臣梁)
청부	도급 (都給)'	하찌인치부로꾸	8인치블록
초자 (硝子)	유리	하청	하도급
		하후이다	박공널 (朴工板)
〔ㅋ〕		한다	땜납
카프	마개	한다고데	납땜인두
캇다	절단기·커터	한다쓰게	납땜 (鑞接)
콘베야	컨베이어	한다쓰기데	납땜이음
쿠사비	쐐기	한도루	(철근공사의) 비아벤더
큐승	9치	한도메	반연귀 (半燕口)
크로스타이	입자잇기	한바	밥집·가처소
키이	열쇠	한사이	1재
		함마	쇠메
〔ㅌ〕		함마이쯔에	반장쌓기
티가다	T형틀	합바	발파
		핫빠	조각유리
〔ㅍ〕		핫승	8치
파내루	패널	핫빠리	담김공
파이푸	장햇대	헤라	주걱
파이프	파이프·관	호네구미	뼈대 (骨體)
파이프렌치	파이프	호리가다	터파기·흙파기
판넬	패널	호리꼬미히끼데	오목손걸이
피트랩	피트랩	호소	장부 (柄)
		호오교오야네	모임지붕
〔ㅎ〕		호오즈에	버팀대
하가네	강·강철		
하께	솔		
하께구찌	배출구		

호조미조	가는홈	후앙	환풍기·통풍기
호조사미	장부맞춤	훅꾸	갈고리
호꾸낑	부근(副筋)	후쿠코오	라이닝
효오준후누이	표준채	후키쓰케	뿜어붙이기
혼다나	책상	훈도오	추
혼다데	책꽂이	훈마쓰도	분말도
혼바꼬	책장	훗찌	테
혼바시라	본기둥(本柱)	히까에	돌길이
홍아시바	쌍줄비계	히까에 바시라	버팀기둥(支柱)
후끼쓰께	뿜기	히까에시쯔	대기실
후끼쓰께누리	뿜어바르기	히꼬미	안옥음
후끼칠	뿜칠	히꾸이	처반죽
후노리	해초풀(海草糊)	히기다시	서랍
후란스오도시	민고두꽂이쇠	히끼도	외미닫이
후란지	플랜지	히끼와께	쌍미닫이
후레도메	대공밑잡이	히끼찌가이	미서기
후로링	플로어링	히끼찌가이도	미서기문
후리도바	문틀홈	히끼찌가이마도	미서기창
후미즈라	디딤바닥	히라	면(벽돌의)
후세즈	평면도·기초평면도·지붕 평면도	히로고마이	평고대
		히사시	채양
후시도메	옹이땜	히즈꾸리	화조(火造)

인치자 구독법

일본식

$\frac{1}{64}''$	이찌링, 니모고시	$\frac{5}{8}''$	고 부
$\frac{1}{32}''$	니링고모	$\frac{3}{4}''$	로꾸부
$\frac{1}{16}''$	고 링	$\frac{7}{8}''$	나사부
$\frac{1}{8}''$	이찌부	$1''$	이찌인치
$\frac{3}{}''$	이찌부 고링	$1\frac{1}{4}''$	이찌인치 니부 (인치니부)
$\frac{1}{4}''$	니 부	$1\frac{1}{2}''$	이찌인치 욘부 (인치항)
$\frac{3}{8}''$	산 부	$2''$	니인치
$\frac{7}{16}''$	산부 고링	$10''$	쥬인치
$\frac{1}{2}''$	욘 부	$20''$	니쥬인치
$\frac{9}{16}''$	욘부 고링	$100''$	햐꾸인치

구독법(척관법)

일본식

1 푼(分)	이찌부	1 치(寸)	잇 승
2 푼(分)	니 부	2 치(寸)	니 승
3 푼(分)	산 부	3 치(寸)	산 승
4 푼(分)	욘 부	4 치(寸)	욘 승
5 푼(分)	고 부	5 치(寸)	고 승
6 푼(分)	로꾸부	6 치(寸)	록 승
7 푼(分)	히찌부·나나부	7 치(寸)	나나승
8 푼(分)	하찌부	8 치(寸)	핫 승
9 푼(分)	큐 부	9 치(寸)	큐 승
$3\frac{1}{2}$ 푼(分)	산부고링	$8\frac{1}{2}$ 치(寸)	핫승고부
3.5 푼(分)	산부고링	8.5 치(寸)	핫승고부

알기 쉬운
건축설계도 보는 법

1983. 2. 5. 초 판 1쇄 발행
2022. 2. 25. 초 판 37쇄 발행

저자와의
협의하에
검인생략

엮은이 | 편집부
펴낸이 | 이종춘
펴낸곳 | BM (주)도서출판 성안당
주소 | 04032 서울시 마포구 양화로 127 첨단빌딩 3층(출판기획 R&D 센터)
　　　 10881 경기도 파주시 문발로 112 파주 출판 문화도시(제작 및 물류)
전화 | 02) 3142-0036
　　　 031) 950-6300
팩스 | 031) 955-0510
등록 | 1973. 2. 1. 제406-2005-000046호
출판사 홈페이지 | **www.cyber.co.kr**
ISBN | 978-89-315-6367-2 (93540)
정가 | 20,000원

이 책을 만든 사람들
기획 | 최옥현
진행 | 이희영
교정·교열 | 문 황
전산편집 | 이지연
표지 디자인 | 박현정
홍보 | 김계향, 이보람, 유미나, 서세원
국제부 | 이선민, 조혜란, 권수경
마케팅 | 구본철, 차정욱, 나진호, 이동후, 강호묵
마케팅 지원 | 장상범, 박지연
제작 | 김유석